Der Umweltgutachter nach
der EMAS-Verordnung als Vollzugsorgan
des europäischen und nationalen Umweltrechts

Europäische Hochschulschriften
Publications Universitaires Européennes
European University Studies

Reihe II
Rechtswissenschaft

Série II Series II
Droit
Law

Bd./Vol. 3206

PETER LANG
Frankfurt am Main · Berlin · Bern · Bruxelles · New York · Oxford · Wien

Torben Erbrath

Der Umweltgutachter nach der EMAS-Verordnung als Vollzugsorgan des europäischen und nationalen Umweltrechts

PETER LANG
Europäischer Verlag der Wissenschaften

Die Deutsche Bibliothek - CIP-Einheitsaufnahme

Erbrath, Torben:

Der Umweltgutachter nach der EMAS-Verordnung als Vollzugsorgan des europäischen und nationalen Umweltrechts / Torben Erbrath. - Frankfurt am Main ; Berlin ; Bern ; Bruxelles ; New York ; Oxford ; Wien : Lang, 2001
(Europäische Hochschulschriften : Reihe 2, Rechtswissenschaft ; Bd. 3206)
Zugl.: Köln, Univ., Diss., 2001
ISBN 3-631-38266-9

D 38
ISSN 0531-7312
ISBN 3-631-38266-9

www.peterlang.de

Vorwort

Diese Untersuchung wurde im Sommersemester 2000 von der Juristischen Fakultät der Universität zu Köln als Dissertation angenommen.

Ich danke meinem Lehrer und Doktorvater, Herrn Prof. Dr. Hartmut Schiedermair, für die Betreuung der Arbeit und für die Gewährung des wissenschaftlichen Freiraums bei Auswahl und Bearbeitung des Themas. Herr Prof. Dr. Heribert Johlen war so freundlich, die Mühe des Zweitgutachtens auf sich zu nehmen.

Gedankt sei auch Herrn Dr. Alfred Rest, Akademischer Oberrat am Institut für Völkerrecht und ausländisches öffentliches Recht, für seinen wissenschaftlichen Rat.

Mein ganz besonderer Dank gilt meinen Eltern und meiner Familie, die mich jederzeit vorbehaltlos unterstützten.

Danken möchte ich schließlich allen, die das Entstehen der Arbeit gefördert haben, mir Informationen, Anregungen, Kritik und Ermutigung gaben.

Köln, im April 2001 Torben Erbrath

Inhaltsverzeichnis

Einleitung

Die Umweltverwaltung stößt häufig an die Grenzen des Machbaren. Gerade im Umwelt- und Technikrecht wird nicht selten ein Vollzugsdefizit beklagt. Daher bedient sich die Verwaltung immer öfter bei ihrer Kontrolle der Unternehmen privaten Sachverstands. Die Betriebsbeauftragten z.B. für Immissionsschutz, Gewässerschutz und Abfall[1] sind nur einige Beispiele für diese Entwicklung im deutschen Umweltrecht.

Anlaß der Untersuchung

Auf europäischer Ebene hat der Rat der Europäischen Union mit der am 29.06.1993 auf Grundlage des Art. 130 s EG-Vertrag (jetzt Art. 175 EG) verabschiedeten Verordnung (EWG) Nr. 1836/93[2] - im folgenden EMAS-VO genannt[3] - über die freiwillige Beteiligung gewerblicher Unternehmen an einem Gemeinschaftssystem für das Umweltmanagement und die Umweltbetriebsprüfung ebenfalls neue Wege beschritten.[4] Diese Verordnung ist in allen Mitgliedstaaten am 13.07.1993 in Kraft getreten. Mit der Verabschiedung ihrer geplanten Revision aufgrund der bisher gemachten praktischen Erfahrungen ist nicht vor 2001 zu rechnen.[5]

---

[1] Vgl. §§ 53 ff. BImSchG, §§ 21 a ff. WHG, §§ 54 ff. KrW-/AbfG.

[2] Abl. EG Nr. L 168 vom 10.07.1993.

[3] Abkürzung der englischen Bezeichung für die Verordnung: "Eco Management and Audit Scheme"; nach Art. 1 Nr. 1 RevE soll dies auch die offizielle Kurzbezeichnung für das Gemeinschaftssystem werden (Lütkes/Ewer, Schwerpunkte, NVwZ 1999, S. 19, 20).

[4] zur Entstehungsgeschichte der EMAS-VO siehe Waskow in: Feldhaus, BImSchR, 1997, Bd. 7 M 1 Rn. 18 ff.; Scherer/Bartsch in: Landmann/Rohmer, UmweltR, 1998, Bd. III, Vorb. UAG Rn. 7.

[5] vgl. Art. 20 EMAS-VO, nach dem bereits 1998 Vorschläge der Kommission hätte vorgelegen haben müssen. Nach Art. 17 RevE EMAS-VO wird mit Inkrafttreten der Novelle die EMAS-VO aufgehoben, wobei nach der EMAS-VO geschaffene Stellen, Zulassungen und Eintragungen bestehen bleiben. Zum Diskussionsstand: Lütkes/Ewer, Schwerpunkte, NVwZ 1999, S. 19 ff., Ekardt, Leitlinien, NJ 1998, S. 187 ff; Storm, Novellierungsbedarf, NVwZ 1998, S. 341 ff; Umwelt (BMU) 1999, S. 212. Die vorliegende Arbeit berücksichtigt den Stand der Beratungen bis zum 31.12.1999. Auf den Revisionsentwurf wird in den entsprechenden Fußnoten verwiesen.

Die EMAS-VO führt zum ersten Mal die Durchführung eines (Umwelt-)Audits mit externer Überprüfung auf gesetzlicher Grundlage ein. Das Instrument des Audits als interner Prüfung wurde in den 70er Jahren und Anfang der 80er Jahre in den USA entwickelt.[6] Diese Entwicklung setzte sich in der Einführung der internationalen Normreihe ISO 9000 ff. als Standard zur Überprüfung von Qualitätsmanagementsystemen fort. Mit dem British Standard BS 7750[7] wurde erstmals in Europa die Überprüfung von Umweltmanagementsystemen standardisiert. In einigen europäischen Staaten folgten weitere technische Regelwerke,[8] sowie im August 1996 die für die Überprüfung von Umweltmanagementsystemen spezielle Normenreihe ISO 14000 ff.[9].

Als Ausfluß des 5. EG-Umweltprogramms[10] entstand auf europäischer Ebene parallel zu dieser Entwicklung die EMAS-VO. Diese Verordnung reiht sich damit in die neuartigen Instrumente zur Durchsetzung des europäischen Umweltrechts ein, die marktorientierte Anreize einführen und den Einfluß der breiten Öffentlichkeit instrumentalisieren.[11] Exemplarisch für diese neuen Instru-

---

[6] Scherer, Umwelt-Audits, NVwZ 1993, S. 11 m.w.N; vgl. auch zur Vorgeschichte des Umweltaudits im einzelnen: Waskow in: Feldhaus, BImSchR, 1997, Bd. 7 M 1 Rn. 1 ff.; ders. in: Betriebliches Umweltmanagement, 2. Aufl. 1997, S. 1 ff.; Kothe, UmweltauditR, 1997, Rn. 11 ff.; sehr ausführlich dazu: Baumast, Die Entstehungsgeschichte des Öko-Audit in: Doktoranden-Netzwerk Öko-Audit e.V. - Umweltmanagementsysteme zwischen Anspruch und Wirklichkeit, 1998, S. 33 ff..

[7] BS 7750 "Specification for Environmental Management Systems" (1992), rev. 1994; der BS 7750 wurde im März 1997 zurückgezogen, da der BS EN ISO 14001 als identisch erachtet wurde.

[8] in Irland IS 310: First Edition; in Spanien UNE 77-801 (2)-94; diese Normen und der BS 7750 wurden von der Kommission mit Entscheidung vom 02.02.1996 als teilweise mit der EMAS-VO kompatibel gemäß Art. 12, 19 EMAS-VO anerkannt (Abl. EG Nr. L 34 vom 13.02.1996, S. 42); nach der Anerkennungsentscheidung von ISO 14001 (Fn. 9) wurden diese nationalen Normen zurückgezogen.

[9] inzwischen teilweise anerkannt gemäß Art. 12, 19 EMAS-VO aufgrund der Entscheidung der Kommission vom 16.04.1997 (Abl. EG Nr. L 104 vom 22.04.1997, S. 37); dazu näher im 4. Kapitel Abschnitt A. IV.

[10] Abl. EG Nr. C 138 vom 17.05.1993, S. 1, 78 ff.; auch abgedruckt unter BR-Drs. 337/92.

[11] Sie stellt auch gleichzeitig eines der neuen Kooperationsmodelle zwischen Staat und Industrie dar, die der Umsetzung der in Kapitel 30 der Agenda 21 der Rio-Deklaration aufgestellten Anforderungen dienen, vgl. dazu Rest, Umsetzung, AöR 1996 (Bd. 34), S. 145 (153 f.)

mente sind die UVP-Richtlinie[12], die Umweltinformationsrichtlinie[13], die Umweltzeichenverordnung[14] und die sog. IVU- oder IPPC-Richtlinie[15] zu nennen.[16] Der EMAS-VO liegt eine aus dem anglo-amerikanischen Rechtssystem stammende Konzeption zugrunde, die für das deutsche Umweltrecht neuartig Das deutsche Verwaltungsrecht geht von der staatlichen Kontrollverantwortung aus. Als Mittel dienen den staatlichen Kontrollorganen dabei Gesetze, Verordnungen, Verwaltungsvorschriften, Gebote und Verbote. Materiell-rechtliche Anforderungen und das Verursacherprinzip bilden inhaltlich den Schwerpunkt. Der Schutz und die Erhaltung der Umwelt sind im deutschen Umweltordnungsrecht weitgehend auf bestimmte Umweltbereiche und einzelne Medien ausgerichtet.

Das nicht-staatliche interne Auditsystem setzt dagegen verstärkt auf die freie aktive betriebliche Eigenkontrolle durch die Wirtschaft. Während zunächst in den USA die Einhaltung der Vorschriften den Schwerpunkt der Selbstüberprüfung durch interne oder externe Auditoren bildete, um Haftungsrisiken zu vermeiden, wandelte sich bei der Einführung in Europa der Zweck des Audits. Es sollte ein marktwirtschaftlicher Anreiz für die Selbstkontrolle durch Implementierung von Managementsystemen geschaffen werden, so daß verfahrensrechtliche Vorschriften mehr und mehr in den Vordergrund rückten. Bei der Kontrolle von Qualitätsmanagementsystemen war und ist das Ziel die Verbesserung der Produkte, bei Umweltmanagementsystemen die Verbesserung der Umweltqualität. Das Umwelt-Audit ist auch nicht wie die behördliche Überprüfung nur auf einzelne Medien beschränkt.

Die EMAS-VO beruht grundsätzlich auf der Konzeption nicht-staatlicher Kontrollsysteme, ohne dabei auf die staatliche Kontrolle gänzlich zu verzichten. Der Staat ist zumindest für die Einführung der Zulassungs- und Aufsichts-

---

[12] Richtlinie des Rates vom 27.06.1985 über die Umweltverträglichkeitsprüfung bei bestimmten öffentlichen und privaten Projekten (85/337/EWG), Abl. EG Nr. L 175, S. 40.

[13] Richtlinie des Rates vom 07.06.1990 über den freien Zugang zu Informationen über die Umwelt (90/313/EWG), Abl. EG Nr. L 158, S. 56.

[14] Verordnung (EWG) Nr. 880/92 betreffend ein Gemeinschaftssystem zur Vergabe eines Umweltzeichens, Abl. EG Nr. L 99 vom 11.04.1992, S. 1.

[15] Richtlinie des Rates vom 24.09.1996 über die integrierte Vermeidung und Verminderung der Umweltverschmutzung (96/61 EG), Abl. EG Nr. L 257, S. 26.

systeme über die externen Kontrollinstanzen, die Umweltgutachter, und die Einführung eines Registrierungssystems verantwortlich. Die externe Kontrolle wird noch durch das Öffentlichkeitsmoment ergänzt. Die EMAS-VO ist damit ein "Instrument staatlich und öffentlich überwachter Selbstkontrolle"[17]. Durch sie wird die rechtliche Steuerung von Selbstregulierung eingeführt.[18]

Das Ziel - die kontinuierliche Verbesserung des betrieblichen Umweltschutzes - soll dadurch erreicht werden, daß die Unternehmen selbst betriebliche Umweltmanagementstrukturen einrichten und eine interne Umweltbetriebsprüfung, durchführen. Über die Einführung dieser aus den anderen Auditsystemen bekannten Elemente hinaus haben die Unternehmen eine Umwelterklärung für die Öffentlichkeit zu verfassen. Zur Überprüfung der internen Umweltmanagementstrukturen und -maßnahmen werden nach der EMAS-VO speziell für diesen Zweck zugelassene nicht-staatliche und betriebsexterne unabhängige Umweltgutachter eingesetzt. Die Gutachter erklären die Umwelterklärung für gültig. Die für gültig erklärte Umwelterklärung wiederum ist die Grundlage für die Eintragung des geprüften Betriebsstandortes in ein bei der Europäischen Kommission geführtes Verzeichnis, das im Amtsblatt der Europäischen Gemeinschaft regelmäßig veröffentlicht wird. Die Unternehmen sind dann berechtigt, eine Teilnahmeerklärung zur Unternehmenswerbung zu verwenden, die allerdings nicht zur Produktwerbung genutzt werden darf.

Durch die Teilnahmeerklärung, welche die Beteiligung am System der EMAS-VO dokumentiert und den betreffenden Standort als umweltverträglich ausweist, können die Unternehmen ihr Image und ihre Akzeptanz in der Öffentlichkeit verbessern.[19] Die Öffentlichkeit dient dabei als die entscheidende Kontrollinstanz.[20] Mit der EMAS-VO wird damit erstmals die "Anreizfunktion"

---

16 zur Stimmigkeit dieser verschiedenen Instrumente (auch der EMAS-VO) vgl. Breuer, Vielgestaltigkeit, NVwZ 1997, S. 833 ff..

17 Scherer, Umwelt-Audits, NVwZ 1993, S. 11 (16); Dyllick, EU-Verordnung, ZfU 1995, S. 299 (302); Scherer/Bartsch in: Landmann/Rohmer, UmweltR, 1998, Bd. III, Vorb. UAG Rn. 8.

18 Scherer, Umwelt-Audits, NVwZ 1993, S. 11 (16).

19 BT-Drs. 13/1192; Feldhaus in: Kormann, Umwelthaftung und Umweltmanagement, 1994, S. 30; Köck, Pflichten- und Kontrollsystem, VerwA 1996, S. 644 (677).

20 Die EMAS-VO wird neben der UVP-Richtlinie, der Umweltinformationsrichtlinie und der Umweltzeichen-Richtlinie als einer der Instrumentarien angesehen, die als Ausfluß des 5. Umweltaktionsprogramms der Gemeinschaft den öffentlichen Druck zur Verbesserung des

durch Einführung von marktorientierten Maßnahmen mit der "Öffentlichkeitsfunktion" durch die Beteiligung der Öffentlichkeit miteinander verbunden.[21] Durch diese Beteiligung kann zumindest teilweise die fehlende Vollzugskompetenz der EU im Umweltbereich kompensiert werden.[22]

Neben der erhofften öffentlichen Akzeptanz ergeben sich durch die Teilnahme an diesem System weitere entscheidende Vorteile für die teilnehmenden Unternehmen und Standorte.[23] Durch die interne Prüfung können bereits innerbetriebliche Mängel aufgedeckt werden, deren Beseitigung zu Kosteneinsparungen führen kann. Eine Verringerung des potentiellen Störfallrisikos kommt ebenfalls in Betracht.

Die Einrichtung des Öko-Audit-Systems kann auch dazu beitragen, der Verwirklichung von Umweltstraftaten vorzubeugen, die Nichtverantwortlichkeit für Umweltstraftaten zu beweisen und die Ermittlungsbehörden bei ihrer Arbeit durch Vorlage der Dokumentationen zu unterstützen.[24] Im internationalen Geschäftsverkehr, insbesondere mit den USA, in denen ein Umweltauditsystem schon etabliert ist, sind Wettbewerbsvorteile genauso denkbar wie im nationalen Bereich.[25]

Mit der Einführung der EMAS-VO wurden allerdings auch verschiedene Wirkungen und Vorteile für die Unternehmen erwartet, die sich teilweise nicht erfüllt haben.

Man erwartete überall dort Marktvorteile, wo es eine ökologisch orientierte Nachfrage gab. Haftungserleichterungen[26], bessere Kreditchancen, günstigere

---

Umweltschutzes instrumentalisiert; vgl. Waskow in: Feldhaus, BImSchR, 1997, M 1 Rn. 17; Breuer, Vielgestaltigkeit, NVwZ 1997, S. 833 ff.; Scherer/Bartsch in: Landmann/Rohmer, UmweltR, 1998, Bd. III, Vorb. UAG Rn. 10.

[21] Waskow, Betriebliches Umweltmanagement, 2. Aufl. 1997, S. 6.

[22] Scherer, Umwelt-Audits, NVwZ 1993, S. 11 (15); Scherer/Bartsch in: Landmann/Rohmer, UmweltR, 1998, Bd. III, Vorb. UAG Rn. 9; Kothe, UmweltauditR, 1997, Rn. 227.

[23] zu den verschiedenen Vor-und Nachteilen siehe insbesondere Pohl, Umweltaudit, BB 1998, S. 381 (384 ff.).

[24] vgl. statt vieler Kothe, UmweltauditR, 1997, Rn. 543 ff.

[25] Pohl, Umweltaudit, BB 1998, S. 381 (385).

[26] vgl. zu den Auswirkungen der EMAS-VO auf das deutsche Umwelthaftungsrecht: Falk, EG-Umwelt-Audit-Verordnung, EuZW 1997, S. 593; ders., EG-Umwelt-Audit-Verordnung, 1998, S. 230 ff..

Versicherungsmöglichkeiten[27] oder Vorteile bei der Vergabe öffentlicher Aufträge[28] waren einige der prognostizierten Auswirkungen, mit denen für die Teilnahme am EMAS-System geworben wurde.

Weiterhin wurde mit der Einführung des Öko-Audit-Systems die Hoffnung auf eine Deregulierung und einen Abbau des Verwaltungsvollzugs verbunden.[29] Etwaige Ansätze dazu finden sich in den §§ 4, 20 a Abs. 3 b des baden-württembergischen Landesabfallgesetzes[30], der freiwilligen Vereinbarung zwischen der Bayerischen Staatsregierung und Verbänden der bayerischen Industrie und des bayerischen Handwerks, dem sog. "Umweltpakt Bayerns"[31], § 4 Abs. 1 Satz 2 der 9. BImSchV[32], der bayerischen Verwaltungsvorschrift zum Vollzug der Anlagenverordnung[33] sowie der schleswig-holsteinischen Verwaltungsvorschriften für die Immissionsschutzbehörden[34]. An diesen übereilten Regelungen wurde ihre Widersprüchlichkeit kritisiert; sie seien überflüssig und hätten keinesfalls die Verwaltungsarbeit effektiviert.[35] Festzuhalten ist, daß dies die bisher einzigen spärlichen Regelungsversuche geblieben sind, gesetzliche Regelungen durch die Überprüfung nach der EMAS-VO zu ersetzen oder behördliche Überprüfungen zu erleichtern. Inzwischen scheint bei der Novellie-

---

[27] Durch die ablehnende Haltung der Versicherungswirtschaft hat sich dieser Vorteil zumindest in Deutschland nicht verwirklicht; vgl. Pohl, Umweltaudit, BB 1998, S. 381 (385).

[28] Die Bundesregierung hat sich gegen die Aufnahme dieses Vorteils in die EMAS-VO bewußt gesperrt, vgl. Pohl, Umweltaudit, BB 1998, S. 381 (385).

[29] BT-Drs. 13/2004 S. 2; näher dazu Lübbe-Wolff, Öko-Audit, ZUR 1996, S. 173 ff.; diskutiert im Lüneburger Umweltsymposium in: Langerfeldt, Öko-Audit, NVwZ 1997, S. 771 ff. Beispiele für Deregulierungsmöglichkeiten sind aufgeführt in: Falk, EG-Umwelt-Audit-Verordnung, 1998, S. 230 ff.

[30] Landesabfallgesetz vom 8. Januar 1990, GBl. S. 1, zul. geänd. durch Gesetz zur Änderung des Landesabfallgesetzes vom 12. Februar 1996, GBl. S. 116.

[31] "Umweltpakt Bayern - Freiwillige Vereinbarung zwischen der Bayerischen Wirtschaft und der Bayerischen Staatsregierung mit dem Ziel eines verstärkten Umweltschutzes" (vom 23.10.1995).

[32] eingef. durch Gesetz zur Beschleunigung und Vereinfachung immissionsschutzrechtlicher Genehmigungsverfahren vom 09.10.1996, BGBl. I S. 1498.

[33] vom 22.01.1997 (Nr. 11/4 B - 4505 - 1996/2) in: AllMBl. Nr. 5 1997 S. 149.

[34] vom 11.03.1997, abgedruckt in: Ewer/Lechelt/Theuer, Hdb. Umweltaudit, 1998, Anhang 11. Zu weiteren Regelungsentwürfen im Abfallrecht vgl. Waskow, Betriebliches Umweltmanagement, 2. Aufl. 1997, S. 33.

[35] Köck, Pflichten- und Kontrollsystem, VerwA 1996, S. 644 (681).

rungsdiskussion und anhand der bisher gemachten Erfahrungen[36] in der Praxis nicht mehr mit einem grundlegenden Abbau der Verwaltungsvorschriften gerechnet zu werden, noch ein solcher weiterhin gewollt zu sein.[37] Einzelne Vorschläge zielen daher nur noch darauf ab, Verfahrens- und Ermittlungsaufwand sowie die Anzeige- und Erklärungspflichten im Verwaltungsverfahren bei Vorlage einer validierten Umwelterklärung zu reduzieren.[38] Eine weit-reichende Deregulierung dürfte sich damit erledigt haben. Doch der Nutzen des EMAS-Systems und insbesondere der Tätigkeit des Umweltgutachters für die Umweltverwaltung ist noch nicht abschließend geklärt.

Neben der EMAS-VO finden sich auf nationaler Ebene weitere Bestimmungen in den bundesdeutschen Durchführungsnormen Umweltauditgesetz (UAG)[39], UAG-Zulassungsverfahrensordnung (UAGZVV)[40], UAG-Beleihungsverordnung (UAGBV)[41], UAG-Gebührenverordnung (UAGGebV)[42], UAG-Erweiterungsverordnung (UAGErwV)[43], und die vom Umweltgutachterausschuß erlassene und vom Bundesministerium für Umwelt, Naturschutz und Reaktorsicherheit genehmigte Fachkunderichtlinie (UAG-FkR)[44], Aufsichtsrichtlinie (UAG-AufsR)[45], Lehrgangsrichtlinie (UAG-LehrgR)[46], Zertifizierungs-verfahrensrichtlinie (UAG-ZertVfR)[47] und die Prüferrichtlinie (UAG-PrüfR)[48].

---

[36] Die ersten praktischen Erfahrungen mit dem EMAS-System in Deutschland wurden auf dem Forum der Deutschen Hochschule für Verwaltungswissenschaften Speyer am 29. und 30. April 1997 vorgestellt und diskutiert, vgl. ausführlich dazu: Bohne, Erfahrungen mit dem Umweltauditgesetz, 1998.
[37] Breuer, Vielgestaltigkeit, NVwZ 1997, S. 833 (845); Schottelius, Umweltmanagement-Systeme, NVwZ 1998, S. 805 (809).
[38] Breuer, Vielgestaltigkeit, NVwZ 1997, S. 833 (845); Schottelius, Umweltmanagement-Systeme, NVwZ 1998, S. 805 (809).
[39] BGBl. I/1995 S. 1591.
[40] BGBl. I/1995 S. 1841.
[41] BGBl. I/1995 S. 2013.
[42] BGBl. I/1995 S. 2014, geändert durch die Verordnungen vom 23.12.1996 (BGBl. I/1996 S. 2193) und vom 05.05.1998 (BGBl. I/1998 S. 857).
[43] BGBl. I/1998 S. 338 (In Kraft seit dem 04.02.1998)
[44] vom 27.06.1996 im: BAnz. 1996 Nr. 211 S. 11985.
[45] vom 11.12.1996 in: BAnz. 1997 Nr. 83 S. 5572.
[46] vom 03.09.1997 in: BAnz. 1998 Nr. 61 S. 4846.
[47] vom 08.12.1997 in: BAnz. 1998 Nr. 105 S. 7942.
[48] vom 18.03.1998 in: BAnz. 1998 Nr. 123 S. 9435.

Fragestellung der Arbeit

Zentrale Bedeutung kommt beim Gemeinschaftssystem für das Umweltmanagement und die Umweltbetriebsprüfung nach der EMAS-VO, kurz EMAS-System genannt, dem externen unabhängigen Umweltgutachter zu, dessen Prüfung und Gültigkeitserklärung der Umwelterklärung einen "Dreh- und Angelpunkt"[49] im Regelungssystem der Verordnung bildet.[50] Im Gegensatz zu den Regelungen der ISO 14001 ist die Beteiligung eines externen Gutachters bei der EMAS-VO vorgeschrieben. Er ist die Schnittstelle zwischen den Unternehmen und der staatlichen Verwaltung. Ohne seine Tätigkeit erfolgt weder die Eintragung in das Standortregister, noch ist dann der Standort befugt, eine Teilnahmeerklärung führen zu dürfen. Im dreistufigen Kontrollmodell der EMAS-VO ist der Gutachter nach der ersten Stufe, der Selbstkontrolle der Unternehmen, die zweite Stufe vor der Endkontrolle durch die Öffentlichkeit (dritte Stufe). Darüber hinaus hängt eine Deregulierung im wesentlichen von der Prüfungstiefe des Gutachters ab und inwieweit er durch seine Kontrolle ordnungsrechtliche Überwachungsmaßnahmen ersetzen kann, d.h. von der funktionalen Äquivalenz der Tätigkeit des Gutachters mit der Überwachung durch die Ordnungsbehörden.

Es ist daher zu untersuchen, ob und inwieweit der Umweltgutachter eine ordnungsbehördliche Funktion wahrnimmt und er den Vollzug des europäischen und nationalen Umwelt(ordnungs)rechts gewährleisten kann.

Gang der Darstellung

Um die Tätigkeit des Umweltgutachters in das EMAS-System einordnen und bewerten zu können, bedarf es zunächst einer umfassenden Darstellung dieses Systems (B.). Daran anschließend wird die Reichweite des Regelungsauftrages an die Mitgliedstaaten durch die Verordnung erörtert (C.), damit innerhalb der nachfolgenden Untersuchung der Regelungen, die den Umweltgutachter betreffen (D.) nicht nur der Regelungsgehalt der Artikel der EMAS-VO sondern auch der nationalen Bestimmungen exakt erfaßt werden kann. Innerhalb des Abschnitts, der die den Umweltgutachter betreffenden Regelungen behandelt, wird

[49] Waskow, Betriebliches Umweltmanagement, 2. Aufl. 1997, S. 104, 157.
[50] Köck, Betriebsorganisation, JZ 1995, S. 643 (648).

zwischen den Aufgaben, der Zulassung und Aufsicht differenziert. Ein besonderer Unterabschnitt behandelt nach Darstellung der Aufgaben ausführlich die Frage, inwieweit der Gutachter zur Prüfung der Einhaltung der Vorschriften verpflichtet ist, da der Umfang dieser Prüfungspflicht die ordnungsrechtliche Funktion des Umweltgutachters entscheidend bestimmt. Gleiches gilt für seine Rechtsstellung im Verhältnis zu den Unternehmen, die daher nach den Kapiteln zu den Aufgaben, der Zulassung und der Aufsicht ebenfalls in einem gesonderten Abschnitt behandelt wird. Indiz für die ordnungsrechtliche Funktion können ebenfalls Regelungen in anderen Mitgliedstaaten sein, auf die - vor allem Beispiel Großbritanniens - im Anschluß daran kurz eingegangen wird. Zuletzt erfolgt ein Vergleich zum Zertifizierer nach ISO 14001:1996 (E.), um die Unterschiede zum EMAS-System zu beleuchten, wodurch sich Rückschlüsse auf die Funktion des Umweltgutachters ziehen lassen.

Das EMAS-System

Für das Verständnis der Bedeutung des unabhängigen Umweltgutachters im EMAS-System bedarf es einer detaillierten Darstellung dieses Systems.

1. Kapitel: Teilnahmeberechtigung

Teilnahmeberechtigt sind grundsätzlich alle Unternehmen, die an einem oder mehreren Standorten gewerbliche Tätigkeiten gemäß der EG-Wirtschaftsstatistik-Verordnung[51] ausüben.[52] Darunter fallen das verarbeitende Gewerbe, der Bergbau, die Gewinnung von Steinen und Erden, die Erzeugung von Strom,

[51] Verordnung (EWG) Nr. 3037/90 vom 09.10.1990, Abl.EG Nr. L 239 vom 24.10.1990, S. 1.

[52] Art. 3, 2 i EMAS-VO i.V.m. den Abschnitten C und D, NACE Rev. 1 der EG-Wirtschaftsstatistik-Verordnung. Nach Art. 2 w, 3 RevE EMAS-VO ist wie bei DIN EN ISO 14001:1996 jedwede Organisation teilnahmeberechtigt, wobei die kleinste organisatorische Einheit, die eingetragen werden kann, der Standort sein wird, vgl. Lütkes/Ewer, Schwerpunkte, NVwZ 1999, S. 19 (22).

Gas, Dampf und Heißwasser sowie Recycling, Behandlung, Vernichtung oder Endlagerung von festen oder flüssigen Abfällen. Es können aber auch durch die Mitgliedstaaten weitere nicht gewerbliche Sektoren einbezogen werden,[53] wie dies u.a. in Deutschland auch geschehen ist.[54] Bei den Standorten handelt es sich nur um solche innerhalb der EG, da es nur um Standorte gehen kann, die der umweltbehördlichen Überwachung von Vollzugsbehörden der EG-Mitgliedstaaten unterliegen.[55]

2. Kapitel: Die Verfahrensschritte

Die freiwillige Teilnahme[56] am Öko-Audit-System nach der EMAS-VO läuft nach folgenden Verfahrensschritten ab:
Dabei ist zwischen dem ersten das EMAS-System implementierenden und allen weiteren Durchläufen zu differenzieren.

A. Erster Durchlauf

Die Errichtung des EMAS-Systems ist in folgenden Schritten durchzuführen:

1. Unternehmensinterne Verfahrensschritte

- Umweltpolitik
- Umweltprüfung[57]
- Umweltziele
- Umweltprogramm
- Umweltmanagementsystem
- Einleiten der Umweltbetriebsprüfung
- Umwelterklärung

---

[53] Art. 14 EMAS-VO.

[54] § 3 UAG i.V.m. UAGErwV.

[55] vgl. Art. 8 Abs. 4 EMAS-VO; Waskow, Betriebliches Umweltmanagement, 2. Aufl. 1997, S. 50.

[56] Art. 1 Abs. 1 EMAS-VO; zunächst wurde erwogen, Unternehmen zur Durchführung von Umwelt-Audits zu verpflichten (Scherer, Umwelt-Audits, NVwZ 1993, 11, (16)), doch bereits im Kommissionsvorschlag vom März 1992 (ABl. EG Nr. C 76 vom 23.03.1992) war die Freiwilligkeit verankert.

[57] Eine Umweltprüfung ist nach Anhang VII RevE EMAS-VO nur dann vorzunehmen, wenn keine Informationen zur Ermittlung und Bewertung signifikanter Umweltaspekte vorgelegt werden können.

2. Externe Kontrolle
- Überprüfung und Gültigerklärung durch den Umweltgutachter
3. Registrierung und Publikation
- Eintragung des Standorts
- Teilnahmeerklärung

I. Festlegung einer betrieblichen Umweltpolitik

Das Unternehmen muß sich zu einer bestimmten "Umweltpolitik" verpflichten, in der die umweltbezogenen Gesamtziele ("overall aims") und Handlungsgrundsätze ("principles of action") festgelegt werden müssen.[58] Es werden m.a.W. die Grundsätze in bezug auf den Schutz natürlicher Lebensgrundlagen bestimmt.[59]

Die bei uns seit längerem von größeren Unternehmen geübte Praxis, ihre Unternehmensziele mit unternehmensinterner Verbindlichkeit durch Grundsätze, Leitlinien und Richtlinien vorzugeben,[60] wird durch das Erfordernis einer Umweltpolitik auf den Umweltbereich ausgedehnt.

1. Formale Anforderungen

Die Umweltpolitik wird auf höchster Managementebene schriftlich festgelegt, den Beschäftigten mitgeteilt und der Öffentlichkeit zugänglich gemacht.[61] Die Differenzierung zwischen Mitteilung und Zugänglichmachen macht deutlich, daß das Unternehmen keine aktive Öffentlichkeitsarbeit hinsichtlich der Umweltpolitik betreiben muß.[62]

---

[58] Art. 3 a, 2 a EMAS-VO. Gemäß Anhang I A RevE EMAS-VO ist die Umweltpolitik Bestandteil des Umweltmanagementsystems, dessen Anforderungen sich im wesentlichen nach ISO 14001:1996 richten. Es findet also hinsichtlich der Umweltpolitik eine Angleichung an die Anforderunge dieser Managementnorm statt.
[59] Ekardt, Leitlinien, NJ 1998, S. 187.
[60] Feldhaus in: Korman, Umwelthaftung und Umweltmanagement, 1994, S. 14; ders. in: Rengeling, EUDUR, 1998, Bd. I, § 36 Rn. 23.
[61] Anhang I A 1, 2 EMAS-VO.
[62] Ewer in: Ewer/Lechelt/Theuer, Hdb. Umweltaudit, 1998, Teil E Rn. 10.

2. Inhalt

Die Selbstverpflichtung des Unternehmens umfaßt zwei unterschiedliche Komponenten:

- die Einhaltung aller einschlägigen Umweltvorschriften und
- die angemessene und kontinuierliche Verbesserung des betrieblichen Umweltschutzes.

Letzteres beinhaltet eine Dynamisierungsverpflichtung und soll dadurch erreicht werden, indem das Unternehmen die Umweltauswirkungen verringert (Ziel), und zwar in einem Maße, wie dies mit der Anwendung der besten verfügbaren Technik (Mittel) möglich ist, soweit dies wirtschaftlich vertretbar ist (Abwägung) [63]. Nach der Prüfung, welche Umweltbelastungen verringert werden können, ist zu erforschen, wieweit diese Verringerung durch die beste verfügbare Technik zu erreichen ist, was bedeutet, daß nach derjenigen Technik zu suchen ist, die für die Verringerung die beste ist, die am Markt erhältlich ist. Schließlich stellt sich die Frage, inwieweit diese Technikanwendung wirtschaftlich vertretbar ist, d.h. ob man sie sich leisten kann. Die wirtschaftliche Vertretbarkeit bemißt sich nicht anhand der subjektiven Leistungsfähigkeit des jeweiligen Unternehmens, sondern ist objektiv im Vergleich mit sonstigen Anlagen vergleichbarer Art zu ermitteln.[64]

---

[63] Art. 3 a EMAS-VO: "economically viable best available technology" (EVABAT). Dieses Kriterium für das zu erreichende Umweltschutzniveau wurde auf Betreiben der deutschen Delegation in die EMAS-VO aufgenommen, um der Gefahr entgegenzusteuern, daß im Rahmen der Anwendung der Verordnung die Bewertung der Verbesserung des betrieblichen Umweltschutzes weitgehend willkürlich erfolge (Umwelt (BMU) 1993, S. 225; Waskow, Betriebliches Umweltmanagement, 2. Aufl. 1997, S. 7; Lübbe-Wolff, EU-Verordnung, DVBl. 1994, S. 361 (364)). Art. 2 a RevE EMAS-VO enthält bei der Verpflichtung zur kontinuierlichen Verbesserung des Umweltschutzes den Maßstab der wirtschaftlich vertretbaren Anwendung der besten verfügbaren Technik nicht mehr. Stattdessen handelt es sich gemäß Art. 2 b RevE EMAS-VO bei der Verbesserung des Umweltschutzes um einen Prozeß jährlicher Verbesserungen der meßbaren Ergebnisse des Umweltmanagementsystems, bezogen auf die Managementmaßnahmen hinsichtlich der signifikanten Umweltaspekte. Auch hinsichtlich des Inhalts der Umweltpolitik findet damit eine Angleichung an ISO 14001:1996 statt.

[64] Köck, Pflichten- und Kontrollsystem, VerwA 1996, S. 644 (657/658); Pohl, Umweltaudits, BB 1998, S. 381.

Diese Anforderung liegt nach herrschender Auffassung[65], insbesondere mit Blick auf das meist niedrigere Umweltschutzniveau in den übrigen Mitgliedstaaten, etwas unterhalb des im deutschen Umweltordnungsrecht mit dem Begriff "Stand der Technik"[66] bezeichneten Niveaus.
Wegen der Dynamisierungsverpflichtung geht die Umweltpolitik dennoch über die eher statischen Anforderungen des deutschen Umweltrechts hinaus.[67]

Die Umweltpolitik ist umfassend zu bestimmen, da sie zum einen die in Anhang I C EMAS-VO aufgeführten Gesichtspunkte berücksichtigen und zum anderen auf den in Anhang I D EMAS-VO konkretisierten Handlungsgrundsätzen beruhen muß.
Bei den in Anhang I C EMAS-VO aufgeführten Gesichtspunkten handelt es sich um die Erhebung aller umweltrelevanten Daten der Bereiche Rohstoff-, Energie-, Wasserverbräuche, Schadstoffemissionen, Abfälle, Lärm, die Erfassung der Organisation des betrieblichen Umweltschutzes hinsichtlich ökologischer Prozeß- und Produktverbesserungen, Störfallvorsorge, Einbezug von Lieferanten und Subunternehmern, und um Informations- und Weiterbildungsmaßnahmen der Mitarbeiter und Information der Öffentlichkeit.

Die guten Managementpraktiken in Anhang I D EMAS-VO umfassen
- die Förderung des Umweltbewußtseins der Arbeitnehmer,
- die Vorausbeurteilung der Umweltauswirkungen jeder neuen Tätigkeit, jedes neuen Produkts und jedes neuen Verfahrens,
- die Überwachung und Überprüfung und Beurteilung der Umweltrelevanz jeder Tätigkeit,
- die Korrekturmaßnahmen zur Vermeidung und Beseitigung von Umweltbelastungen und Störfällen,

---

[65] Sellner/Schnutenhaus, Umweltmanagement, NVwZ 1993, S. 928 (930); Lübbe-Wolff, EU-Verordnung, DVBl. 1994, S. 364; Feldhaus in: Korman, Umwelthaftung und Umweltmanagement, 1994, S. 20; ders. in: Rengeling, EUDUR, 1998, Bd. I, § 36 Rn. 24; Pohl, Umweltaudits, BB 1998, S. 381; a.A. Heimlich, Begriff, NuR 1998, S. 582 (584), der bezweifelt, daß nur ein geringer Unterschied auszumachen sei, da im Rahmen dieser Selbstverpflichtung ökonomische Aspekte eine erhebliche Rolle spielten.
[66] § 3 Abs. 6 S. 1 BImSchG: "Stand der Technik ist der Entwicklungsstand fortschrittlicher Verfahren, Einrichtungen oder Betriebsweisen, der die praktische Eignung einer Maßnahme zur Begrenzung von Emissionen gesichert erscheinen läßt"; ähnlich § 7 a Abs. 1 S. 1 WHG.
[67] vgl. Müggenborg, Prüfungsumfang, DB 1996, S. 125 (126), der einen Vergleich zur Produktverantwortung nach § 22 Krw-/AbfG zieht.

- die Kontrollverfahren- und mechanismen, für die Fälle, in den festgestellt wird, daß die Umweltpolitik nicht eingehalten wird,
- Zusammenarbeit mit den Behörden,
- Information und Dialog mit der Öffentlichkeit,
- Beratung der Kunden über Umweltaspekte in Zusammenhang mit den Produkten und
- Vorkehrungen, um zu erreichen, daß die Vertragspartner die gleichen Umweltnormen anwenden.

3. Bezugsobjekt der Umweltpolitik

Durch Auslegung der EMAS-VO ist zu ermitteln, ob die Umweltpolitik für das Unternehmen oder nur für den jeweiligen Standort festzulegen ist.[68]

a. Auslegungsgrundsätze

Im Gemeinschaftsrecht werden die allgemeinen Auslegungsmethoden (Wortlaut, Systematik, Sinn und Zweck sowie die Entstehungsgeschichte) herangezogen, wobei besondere Bedeutung der systematischen und teleologischen Methode (Auslegung nach Sinn und Zweck) zukommt.[69]
Der EuGH gibt dabei im allgemeinen der Auslegung den Vorzug, die die Verwirklichung der Ziele des EWG-Vertrages am meisten fördert und die Funktionsfähigkeit der Gemeinschaften sichert.[70] Diese Auslegungsmethoden werden im folgenden berücksichtigt.

b. Deutscher Wortlaut

Der deutsche Wortlaut der EMAS-VO ist dahingehend, ob die Umweltpolitik für das gesamte Unternehmen oder den Standort festzulegen ist, nicht eindeutig. Einerseits enthält die EMAS-VO sowohl in den Artikeln als auch in den Anhängen Indizien für einen Unternehmensbezug[71]. Andererseits weist sie auch

---

[68] Gemäß Art. 2 a RevE EMAS-VO ist die Umweltpolitik für die Organisation festzulegen, so daß sich diese Frage nach der Revision nicht mehr stellt.
[69] Streinz, EuropaR, 1999, Rn. 498.
[70] Streinz, EuropaR, 1999, Rn. 498 , Urteil des EuGH vom 15.07.1964 in der Rechtssache 6/64 - Costa gegen E.N.E.L. -, Slg. 1964, S. 1251 (1267 f.).
[71] Art. 2 a, Anhang I A 2, 3, Anhang II A Satz 2 EMAS-VO.

auf einen Standortbezug hin.[72] Einige Formulierungen sind für beide Auslegungsmöglichkeiten offen.[73]

Bei der Auslegung sind zuerst die Artikel der Verordnung zu berücksichtigen, da diese den Inhalt der Verordnung diktieren und Vorrang gegenüber den Anhängen genießen.[74]

Art. 2 a EMAS-VO deutet auf die Unternehmensbezogenheit hin, da er die Festlegung der Handlungsgrundsätze eines Unternehmens verlangt.

Dagegen lassen sich Art. 1 Abs. 2 a und Art. 3 a für eine Standortbezogenheit anführen. Art. 1 Abs. 2 a nennt die Umweltpolitik ausdrücklich "standortbezogen", und Art. 3 a beschreibt sie als "betrieblich". Die im deutschen Sprachgebrauch übliche Differenzierung zwischen Unternehmen und Betrieb[75] läßt damit den Schluß zu, daß die Politik nur betriebs- d.h. standortbezogen ist. Die Artikel der EMAS-VO geben damit keinen eindeutigen Aufschluß darüber, ob die Umweltpolitik für das Unternehmen oder den Standort festzulegen ist, so daß die Anhänge der Verordnung zur Beantwortung dieser Frage heranzuziehen sind. Aber auch diese lassen keine eindeutige Worlautauslegung zu.
In Anhang I A 1 und 3 wird die Formulierung "die Umweltpolitik und/sowie das Umweltprogramm für den betreffenden Standort" gebraucht. Der Zusatz "für den betreffenden Standort" kann sich einerseits nur auf das unmittelbar davor stehende "Umweltprogramm" beziehen. Dies bedeutete gleichzeitig, daß sich der Standortbezug nicht auf die Politik bezöge, so daß diese für das ganze Unternehmen festzulegen wäre.

Da Umweltpolitik und -programm durch die Konjunktionen und/sowie miteinander verbunden sind, kann sich der Zusatz "für den ... Standort" auch auf beide Begriffe zusammen als Einheit beziehen. Diese Auslegung spräche für einen Standortbezug.

Beide Auslegungen sind daher sprachlich vertretbar.

Auch die unmißverständliche Formulierung "Umweltpolitik des Unternehmens"[76] läßt nicht zwingend den Schluß zu, daß die Umweltpolitik für das ge-

---

[72] Art. 1 Abs. 2 a, Art. 3 a EMAS-VO.
[73] Anhang I A 1 und 3 EMAS-VO.
[74] Waskow, Betriebliches Umweltmanagement, 2. Aufl. 1997, S. 60.
[75] vgl. Lübbe-Wolff, EU-Verordnung, DVBl. 1994, S. 361 (363).
[76] Anhang I A 2, 3; D EMAS-VO.

samte Unternehmen aufgestellt werden muß. Denn die EMAS-VO spricht ebenso vom "Umweltprogramm des Unternehmens"[77]. Dieses wird jedoch zur Verwirklichung der Umweltziele am Standort aufgestellt.[78]

Da die EMAS-VO somit sowohl bei der Umweltpolitik als auch bei dem (auf jeden Fall standortbezogenen) Umweltprogramm von derjenigen/demjenigen "des Unternehmens" spricht, kann diese Formulierung für sich allein genommen keinen Aufschluß darüber geben, ob sie bei der zu prüfenden Umweltpolitik wörtlich zu verstehen ist.

Die Auslegung des deutschen Wortlauts kommt bezüglich der Umweltpolitik zu keinem eindeutigen Ergebnis.

c. Englischer Wortlaut

Der Unternehmensbezug läßt sich aus der Auslegung des englischen Wortlauts herleiten.

Die in Art. 3 a als "betrieblich" bezeichnete Umweltpolitik heißt im Englischen "company environmental policy", wobei "company" für "Unternehmen" steht.[79]

Ebenso ergibt sich aus der englischen Fassung der Verordnung, daß sich der Zusatz "für den betreffenden Standort" in Anhang I A 1 Satz 1 nicht auf die Unternehmenspolitik bezieht, da die Unternehmensumweltpolitik und das Umweltprogramm für den Standort klar getrennt werden: "The company environmental policy, and the programme for the site...".[80]

Der englische Wortlaut läßt demnach nicht die im Deutschen mögliche Interpretation eines Standortbezugs der Umweltpolitik zu, sondern bringt klar zum Ausdruck, daß diese vielmehr unternehmensbezogen ist.

---

[77] Anhang A I 1 EMAS-VO.

[78] Anhang A I 5 EMAS-VO.

[79] Lübbe-Wolff, EU-Verordnung, DVBl. 1994, S. 361 (363); Scherer/Bartsch in: Landmann/Rohmer, UmweltR, 1998, Bd. III, Vorb. UAG Rn. 18.

[80] so auch Lübbe-Wolff, EU-Verordnung, DVBl. 1994, S. 361 (363 Fn. 20), Kothe, UmweltauditR, 1997, Rn. 58; Kloepfer, UmweltR, 1998, § 5 Rn. 346.

d. Französischer Wortlaut

Auch die französische Fassung der Verordnung differenziert zwischen der "politique environnemental de l'entreprise" (der Umweltpolitik des Unternehmens) und dem "programme environnemental pour le site" (dem Umweltprogramm für den Standort).[81] Damit steht auch nach der französischsprachigen Version fest, daß die Umweltpolitik in bezug auf das gesamte Unternehmen aufzustellen ist.

e. Vertragsdienliche Auslegung

Es fördert auch die Verwirklichung des gemeinschaftsrechtlichen Ziels des Umweltschutzes auf hohem Niveau am meisten, wenn die Umweltpolitik vom Unternehmen festgelegt wird. Denn Art. 130 r Abs. 2 Satz 1 EG-Vertrag (jetzt Art. 174 Abs. 2 Satz 1 EG) bestimmt: "Die Umweltpolitik der Gemeinschaft zielt unter Berücksichtigung der unterschiedlichen Gegebenheiten in den einzelnen Regionen der Gemeinschaft auf ein hohes Schutzniveau ab". Durch eine unternehmensbezogene Umweltpolitik werden in allen Unternehmensbereichen Verbesserungen des Umweltschutzes angestrebt. Das Schutzniveau wird dadurch höher angesiedelt, als wenn nur Zielvorgaben für den Standort festgelegt werden müßten. Auch unter Berücksichtigung der vertragsdienlichen Auslegung in Hinblick auf Art. 130 r Abs. 2 Satz 1 EG-Vertrag (jetzt Art. 174 Abs. 2 Satz 1 EG) ist die Umweltpolitik daher vom Unternehmen festzulegen.

f. Systematik

Aus systematischen Gründen läßt sich anführen, daß in Art. 2 a und c die Umweltpolitik und das Umweltprogramm begrifflich voneinander abgegrenzt und gegenübergestellt werden[82] und dort auch zwischen den "Gesamtzielen des Unternehmens" im Rahmen der Umweltpolitik und den Zielen des Unternehmens "an einem bestimmten Standort" beim Umweltprogramm differenziert wird.

Eine ähnliche Abgrenzung findet sich in Anhang I A 1 Satz 2. Nach dieser Bestimmung ist im Zusammenhang mit der Festlegung der Umweltpolitik und des Umweltprogramms zu erläutern, "wie das Umweltprogramm und Umwelt-

---

[81] Art. 3 a und c, Annexe I der EMAS-VO.

managementsystem, die für den Standort gelten, auf die Politik und die Systeme des Unternehmens insgesamt bezogen sind.[83]

Ebenso wird in Anhang II A Satz 2 zwischen der "Unternehmenspolitik", womit in diesem Zusammenhang die Umweltpolitik gemeint ist, und dem "Programm für den Standort" unterschieden.

g. Ergebnis

Danach ist aufgrund der Auslegung des englischen und französischen Wortlauts und aus systematischen Gründen die Verordnung dahingehend zu verstehen, daß die Umweltpolitik für das gesamte Unternehmen festzulegen ist.[84]

Die somit nur im Deutschen auftretende Unsicherheit hinsichtlich des Bezugsobjekts der Umweltpolitik ließe sich durch eine redaktionelle Klarstellung der deutschen Ausführung der EMAS-VO beseitigen. Es sollte durchgehend zwischen der Umweltpolitik des Unternehmens und des Umweltprogramms für den Standort differenziert werden. Insbesondere die mißverständlichen Anhänge I A 1 und I B 1 bedürfen einer entsprechenden Umformulierung.[85]

Bereits diese Untersuchung zeigt einige mißverständliche Formulierungen der EMAS-VO auf. In einem noch erheblich höherem Maß wird die Mißverständlichkeit der Verordnung bei der Untersuchung der Prüfungstiefe des Umweltgutachters zum Tragen kommen.

II. Durchführung einer ersten Bestandsaufnahme durch eine interne Umweltprüfung

Bezogen auf den Standort hat das Unternehmen eine "Umweltprüfung" durchzuführen, d.h. eine "erste umfassende Untersuchung der umweltbezogenen Fra-

---

[82] vgl. Waskow in: Feldhaus, BImSchR, 1997, M 1 Rn. 61; ders., Betriebliches Umweltmanagement, 2. Aufl. 1997, S. 54.

[83] Lübbe-Wolff, EU-Verordnung, DVBl. 1994, S. 361 (363 Fn. 20).

[84] im Ergebnis ebenso neben den vorgenannten: Dyllick, EU-Verordnung, ZfU 1995, S. 299 (306); Feldhaus in: Rengeling, EUDUR, 1998, § 36 Rn. 25; Ewer in: Ewer/Lechelt/Theuer, Hdb. Umweltaudit, 1998, Teil E Rn. 5.

[85] Durch die Neuformulierung der Begriffe "Umwelpolitik" in Art. 2 a RevE EMAS-VO, "Umweltprogramm" in Art. 2 h RevE EMAS-VO, die Übernahme der Bestimmungen der Norm EN/ISO 14001:1996 in Anhang I A RevE EMAS-VO und der Teilnahmeberechtigung einer Organisation, Art. 3 RevE EMAS-VO ist eine Klarstellung gelungen: Umweltpolitik und Umweltprogramm sind von der Organisation aufzustellen.

gestellungen, Auswirkungen und des betrieblichen Umweltschutzes im Zusammenhang mit der Tätigkeit an einem Standort".[86] Sie ist nur bei der erstmaligen Durchführung des Audits als gesonderter Verfahrensschritt vorzunehmen[87] und hat den unter Anhang I C EMAS-VO genannten Gesichtspunkten Rechnung zu tragen,[88] die schon bei Festlegung der Umweltpolitik[89] und im Rahmen der später durchzuführenden Umweltbetriebsprüfung zu berücksichtigen sind.

Es werden allerdings unterschiedliche Auffassungen hinsichtlich des Umfangs der Umweltprüfung vertreten.[90]

Nach einer Ansicht genügt die umfassende Ermittlung des Ist-Zustandes des betrieblichen Umweltschutzes.[91]

Nach einer anderen Auffassung soll die Umweltprüfung nicht nur den Ist-Zustand beschreiben. Sie stelle bereits einen Soll-Ist-Abgleich dar, so daß die Regelungen für die Umweltbetriebsprüfung in Anhang II bei der Umweltprüfung entsprechend zur Anwendung kommen könnten. Bereits im Rahmen der Umweltprüfung gehe es um die Aufdeckung von Schwachstellen anhand vorgegebener Parameter, nämlich anhand des Umweltrechts und der Umweltpolitik des Unternehmens.[92] Das Ergebnis der Umweltprüfung habe in einer bewerteten Bestandsaufnahme zu bestehen, die insbesondere ein betriebliches Umweltkataster mit einem Umweltstatus und einem Umweltrechtstatus umfasse.[93] Denn nur eine derartige Ausgestaltung der Umweltprüfung setze das

---

[86] Art. 2 b EMAS-VO.

[87] Lübbe-Wolff, EU-Verordnung, DVBl. 1994, S. 361 (364); Köck, Pflichten- und Kontrollsystem, VerwA 1996, S. 644 (658); Feldhaus in: Rengeling, EUDUR, 1998, Bd. I, § 36 Rn. 27; Ewer in: Ewer/Lechelt/Theuer, Hdb. Umweltaudit, 1998, Teil E Rn. 19.

[88] Art. 3 e EMAS-VO.

[89] Dort wurden diese Gesichtspunkte bereits dargestellt, vgl. 2. Kapitel Abschnitt A. I. 2.

[90] nach der Revision der EMAS-VO ist dieser Streit obsolet: eine reine Bestandsaufnahme reicht nicht mehr aus: gemäß Anhang VI RevE EMAS-VO sind die signifikanten Umweltaspekte nicht nur zu ermitteln sondern auch zu bewerten bzw. nach Anhang VII RevE EMAS-VO ist das Umweltverhalten im Rahmen der - wenn notwendigen - Umweltprüfung zu analysieren.

[91] Sellner/Schnutenhaus, Umweltmanagement, NVwZ 1993, S. 928 (930); Schottelius, Umweltmanagementsysteme, NVwZ 1998, S. 805 (807); Ekardt, Leitlinien, NJ 1998, S. 187.

[92] Waskow, Betriebliches Umweltmanagement, 2. Aufl. 1997, S. 63.

[93] Feldhaus, Rolle, BB 1995, S. 1545; Ewer in: Ewer/Lechelt/Theuer, Hdb. Umweltaudit, 1998, Teil E Rn. 20.

Unternehmen dazu instande, sinnvolle Umweltziele und Umweltprogramme sowie eine angemessene Umweltpolitik zu erarbeiten.[94]

Letztgenannter Auffassung ist weitgehend zu folgen. Die Umweltprüfung ist Grundlage für das noch zu erstellende Umweltprogramm und –managementsystem.[95] Ohne Bewertung der tatsächlichen Auswirkungen auf die Umwelt, insbesondere in Hinblick auf die einzuhaltenden Umweltrechtsvorschriften und, sofern die Umweltpolitik zuvor erstellt wurde, auch in Hinblick auf die Ziele der Umweltpolitik, können keine konkreten Umweltziele und kein darauf aufbauendes Umweltprogramm erarbeitet werden. Ebensowenig ist die Einrichtung eines Umweltmanagementsystems möglich, das die Umsetzung dieser Ziele gewährleisten soll. Allerdings sind die Vorschriften des Anhangs II nur sehr begrenzt auf die Umweltprüfung anzuwenden. Denn die EMAS-VO differenziert ausdrücklich zwischen der einmaligen Umweltprüfung, die dem Wortlaut nach den Aspekten des Anhangs I C Rechnung trägt,[96] und der Umweltbetriebsprüfung, die nach den Kriterien sowohl des Anhangs I C als auch des Anhangs II durchgeführt wird[97]. Folgt man strikt dem Wortlaut der EMAS-VO sind die Kriterien des Anhangs II nur auf die Umweltbetriebsprüfung anzuwenden. Es ist allerdings sinnvoll, wegen des später aufzustellenden Umweltprogramms ähnlich wie bei der Umweltbetriebsprüfung bereits einen Soll-Ist-Abgleich mit den umweltrechtlichen Anforderungen und der Umweltpolitik vorzunehmen, um ein geeignetes Umweltprogramm aufstellen zu können. Dagegen kann nicht - wie bei der Umweltbetriebsprüfung[98] - eine Bewertung des Umweltmanagementsystems und des Umweltprogramms am Standort zu diesem frühen Zeitpunkt erfolgen, da das Umweltprogramm[99] und das Umweltmanagementsystem[100] noch bestimmt werden müssen. Darüber hinaus ist ein Soll-Ist-Abgleich im Verhältnis zur Umweltpolitik nicht zwingend erforderlich.

Denn ein Vergleich zwischen den Zielsetzungen der Umweltpolitik und den tatsächlichen Verhältnissen am Standort erfolgt ausdrücklich erst im Rahmen

---

[94] Ewer in: Ewer/Lechelt/Theuer, Hdb. Umweltaudit, 1998, Teil E Rn. 20.
[95] Art. 3 c EMAS-VO.
[96] Art. 3 c EMAS-VO.
[97] Art. 4 Abs. 1 Satz 2 EMAS-VO.
[98] Anhang II A Satz 2 EMAS-VO.
[99] näher dazu im 2. Kapitel Abschnitt A. IV.
[100] näher dazu im 2. Kapitel Abschnitt A. V.

der Umweltbetriebsprüfung.[101] Ein solcher Vergleich kann auch nur dann vorgenommen werden, wenn die Umweltpolitik stets vor der Umweltprüfung bestimmt werden müßte. Da jedoch der Zeitpunkt der Umweltprüfung nicht eindeutig festgelegt ist, kann sie grundsätzlich sowohl vor als auch nach Festlegung der betrieblichen Umweltpolitik durchgeführt werden[102]. Es bietet sich an, die Umweltprüfung vorzuziehen, wenn bisher die Umweltrelevanz der Tätigkeit des Standorts in bezug auf die Umweltpolitik nicht hinreichend geklärt wurde.[103] Den Auftakt mit dieser Bestandsaufnahme zu machen, ist vor allem sinnvoll, damit die Umweltpolitik in Kenntnis dieser Bestandsaufnahme erstellt werden kann.[104] In einem solchen Fall können dann nicht die Auswirkungen auf die Umwelt mit den erst nach der Umweltprüfung erstellten Zielvorgaben der Umweltpolitik verglichen werden.
Im Rahmen der Umweltprüfung sind die Auswirkungen auf die Umwelt daher zu ermitteln und auch schon zu bewerten und die Anforderungen an die Umweltbetriebsprüfung in Anhang II EMAS-VO entsprechend heranzuziehen, soweit sie sich nicht auf die Eigenart einer systematischen und regelmäßigen Betriebsprüfung beziehen, die das Umweltmanagementsystem und das Umweltprogramm bewertet und sofern ein Vergleich mit den Zielvorgaben einer zuvor festgelegten Umweltpolitik möglich erscheint.

Gegenstand der Umweltprüfung ist der Standort.[105] Der in der EMAS-VO umständlich formulierte Begriff des Standorts[106] ist vereinfacht als zusammenhängendes Betriebsgelände, unabhängig von den Gemeindegrenzen, zu verste-

---

[101] Anhang II A Satz 2 EMAS-VO.
[102] Lübbe-Wolff, EU-Verordnung, DVBl. 1994, S. 361 (364); Kothe, UmweltauditR, 1997, Rn. 74; nach Art. 3 Nr. 1 a, b i.V.m Anhang VII RevE EMAS-VO wird die Reihenfolge verbindlich festgelegt: Organisationen haben entweder Informationen vorzulegen, die zur Ermittlung und Bewertung der signifikanten Umweltaspekte erforderlich sind oder zunächst eine Umweltprüfung durchzuführen und daran anschließend gem. Art. 3 I b RevE EMAS-VO ein Umweltmanagementsystem einzurichten, dessen Bestandteil die Umweltpolitik ist.
[103] Waskow in: Feldhaus, BImSchR, 1997, Bd. 7 M 1 Rn. 62; Ewer in: Ewer/Lechelt/Theuer, Hdb. Umweltaudit, 1998, Teil E Rn. 20.
[104] Köck, Pflichten- und Kontrollsystem, VerwA 1996, S. 644 (658).
[105] Nach Art. 2 s, 3 RevE EMAS-VO ist grundsätzlich die Organisation eintragungsfähig; gemäß Art. 2 s RevE EMAS-VO ist der Standort die kleinste überprüfbare organisatorische Einheit und gemäß Art. 2 t RevE EMAS-VO wird der Standortbegriff klargestellt: er umfaßt das gesamte geographische Gelände, das der Kontrolle der Organisation untersteht.
[106] Art. 2 k EMAS-VO.

hen.[107] Der Standort umfaßt das Gelände, auf das sich das Umwelt-audit erstrecken soll, mit allen ortsfesten und beweglichen Anlagen ein-schließlich aller Nebeneinrichtungen.[108]

Offen bleibt nach dem Wortlaut der EMAS-VO auch, wer die Umweltprüfung vorzunehmen hat. Da stellenweise auch Vorschriften, die für die Umweltbetriebsprüfung gelten, auf die Umweltprüfung anzuwenden sind,[109] und beide Prüfungen mehrfach in einem Zusammenhang genannt werden,[110] ist davon auszugehen, daß die Umweltprüfung ebenso wie die Umweltbetriebsprüfung entsprechend Art. 4 Abs. 1 EMAS-VO sowohl von Betriebsangehörigen als auch externen Betriebsprüfern vorgenommen werden darf.[111]

Da ein Anforderungsprofil für die Umweltprüfer fehlt, ist auf dasjenige der Betriebsprüfer zurückzugreifen, die über die für eine objektive Beurteilung erforderliche Unabhängigkeit verfügen[112] sowie Fachkenntnisse und Erfahrungen hinsichtlich des Prüfungsgegenstandes haben[113] müssen.

Das in einer Umwelterklärung festzuhaltende und zu veröffentlichende Ergebnis[114] bildet als Bestandsaufnahme die Grundlage für die nachfolgenden Verfahrensschritte.

III. Festlegung der Umweltziele

Auf der höchsten dafür geeigneten Managementebene sind Umweltziele festzulegen, die als "Ziele, die sich ein Unternehmen im einzelnen für seinen betrieb-

---

[107] Lübbe-Wolff, EU-Verordnung, DVBl. 1994, S. 361 (362); Pohl, Umweltaudit, BB 1998, S. 381 (382).

[108] Kothe, UmweltauditR, 1997, Rn. 53; Feldhaus in: Rengeling, EUDUR, 1998, § 36 Rn. 22.

[109] Art. 3 b EMAS-VO verweist darauf, daß ebenso wie die Umweltbetriebsprüfung gemäß Art. 4 I Satz 2 EMAS-VO die Umweltprüfung den in Anhang I Teil C EMAS-VO genannten Aspekten Rechnung tragen muß. Ebenso sind wie bereits ausgeführt die Vorschriften des Anhangs II EMAS-VO teilweise entsprechend anzuwenden.

[110] Art. 4 Abs. 4 und 5 c EMAS-VO.

[111] im Ergebnis ebenso, aber direkt aus Art. 4 Abs. 1 herleitend: Scherer/Bartsch in: Landmann/Rohmer, UmweltR, 1998, Bd. III, Vorb. UAG Rn. 22.

[112] Art. 2 l, Anhang II C Abs. 1 EMAS-VO; Art. 2 n, Anhang II 2.1. RevE EMAS-VO.

[113] Anhang II C EMAS-VO; Anhang II 2.4. RevE EMAS-VO. Weitere Anforderungen ergeben sich aus ISO 10011:1990, Teil 1, Nr. 4.2. Diese regelt das Audit von Qualitätsmanagementsystemen, findet aber nach Anhang II auf Umweltbetriebsprüfer Anwendung. Ergänzend kann DIN EN ISO 14011 herangezogen werden; Waskow, Betriebliches Umweltmanagement, 2. Aufl. 1997, S. 73; Feldhaus in: Rengeling, EUDUR, 1998, § 36 Fn. 128.

lichen Umweltschutz gesetzt hat"[115], definiert sind. Diese Ziele sind auf eine kontinuierliche Verbesserung des betrieblichen Umweltschutzes auszurichten.[116] Sie werden auf allen betroffenen Unternehmensebenen festgelegt, müssen im Einklang mit der Umweltpolitik stehen und so formuliert sein, daß die Verpflichtung zur stetigen Verbesserung des betrieblichen Umweltschutzes, wo immer dies in der Praxis möglich ist, quantitativ bestimmt und mit Zeitvorgaben versehen wird.[117]

Die Handlungsgrundsätze und Gesamtziele der Umweltpolitik werden damit durch die Umweltziele konkretisiert.

Fraglich ist allerdings, ob bereits nach der Umweltprüfung diese Ziele aufzustellen sind.

Nach dem Wortlaut der Verordnung erfolgt die Festlegung der Umweltziele grundsätzlich erst "aufgrund der Ergebnisse der Umweltbetriebsprüfung"[118]. Diese wird jedoch erst nach Festlegung eines Umweltprogramms und Implementierung eines Umweltmanagementsystems (Schritte d. und e.) eingeleitet, so daß die Umweltziele zu diesem frühen Zeitpunkt noch nicht festzulegen wären. Gleichzeitig stellt der Wortlaut aber auch Anforderungen an das nach der Umweltprüfung zu erstellende Umweltprogramm (Schritt d.), zu denen die spätere Festlegung von Umweltzielen im Widerspruch steht: Das Umweltprogramm wird "zur Verwirklichung der Ziele am Standort aufgestellt".[119] Es setzt begrifflich die festgelegten Umweltziele voraus.[120] Deren Festlegung muß daher vor oder zumindest gleichzeitig mit der Erstellung des Umweltprogramms erfolgen. Die EMAS-VO muß dahingehend verstanden werden, daß die Ziele nicht nur

---

[114] Art. 5 Abs. 1 und 2 EMAS-VO.

[115] Art. 2 d EMAS-VO; nach Art. 2 i RevE EMAS-VO handelt es sich bei einem Umweltziel um ein nach Möglichkeit zu quantifizierendes Gesamtziel, das eine Organisation sich aufgrund ihrer Umweltpolitik gesetzt hat.

[116] Art. 3 e EMAS-VO.

[117] Anhang I A 4 EMAS-VO.

[118] Art. 3 e EMAS-VO.

[119] Anhang I A 5 EMAS-VO.

[120] so auch Lübbe-Wolff, EU-Verordnung, DVBl. 1994, S. 361 (364); Kothe, UmweltauditR, 1997, Rn. 5; Scherer/Bartsch in: Landmann/Rohmer, UmweltR, 1998, Bd. III, Rn. 26.

aufgrund der Ergebnisse der Umwelt-betriebsprüfung sondern auch aufgrund der Resultate der ersten Umweltprüfung festgesetzt werden.[121]

Obschon die Umweltziele auf allen betroffenen Unternehmensebenen aufzustellen sind, wird vereinzelt[122] die Auffassung vertreten, eine mit zeitlichen Vorgaben versehene Konkretisierung der Umweltpolitik nur in bezug auf den Standort sinnvoll, über den Standort hinausgehende umweltbezogene unternehmerische Vorstellungen seien funktionslos.

Letzteres ist nicht überzeugend. Die allgemein gehaltene Umweltpolitik soll auf allen betroffenen Unternehmensebenen Konturen erhalten; die Festlegung von Vorgaben für den Standort ist ausdrücklich dem Umweltprogramm vorbehalten. Wegen dieses eindeutigen Wortlauts sind die Umweltziele daher in bezug auf das Unternehmen aufzustellen.[123]

IV. Festlegung eines Umweltprogramms für den Standort

Aufgrund der Ergebnisse der Umweltprüfung wird ein Umweltprogramm festgelegt, das die konkreten Ziele und Tätigkeiten des Unternehmens zur Verwirklichung der Umweltziele am Standort beschreibt.[124] Das Umweltprogramm enthält damit standortbezogene und noch konkretere Vorgaben als die Umweltziele. Es schreibt vor, was im einzelnen zu tun ist, da es folgenden Anforderungen zu genügen hat:

-Definition der Verantwortung für die Zielerreichung in jedem Aufgabenbereich und auf
jeder Unternehmensebene

-Festlegung von Maßnahmen, Mitteln und Fristen zur Zielerreichung

-Für neu entwickelte Produkte, Dienstleistungen oder Verfahren sind gesonderte Umweltprogramme festzulegen.[125]

---

[121] nach Art. 2 i RevE EMAS-VO ist diese Unstimmigkeit beigelegt: die Umweltziele sind aufgrund der Umweltpolitik festzulegen und gemäß Art. 2 h RevE EMAS-VO setzt das Umweltprogramm die Umweltziele voraus.

[122] Lübbe-Wolff, EU-Verordnung, DVBl. 1994, S. 361 (364). Art. 2 i RevE EMAS-VO stellt dazu klar: Umweltziele sind Gesamtziele der Organisation.

[123] ebenso Kothe, Umweltauditrecht, 1997, Rn. 78.

[124] Art. 2 c, Anhang I A 4 EMAS-VO; gemäß Art. 2 h RevE EMAS-VO wird der Schwerpunkt auf die Maßnahmen und Fristen zur Erreichung der Umweltziele gelegt.

[125] Anhang I A 5 EMAS-VO.

Auch im Rahmen des Umweltprogramms sind die in Anhang I C aufgeführten Gesichtspunkte[126] zu berücksichtigen, wobei nicht in jedem Audit-Durchlauf eine Zielvorgabe für jeden dieser Punkte formuliert werden muß.[127]

Entgegen der Vorgehensweise bei 20% der ersten 100 Umwelterklärungen[128] ist die Zielvorgabe, ein EMAS-konformes Umweltmanagementsystem aufzubauen, nicht ausreichend, da bereits dessen Errichtung und Etablierung zu den weiteren vom Umweltgutachter zu prüfenden Pflichten des zu begutachtenden Standorts gehört, wie sich insbesondere aus dem folgenden Verfahrensschritt ergibt:

V. Errichtung und Etablierung eines detailliert vorgegebenen Umweltmanagementsystems am Standort

In einem "Umweltmanagementsystem" als Teil des gesamten übergreifenden Managementsystems sind Organisationsstruktur, Zuständigkeiten, Verhaltensweisen, förmliche Verfahren, Abläufe und Mittel zur Realisierung der Umweltpolitik festzulegen.[129] Es dient der innerorganisatorischen Umsetzung und Realisierung des Umweltprogramms[130] und soll dafür sorgen, daß künftig bei jeder Unternehmensentscheidung Umweltaspekte angemessen Berücksichtigung finden.[131] Die detaillierten Anforderungen an das Umweltmanagementsystem werden in der Praxis als das "Kernstück" des Audit-Systems verstanden.[132]

---

[126] vgl. 2. Kapitel A. I. 2.

[127] Lübbe-Wolff, Öko.Audit, ZUR 1996, S. 173 (176) Fn. 24: vgl. statt vieler Peter/Both/Gebers, Öko-Audit, Leitfaden und Arbeitsmaterialien zur Zertifizierung, 1996, S. 84 f.

[128] lt. Bericht der EU-Kommission im Rahmen des ersten EMAS Umweltgutachter Workshops am 22.05.1996 in Brüssel, Jasch, EMAS Umweltgutachter Workshop, IdU-news 6/96, S. 2.

[129] Art. 3 c, 2 e EMAS-VO.

[130] Dyllick, EU-Verordnung, ZfU 1995, S. 299 (307).

[131] Abs.7 der Erwägungsgründe der EMAS-VO, Ekardt, Leitlinien, NJ 1998, S. 187.

[132] Lübbe-Wolff, Öko-Audit, ZUR 1996, S. 173 (176 Fn. 22); nach Anhang I A RevE EMAS-VO soll ein Umweltmanagentsystem nach DIN EN ISO 14001 errichtet werden, nach Anhang I B RevE EMAS-VO werden zusätzliche Nachweise über ISO 14001 hinaus gefordert: die Organisation hat auf die Einhaltung der Rechtsvorschriften, den betrieblichen Umweltschutz, die externe Kommunikation und die Einbeziehung der Arbeitnehmer einzugehen.

1. Organisatorische Maßnahmen

Folgende organisatorischen Maßnahmen sind zu treffen:

- Umweltpolitik, -ziele und -programme: Ihre Festlegung, Überprüfung und gegebenenfalls
  Anpassung auf der höchsten geeigneten Managementebene;
- Organisation und Personal: Definition von Verantwortung und Befugnissen der Mitarbeiter
  in Schlüsselfunktionen;
- Bestellung eines verantwortlichen Managementvertreters für die Anwendung und
  Aufrechterhaltung des Managementsystems; Information und Ausbildung der Mitarbeiter
  über ihre Aufgaben und Pflichten;
- Aufbau- und Ablaufkontrolle: Festlegung dokumentierter Arbeitsanweisungen, Verfahren betreffend die Beschaffung und die Tätigkeit von Vertragspartnern, schriftlich festgelegte Leistungskriterien im Umweltschutz; Kontrollverfahren und Korrekturmaßnahmen im Falle von Abweichungen;
- Umweltmanagement-Dokumentation: Dokumentation des Umweltmanagementsystems und der Einhaltung seiner Anforderungen;[133]
- Umweltbetriebsprüfungen: Prüfung der Übereinstimmung von Tätigkeiten und Programm;
  Prüfung der Wirksamkeit des Umweltmanagementsystems für die Umsetzung der Umweltpolitik.[134]

Hervorzuheben ist dabei insbesondere folgendes: Das Umweltmanagementsystem muß unter anderem so ausgestaltet, angewandt und aufrechterhalten werden, daß es die Erfüllung der Umweltpolitik gewährleistet.[135] Das durch das Managementsystem eingerichtete Betriebsprüfungssystem muß in der Lage sein, die Wirksamkeit des Umweltmanagementsystems für die Umsetzung der Umweltpolitik des Unternehmens systematisch und regelmäßig abzuprüfen.[136]

---

[133] z.B. in der Form eines Umweltmanagementhandbuchs, wie dies bei der GEW Köln AG geschehen ist: Linden, Kolloquium, ZfWassR 1998, S. 412 (414).

[134] Anhang I B EMAS-VO.

[135] Anhang I B EMAS-VO.

[136] Anhang I B 6 e EMAS-VO.

Für den Fall der Nichteinhaltung der Umweltpolitik des Unternehmens muß das Umweltmanagementsystem Verfahren zur Untersuchung und für Korrekturmaßnahmen vorsehen.[137] Liegen diese Voraussetzungen vor, ist das Umweltmanagementsystem funktionstüchtig.

Bei "Nicht-Funktionieren" des Managementsystems entspricht dieses nicht den Anforderungen der EMAS-VO.

2. Gegenstandsbezogene Anforderungen

Neben diesen organisatorischen Maßnahmen hat das Umweltmanagementsystem auch folgende gegenstandsbezogenen Anforderungen zu erfüllen:
Bei der Feststellung der Auswirkungen der Tätigkeiten am Standort auf die Umwelt sind die bedeutungsvollen Auswirkungen sowohl im Normalbetrieb als auch bei Unfällen zu bewerten und ein Verzeichnis darüber zu erstellen sowie ein Verzeichnis von Rechts- und Verwaltungsvorschriften anzulegen und zu aktualisieren,[138] wobei die EMAS-VO nicht festlegt, welche Vorschriften genau in dieses Verzeichnis aufzunehmen sind.[139]

Das Umweltmanagementsystem ist trotz dieser gegenstandsbezogenen Anforderungen in erster Linie ein Mittel, durch Organisation und Verfahren die Vorgaben der Umweltpolitik und des Umweltprogramms durchzusetzen.
Die Kritik,[140] daß die Festlegung konkreter Anforderungen an die Überprüfung von Umweltauswirkungen im Managementsystem als einem Organisations- und Verfahrensinstrument verwirrend, deplaziert und daher systemwidrig seien, ist nur zum Teil berechtigt. Zwar sollte das Umweltmanagementsystem als Verfahrensinstrument grundsätzlich keine materiellen Vorgaben festlegen, denn materielle Zielfestsetzungen sind Gegenstand der Umweltpolitik und des Umweltprogramms. Doch die Berücksichtigung der Auswirkungen auf die Umwelt ist bereits Bestandteil der Umweltpolitik, des Umweltprogramms und der Umwelt-

---

[137] Anhang I D 4 EMAS-VO.

[138] Anhang I B 3 EMAS-VO.

[139] Müggenborg, Prüfungsumfang, DB 1996, S. 125 (128). Dieser Frage wird im Zusammenhang mit der Überprüfung der Rechtsvorschriften durch den Umweltgutachter im 6. Kapitel Abschnitt D. nachgegangen.

[140] Lübbe-Wolff, EU-Verordnung, DVBl. 1994, S. 361 (365); Kothe, UmweltauditR, 1997, Rn. 86.

betriebsprüfung.[141] Ebenso gehört die Verpflichtung zur Einhaltung der Rechtsvorschriften schon zur Umweltpolitik.[142] Das Umweltmanagementsystem ist daher nur das Mittel, auf welche Weise die Auswirkungen auf die Umwelt und die Einhaltung des Rechts, nämlich durch Erstellen von Verzeichnissen, dokumentiert werden sollen. Der verfahrensrechtliche Aspekt steht daher trotz dieser konkreten Anforderungen im Vordergrund. Die Festlegung dieser gegenstandsbezogenen Anforderungen innerhalb des Umweltmanagementsystems steht daher im Einklang mit den von der EMAS-VO geforderten Zielvorgaben der Umweltpolitik und des Umweltprogramms.[143]

VI. Durchführung einer internen Umweltbetriebsprüfung am Standort

Als nächster Schritt ist das eigentliche Umwelt-Audit, eine vom Unternehmen durchzuführende eingehende "Umweltbetriebsprüfung" am Standort einzuleiten.

1. Inhalt

Die Umweltbetriebsprüfung ist ein Managementinstrument, das eine systematische, regelmäßige und objektive Bewertung der Leistung der Organisation des Managements und der Abläufe zum Schutz der Umwelt umfaßt; es dient der Erleichterung der Managementkontrolle von Verhaltensweisen, die eine Auswirkung auf die Umwelt haben können und der Beurteilung der Übereinstimmung mit der Unternehmenspolitik im Umweltbereich.[144] Es wird also geprüft, ob Organisation, Management und Betriebsabläufe mit der Umweltpolitik und dem Umweltprogramm übereinstimmen,[145] d.h. ob der betriebliche Umweltschutz an dem Standort funktioniert oder verbessert werden muß.[146] Dabei wird auch ermittelt, ob der Standort den geltenden Normen entspricht und das Um-

---

[141] Anhang I C EMAS-VO.
[142] Art. 3 a EMAS-VO.
[143] Im Rahmen der Revision der EMAS-VO stellt sich dieses Problem nicht mehr, da sowohl Umweltpolitik als auch Umweltprogramm Bestandteile des Umweltmanagementsystems nach ISO 14001:1996 sind und die kritisierten gegenstandsbezogenen Anforderungen gestrichen werden.
[144] Art. 2 f EMAS-VO.
[145] Art. 2 f, 4 EMAS-VO.
[146] Sellner/Schnutenhaus, Umweltmanagement, NVwZ 1993, S. 928 (930).

weltmanagementsystem sich zur Bewältigung der umweltorientierten Aufgaben eignet.[147]

2. Prüfungsverfahren

Die Umweltbetriebsprüfung wird nach den Leitlinien der internationalen Norm ISO 10011, 1990, Teil 1, insbesondere Nummern 4.2, 5.1, 5.2, 5.3, 5.4.1 und 5.4.2, anderer relevanter internationaler Normen[148] und nach folgenden Anforderungen der EMAS-VO durchgeführt[149]:

Zunächst werden schriftlich Betriebsprüfungsprogramme aufgestellt, in denen die Ziele jeder Betriebsprüfung, der Prüfungsumfang und deren Häufigkeit bestimmt werden.[150] Die Zielvorgaben müssen mindestens enthalten: die Bewertung der bestehenden Managementsysteme, die Feststellung der Übereinstimmung mit der Umweltpolitik und dem Umweltprogramm, einschließlich der Übereinstimmung mit den einschlägigen Rechtsvorschriften.[151] Der Umfang der Prüfung muß eindeutig festgelegt werden und zwar ausdrücklich bezüglich der erfaßten Bereiche, der zu prüfenden Tätigkeiten, der zu berücksichtigenden Umweltstandards und des erfaßten Prüfungszeitraums.[152]

Die Prüfungstätigkeit umfaßt u.a. Gespräche mit den am Standort Beschäftigten und die Einsichtnahme in die erforderlichen Unterlagen, aus denen sich die Umweltschutzqualität am Standort ergibt.[153] In der Regel wird die Prüfung anhand von Checklisten durchgeführt.[154]

Nach jeder Prüfung ist ein Betriebsprüfungsbericht anzufertigen, der die vollständigen Feststellungen und Schlußfolgerungen der Betriebsprüfer enthalten

[147] Anhang II E 1 EMAS-VO.
[148] Heranzuziehen sind DIN EN ISO 14010, DIN EN ISO 14011 und DIN EN ISO 14012, vgl. Feldhaus in: Rengeling, EUDUR, 1998, § 36 Rn. 52; Einzelheiten zu den Anforderungen nach DIN EN ISO 14012 im 19. Kapitel Abschnitt D. III. 2.
[149] Anhang II Einleitung EMAS-VO; nach der Revision der EMAS-VO entfällt der Verweis auf die Norm ISO 10011: 1990, stattdessen sind in Anhang II RevE EMAS-VO die Anforderungen an die Umweltbetriebsprüfung ausführlicher geregelt.
[150] Anhang II A EMAS-VO; Anhang II 2.2. RevE EMAS-VO.
[151] Anhang II A Satz 2 EMAS-VO; Anhang II 2.2. RevE EMAS-VO.
[152] Anhang II B EMAS-VO; Anhang II 2.3. RevE EMAS-VO.
[153] Anhang II E EMAS-VO; geringfügig umformuliert in Anhang II 2.6. RevE EMAS-VO, der darauf verweist, daß diese Kontrollen u.a. stichprobenartig durchgeführt werden sollten.
[154] Feldhaus in: Rengeling, EUDUR, 1998, § 36 Rn. 51.

und der Unternehmensleitung vorgelegt werden muß.[155] Der Bericht muß enthalten: den Prüfungsumfang; eine Bewertung, inwieweit die Ziele des Unternehmens erreicht und Fortschritte erzielt worden sind; die Wirksamkeit der innerbetrieblichen Kontrolle; gegebenenfalls die Notwendigkeit von Korrekturmaßnahmen.[156]

Das Unternehmen hat dann sicherzustellen, daß nach dem Bericht notwendige Verbesserungen umgesetzt werden.[157] Unter Umständen hat daher eine betriebsinterne Nachbesserung der Umweltsituation des Unternehmens aufgrund der Ergebnisse der Umweltbetriebsprüfung zu erfolgen.

3. Prüfungshäufigkeit

Die Umweltbetriebsprüfung ist innerhalb des ersten Durchlaufs einzuleiten. Es ist zumindest das Betriebsprüfungsprogramm festzulegen.[158] Diese Anforderung ergibt sich aus der Pflicht, auch schon dem erstmaligen Antrag auf Eintragung eine Beschreibung des für den Standort festgelegten Betriebsprüfungsprogramms beizufügen.[159] Die eigentliche Betriebsprüfung muß erst innerhalb des Folgedurchlaufs vorgenommen werden.[160]

Die Umweltbetriebsprüfung ist spätestens alle drei Jahre zu wiederholen, abhängig von der Komplexität des Prüfungsgegenstandes und der Umweltrelevanz auch in kürzeren Abständen.[161] Die Umweltbetriebsprüfung braucht nicht aus einem einzigen, umfassenden Prüfungsvorgang bestehen; sie muß nur innerhalb eines gewissen Zeitraums, dem Betriebsprüfungszyklus,[162] abgeschlossen sein. Es bleibt allerdings offen, ab welchem Zeitpunkt die erste Drei-Jahres-Frist für

---

[155] Anhang II F 1 EMAS-VO; Anhang II 2.7.1. RevE EMAS-VO.

[156] Anhang II F 2 EMAS-VO; Anhang II 2.7.2. RevE EMAS-VO.

[157] Anhang II G EMAS-VO; Anhang II 2.8. RevE EMAS-VO.

[158] Art. 3 Nr. 1 c) und Anhang V 5.4.2. RevE EMAS-VO stellen dazu klar: Für die erstmalige Beteiligung ist eine Umweltbetriebsprüfung vorgeschrieben und zwingender Bestandteil der Überprüfung durch den Umweltgutachter. Das Umweltbetriebsprüfungsprogramm muß soweit angelaufen sein, daß die Bereiche mit den signifikantesten Umweltauswirkungen erfaßt sind, Anhang V 5.4.2. RevE EMAS-VO.

[159] Art. 3 f, Anhang V EMAS-VO.

[160] Waskow in: Feldhaus, BImSchR, 1997, Bd. 7 M 1 Rn. 64; ders., Betriebliches Umweltmanagement, 2. Aufl. 1997, S. 52 ff.; Lübbe-Wolff, Umweltauditgesetz, NuR 1996, S. 217 (218).

[161] Die Kriterien für die Dauer der Prüfzyklen sind in Anhang II H bzw. in Anhang II 2.9. RevE EMAS-VO festgelegt.

[162] Art. 2 g EMAS-VO; Art. 2 m RevE EMAS-VO.

die Wiederholungsprüfung zu laufen beginnt. Richtigerweise wird man den Beginn bei Abgabe des Prüfungsberichts der Umweltprüfung ansetzen müssen.[163] Denn mit diesem ist das Umwelt-prüfungsverfahren abgeschlossen und eine daran anschließende Umweltbetriebs-prüfung kann eingeleitet werden.

Der Umstand, daß die Umweltbetriebsprüfung innerhalb des ersten Durchlaufs zwar eingeleitet, aber noch nicht abgeschlossen werden muß und für die interne Standortkontrolle die Umweltprüfung ausreichend ist, führt dazu, daß im Rahmen des ersten Durchlaufs das Umweltprogramm und Umweltmanagementsystem und auch die Umsetzung von Umweltpolitik und -programm und eine damit einhergehende schon eingetretene Verbesserung des Umweltschutzes nicht durch ein internes Audit, die Umweltbetriebsprüfung, kontrolliert und bewertet werden, sondern erst in den Folgedurchläufen. Denn bei Vornahme der Umweltprüfung ist das Umweltprogramm noch nicht aufgestellt bzw. bei den Standorten, die sich zum ersten Mal mit Umweltmanagement befassen, ein Umweltmanagementsystem noch nicht implementiert. Die Gefahr, daß bei Stellung des ersten Antrags Umweltprogramm und Umweltmanagementsystem unzureichend im Sinne der Anforderungen der EMAS-VO sind, besteht jedoch nicht, denn auch schon nach dem ersten Durchlauf ist ein funktionsfähiges Umweltmanagementsystem vonnöten und muß bei der ersten Begutachtung eingerichtet sein.[164] Im übrigen sind beide Systemelemente auch und gerade Gegenstand der vom Umweltgutachter vorzunehmenden Standortkontrolle.[165]

4. Prüfer

Vorgenommen werden kann die Umweltbetriebsprüfung sowohl von Betriebsangehörigen (sog. Auditoren) als auch von Außenstehenden. In jedem Fall müssen sie über die für eine objektive Beurteilung erforderliche Unabhängigkeit verfügen.[166]

---

[163] ähnlich auch Waskow in: Feldhaus, BImSchR, 1997, Bd. 7 M 1 Rn. 71.
[164] Waskow in: Feldhaus, BImSchR, 1997, Bd. 7 M 1 Rn. 63.
[165] siehe 2. Kapitel Abschnitt A. IX.
[166] Art. 2 l, Anhang II C Abs. 1 EMAS-VO; Art. 2 n, Anhang II 2.1. RevE EMAS-VO.

Darüber hinaus müssen sie Fachkenntnisse und Erfahrungen hinsichtlich des Prüfungsgegenstandes besitzen.[167]

VI. Abgabe einer Umwelterklärung für den Standort

Danach ist eine Umwelterklärung für die Öffentlichkeit zu entwerfen. Die Öffentlichkeitsbeteiligung dient der Transparenz und Kontrolle des Standorts, da die Öffentlichkeit durch die Erklärung in die Lage versetzt werden soll, den Umweltstatus des Standorts zu kennen und kritisch zu bewerten.[168] Durch eine offene Informationspolitik sollen die Umweltprobleme am Standort transparent gemacht, die Glaubwürdigkeit der Unternehmen in Sachen Umweltschutz verbessert und ihre Rechtssicherheit verstärkt werden.[169]

Die Umwelterklärung ist nach der ersten Umweltprüfung und nach jeder folgenden Betriebsprüfung zu erstellen und in knapper, verständlicher Form zu schreiben. Technische Unterlagen können beigefügt werden.[170]

Erst nach der Prüfung und Gültigerklärung durch den Umweltgutachter[171] und der Eintragung erfolgt die Veröffentlichung,[172] so daß erst dann die Kontrolle durch die Öffentlichkeit stattfinden kann.

Als notwendiger Inhalt der Erklärung gilt folgendes:

- Beschreibung der Tätigkeiten des Unternehmens am betreffenden Standort
- Beurteilung aller bedeutenden Umweltauswirkungen dieser Tätigkeiten
- Zusammenfassung der Zahlenangaben über Schadstoffemissionen, Abfälle, Rohstoff-, Energie-, Wasserverbrauch, Lärm und andere relevante Aspekte

---

[167] Anhang II C EMAS-VO; Anhang II 2.4. RevE EMAS-VO. Weitere Anforderungen ergeben sich aus ISO 10011:1990, Teil 1, Nr. 4.2. Diese regelt das Audit von Qualitätsmanagementsystemen, findet aber nach Anhang II auf Umweltbetriebsprüfer Anwendung. Ergänzend kann DIN EN ISO 14011 herangezogen werden; Waskow, Betriebliches Umweltmanagement, 2. Aufl. 1997, S. 73; Feldhaus in: Rengeling, EUDUR, 1998, § 36 Fn. 128.

[168] Schottelius, Umweltmanagement-Systeme, NVwZ 1998, S. 805 (807); Ekardt, Leitlinien, NJ 1998, S. 187; zu den vorgesehenen Änderungen vgl. Lütkes/Ewer, Schwerpunkte, NVwZ 1999, S. 19 (24).

[169] vgl. Begründung, KOM(91) 459 endg. vom 05.03.1992 (BR-Drs. 222/92) unter I B 2. Nach Anhang III 3.1. RevE EMAS-VO ist es nun Ziel der Umwelterklärung, nicht nur die Öffentlichkeit sondern auch andere interessierte Kreise über die Umweltauswirkungen und den betrieblichen Umweltschutz der Organisation zu informieren.

[170] Art. 5 Abs. 1 und 2 EMAS-VO.

[171] siehe 2. Kapitel Abschnitt A. VII.

[172] Art. 3 h EMAS-VO.

- Darstellung von Umweltpolitik[173], Umweltprogramm und Umweltmanagementsystem für den Standort
- Termin für die Vorlage der nächsten Umwelterklärung und Name des zugelassenen Umweltgutachters.[174]

Zusätzlich sind der Registrierungsstelle folgende Angaben zu machen:
- Name des Unternehmens
- Name und Anschrift des Standorts
- auch die Anschrift des Umweltgutachters
- eine Beschreibung des für den Standort festgelegten Betriebsprüfungsprogramms.[175]

Weitere Angaben stehen dem Unternehmen frei. Sie sind nicht notwendiger Inhalt der Umwelterklärung.

Wegen der offen gehaltenen Formulierungen bezüglich des Inhalts, z.B. welche Umweltauswirkungen bedeutend sind, inwieweit die Darstellung anderer relevanten Aspekte angemessen ist, welche sonstigen Faktoren mit aufzunehmen sind, und wie knapp die Darstellung gehalten werden darf, ergeben sich allerdings erhebliche Auslegungsschwierigkeiten, welche Angaben nicht notwendigerweise in der Umwelterklärung enthalten sein müssen bzw. welche Informationen nicht aufgeführt werden dürfen.[176]

Zumindest braucht die Erklärung keine substantiierten, detaillierten Angaben, etwa über die Häufigkeit und Ergebnisse bisheriger Selbstüberwachungsmaßnahmen bei allen Anlagen am Standort enthalten.[177] Sie sollte auch nicht übermäßig viele zusätzliche Informationen beinhalten, da sie wegen der Beteiligung der Öffentlichkeit und aus Gründen der Verständlichkeit knapp gehalten werden soll. Deswegen braucht die Umwelterklärung auch nicht eine Kurzver-

---

[173] Da die Umweltpolitik gesondert der Öffentlichkeit zugänglich zu machen ist, Anhang I A Nr. 3 EMAS-VO, reicht eine weniger ausführliche Fassung aus. Zur Breite der Darstellung von Umweltpolitik, - programm und -managementsystem in der Umwelterklärung: Kothe, UmweltauditR, 1997, Rn. 232 ff..

[174] Art. 5 Abs. 3 EMAS-VO; die Nennung des Namens des Umweltgutachters trägt zu dessen Reputation bei, so daß sich bei zunehmender Verbreitung der Auditierung im Bereich des Gutachterwesens selbstregulierende Kräfte entfalten werden, vgl. Kothe, UmweltauditR, 1997, Rn. 233.

[175] Art. 3 f, Anhang V EMAS-VO.

[176] Ausführlich dazu: Kothe, UmweltauditR, 1997, Rn. 229 ff.

[177] Lübbe-Wolff, Öko-Audit, ZUR 1996, S. 173 (179); Kothe, UmweltauditR, 1997, Rn. 238.

sion des Umweltbetriebsprüfungsberichts darstellen.[178] Auch das Geheimhaltungsinteresse des Unternehmens an der Geheimhaltung betriebs-interner Daten[179] begrenzt den Umfang der Erklärung hinsichtlich ihres notwendigen Inhalts.

Unzureichend ist es allerdings, wenn sich die Unternehmen mit der Beschreibung der umweltrelevanten Tätigkeiten begnügen. Sie haben auch zu dokumentieren, inwieweit sie die selbst gesteckten Ziele erfüllt haben.[180]

Die Beurteilung, welche Angaben in die Umwelterklärung mit aufzunehmen sind, kann wegen der genannten Auslegungsschwierigkeiten zum Gegenstand von Meinungsverschiedenheiten zwischen dem Umweltgutachter und dem Unternehmen werden.[181]

In der Praxis hat das Auslegungsproblem schon dazu geführt, daß der Aussagewert der bisher vorgelegten Umwelterklärungen erheblich differierte.[182]

Ergänzend ist darauf hinzuweisen, daß die Umwelterklärung nicht nur den Vorgaben der EMAS-VO entsprechen muß, sondern auch nicht gegen das Wettbewerbsrecht, insbesondere das Verbot der irreführenden Werbung, § 3 UWG, verstoßen darf.[183]

Weil die Umwelterklärung im öffentlichen Interesse liegt, hat jedermann einen unmittelbar gegen das Unternehmen gerichteten Auskunftsanspruch auf Übermittlung der Umwelterklärung.[184]

---

[178] Ewer in: Ewer/Lechelt/Theuer, Hdb. Umweltaudit, 1998, Teil E Rn. 33.

[179] Martens/Moufang, Aspekte, NVwZ 1996, S. 246; Pohl, Umweltaudits, BB 1998, S. 381 (384); eingehend zum Schutz von Betriebs- und Geschäftsgeheimnissen: Kothe, UmweltauditR, 1997, Rn. 241 ff.

[180] Kothe, UmweltauditR, 1997, Rn. 238; Feldhaus in: Rengeling, EUDUR, 1998, § 36 Rn. Rn. 61.

[181] zu den Rechtsschutzproblemen: 17. Kapitel Abschnitt F. I.

[182] vgl. Feldhaus in: Rengeling, EUDUR, 1998, § 36 Rn. Rn. 61; die Anforderungen an die Umwelterklärung werden in Anhang III RevE EMAS-VO umfangreich konkretisiert, so daß sich der Aussagewert der Umwelterklärungen steigern dürfte. Der Unterschied zwischen der ersten Umwelterklärung und den Folgeerklärungen wird im übrigen nur noch darin bestehen, daß die Folgeerklärungen in einer konsolidierten Fassung veröffentlicht werden, Anhang III 3.1. Satz 4 RevE EMAS-VO.

[183] Zu diesem Problemkreis ausführlich: Kothe, UmweltauditR, 1997, Rn. 266 ff.

[184] Lübbe-Wolff, Umweltauditgesetz, NuR 1996, S. 217 (S. 219 mit Fn. 29); Köck, Pflichten- und Kontrollsystem, VerwA 1996, S. 644 (660); Waskow, Betriebliches Umweltmanagement, 2. Aufl. 1997, S. 165; allerdings klarer in 1. Aufl. 1994, S. 65; Feldhaus in: Rengeling, EUDUR, 1998, § 36 Rn. 60.

VII. Überprüfung des Standorts und Gültigerklärung durch einen externen Umweltgutachter

Nach diesen unternehmensinternen Verfahrensschritten sieht die EMAS-VO eine externe Kontrolle vor, um sicherzustellen, daß sich die Unternehmen nicht nur ein "Umwelt-Mäntelchen" umlegen.[185] Diese Kontrollfunktion übernimmt der zugelassene, unabhängige sachverständige Umweltgutachter: Er prüft, ob Umweltpolitik, Umweltprogramm, Umweltmanagementsystem, die Umwelt(betriebs)prüfungsverfahren und die Umwelterklärungen der Verordnung entsprechen; ist dies der Fall, so erklärt er die Umwelterklärung für gültig,[186] sog. Validierung. Verstöße gegen das Wettbewerbsrecht unterliegen hingegen nicht seiner Prüfung.

Eine genaue Darstellung seiner Aufgaben innerhalb des EMAS-System erfolgt im 4. Kapitel.

Die Tätigkeit des Umweltgutachters ist entscheidend für die Glaubwürdigkeit und Akzeptanz des EMAS-Systems,[187] weil seine Prüfung die "Schnittstelle" zwischen den unternehmensinternen und den nachfolgenden unternehmensexternen Verfahrensschritten herstellt. Die Gültigerklärung ist dabei das entscheidende Instrument des Gutachters, so daß es ebenfalls einer genaueren Untersuchung bedarf, wie die Gültigerklärung in das Rechtssystem einzuordnen ist.

VIII. Eintragung des Standortes in ein bei der Kommission geführtes Verzeichnis

Nach Validierung der Umwelterklärung kann das Unternehmen für den Standort die Eintragung in ein Verzeichnis beantragen und ist einzutragen[188], wenn folgende Eintragungsvoraussetzungen erfüllt sind:

1. Vorlage der für gültig erklärten Umwelterklärung
2. Einzahlung einer Eintragungsgebühr

---

[185] Köck, Entdeckung, ZUR 1995, S. 1 (3).
[186] Art. 4 Abs. 3, 5 EMAS-VO; Art. 3 e, Anhang V 5.4. RevE EMAS-VO.
[187] BT-Drs. 13/1192 S. 18; Kniep, Zulassung, GewA 1995, S. 317; Falk/Frey, Prüftätigkeit, UPR 1996, S. 58; Kothe, UmweltauditR, 1997, Rn. 233.
[188] Art. 8 Abs. 1 und 2 EMAS-VO; Art. 6 Nr. 1 RevE EMAS-VO.

3. Glaubhaftmachung, daß der Standort alle Anforderungen der EMAS-VO erfüllt.[189]

Die Eintragung hat konstitutive Wirkung. Mit ihr wird außenwirksam dokumentiert, daß der Standort alle Anforderungen der EMAS-VO erfüllt.[190]

Bei Stellung des Antrags sind folgende Angaben zu machen: Unternehmensname, Name und Anschrift des Standorts und des Umweltgutachters, kurze Beschreibung der Tätigkeiten am Standort und Frist für die Vorlage der nächsten validierten Umwelterklärung; beizufügen sind eine kurze Beschreibung des Umweltmanagementsystems, eine Beschreibung des Betriebsprüfungsprogramms und die validierte Umwelterklärung.[191]

Der Antrag ist bei einer - vom Mitgliedstaat zu bestimmenden - zuständigen Stelle zu stellen. In Deutschland ist die Aufgabe der zuständigen Registrierungsstellen den Industrie- und Handels- und den Handwerkskammern übertragen worden.[192] In Nordrhein-Westfalen z.B. ist die IHK Duisburg für die Registrierung zuständig. Die Registrierungsstelle hat jährlich die aktualisierte Fassung des nationalen Verzeichnisses der Kommission zu übermitteln,[193] die ein Gesamtverzeichnis aller registrierten Standorte jedes Jahr im Amtsblatt der EG

---

[189] Art. 6 Nr. 1 RevE EMAS-VO fordert zwar keine Glaubhaftmachung mehr, sondern, daß die Registerstelle anhand der vorgelegten Informationen davon ausgehen kann, daß die Organisation alle Anforderungen der Verordnung erfüllt. Doch inhaltlich dürften sich diese beiden Anforderungen kaum unterscheiden.

[190] Feldhaus in: Rengeling, EUDUR, 1998, Bd. I, § 36 Rn. 70; zu den unzulänglichen Zielvorgaben in der Darstellung des Umweltprogramms in der Umwelterklärung bereits der Bericht der EU-Kommission im Rahmen des ersten EMAS Umweltgutachter Workshops am 22.05.1996 in Brüssel, Jasch, EMAS Umweltgutachter Workshop, IdU-news 6/96, S. 2.

[191] Anhang V EMAS-VO; Art. 6 Nr. 1 RevE EMAS-VO verlangt sogar die Verwendung des Antragsformulars aus Anhang VIII RevE EMAS-VO, das im wesentlichen die gleichen Angaben enthält.

[192] § 32 Abs. 1 UAG.

[193] In Deutschland wird die Übermittlung von einer gemeinsamen Stelle vorgenommen, § 32 Abs. 2 UAG.

veröffentlicht.[194] 1996 erfolgte erstmals eine solche Veröffentlichung.[195] Inzwischen ist das Standortregister über Internet abrufbar.[196]

Darüber hinaus hat die Registrierungsstelle in folgenden Spezialfällen tätig zu werden:[197]

Ist das Unternehmen der Aufforderung, eine für gültig erklärte Umwelterklärung vorzulegen und die Eintragungsgebühr zu zahlen, nicht innerhalb von drei Monaten nachgekommen oder stellt die Registrierungsstelle auf irgendeine Weise fest, daß der Standort nicht mehr alle Anforderungen der EMAS-VO erfüllt, streicht sie ihn nachträglich aus dem Verzeichnis.[198] Meldet die zuständige Vollzugsbehörde einen Verstoß gegen einschlägige Umweltvorschriften, wird die Eintragung abgelehnt oder vorübergehend aufgehoben.[199]

Bei hinreichenden Zusicherungen seitens der Vollzugsbehörde, daß der Verstoß abgestellt worden ist und eine Wiederholungsgefahr aufgrund von Sicherheitsvorkehrungen ausgeschlossen ist, werden Ablehnung der Eintragung bzw. vorübergehende Aufhebung zurückgenommen.[200]

Die Eintragung, deren Ablehnung, die vorübergehende Aufhebung und die nachträgliche Streichung sind Verwaltungsakte im Sinne des § 35 Satz 1 VwVfG.[201] Denn die Registrierungsstelle regelt einseitig als Behörde im konkreten Einzelfall, ob der jeweilige Standort in das öffentlich-rechtliche Register aufgenommen wird oder nicht.

In Deutschland ist vor der nachträglichen Streichung und der vorübergehenden Aufhebung der Eintragung den betroffenen Unternehmen und der zuständi-

---

[194] Art. 9 EMAS-VO; Art. 7 Abs. 2 und 3 RevE EMAS-VO, wonach die Mitteilung an die Kommission allerdings monatlich erfolgt, die Kommission die Listen führt und nur noch öffentlich zugänglich zu machen hat. Eine jährliche Veröffentlichung im Amtsblatt ist nicht mehr vorgesehen.

[195] Abl. EG Nr. C 223 vom 31.07.1996 S. 23 ff..

[196] Alle Standorte unter http://europa.eu.int/comm/environment/emas; die in Deutschland registrierten Standorte unter http://soret.ihk.de/.

[197] Diese Befugnisse werden zur Klarstellung in Art. 6 Nr. 2 - 6 RevE EMAS-VO umformuliert und die entsprechenden interessierten Kreise an den Maßnahmen beteiligt.

[198] Art. 8 Abs. 3 EMAS-VO.

[199] Art. 8 Abs. 4 Satz 1EMAS-VO.

[200] Art. 8 Abs. 4 Satz 2 EMAS-VO.

[201] Feldhaus in: Kormann, Umwelthaftung und Umweltmanagement, 1994, S. 18; ders. in: Rengeling, EUDUR, 1998, § 36 Rn. 76; Sellner/Schutenhaus, Umweltmanagement, NVwZ 1993, S. 928 (933).

gen Umweltbehörde Gelegenheit zur Stellungnahme zu geben.[202] Sofern das Unternehmen Verstöße gegen die Bedingungen der EMAS-VO bestreitet und irgendeinen Nachteil glaubhaft macht, muß wegen dieser Verstöße ein vollziehbarer Verwaltungsakt, ein rechtskräftiger Bußgeldbescheid oder eine rechtskräftige strafgerichtliche Verurteilung vorliegen, bevor Streichung oder vorübergehende Aufhebung der Eintragung angeordnet werden dürfen.[203]

Bei der nachträglichen Streichung aufgrund Nichterfüllung der Anforderungen der EMAS-VO und der vorübergehenden Aufhebung wegen Meldung eines Rechtsverstoßes seitens der Vollzugsbehörde handelt es sich um spezielle Widerrufstatbestände im Sinne von § 49 Abs. 2 Nr. 1 VwVfG, auch wenn sie nicht als solche bezeichnet werden. Beiden ist gemeinsam, daß sie nach speziellen Tatbestandsvoraussetzungen die Eintragung, die einen begünstigenden Verwaltungsakt darstellt, erst mit Wirkung für die Zukunft entfallen lassen. Im Unterschied zu den Fällen des § 49 Abs. 2 liegt hier die Besonderheit darin, daß es nicht im Ermessen der Eintragungsbehörde steht ("darf"), den Widerruf anzuordnen, sondern, daß sie zur Streichung bzw. Aufhebung verpflichtet ist, sog .gebundene Entscheidung.

Die "Rücknahme" der Ablehnung bzw. vorübergehenden Aufhebung stellt keine Rücknahme im Sinne des § 48 VwVfG dar, sondern ebenfalls einen speziellen Fall des Widerrufs, allerdings im Sinne des § 49 Abs. 1 VwVfG. Denn auch die "Rücknahme" setzt einen zunächst rechtmäßigen Verwaltungsakt, die Ablehnung bzw. Aufhebung voraus. Erst durch die nachträgliche Beseitigung der Verstöße ist der benachteiligende Verwaltungsakt mit Wirkung für die Zukunft rückgängig zu machen. Auch hierbei handelt es sich im Gegensatz zu der Ermessensregelung in § 49 Abs. 1 VwVfG um eine gebundene Entscheidung.

Das Standortregister kann von jedermann nach Maßgabe des UIG, insbesondere § 4 Abs. 1, eingesehen werden.[204]

IX. Erhalt und Verwendung der Teilnahmeerklärung

Nach Eintragung in das Verzeichnis sind die Unternehmen berechtigt, für den oder die eingetragenen Standorte eine Teilnahmeerklärung zu verwenden, die

---

[202] Art. 18 Abs. 2 Satz 2 EMAS-VO, § 34 Satz 1 UAG.

[203] § 34 Satz 2 UAG.

sie allerdings nicht zur Produktwerbung einsetzen und nicht auf den Erzeugnissen oder deren Verpackungen angeben dürfen.[205] Diese Teilnahmeerklärung besteht aus einer Graphik und einem erläuternden Text. Die vier Arten der Teilnahmeerklärung sind in Anhang IV EMAS-VO abgebildet.

Die Befugnis, die Teilnahmeerklärung verwenden zu dürfen, bildet den Anreiz zur Teilnahme am Gemeinschaftssystem[206] und stellt auch einen erheblichen Unterschied zur Norm ISO 14001:1996 dar, die eine solche öffentlichkeitswirksame Teilnahmeerklärung nicht vorsieht.[207]

Erst nachdem der Standort die Teilnahmeerklärung verwenden darf, muß das Unternehmen auch die Umwelterklärung gegebenenfalls der Öffentlichkeit zur Kenntnis bringen.[208]

B. Die weiteren Durchläufe

Nach dem ersten Durchlauf des EMAS-Systems werden alle weiteren Durchläufe in leicht modifizierter Weise zum erstmaligen Vorgehen vorgenommen[209]:

1. Unternehmensinterne Verfahrensschritte
- Festlegung und Anpassung der Umweltpolitik
- Umweltbetriebsprüfung
- Überprüfung und Festlegung der Umweltziele
- Festlegung und Anpassung des Umweltprogramms
- Anpassung des Umweltmanagementsystems
- Umwelterklärung

2. Externe Kontrolle

---

[204] § 32 Abs. 4 UAG.

[205] Art. 10 EMAS-VO; das Aussehen und die Aussagekraft der Teilnahmeerklärung werden ebenfalls reformiert und nach Art. 8, Anhang IV RevE EMAS-VO ein Logo eingeführt, wobei Art. 8 Abs. 2 RevE EMAS-VO genauer regelt, in welchen Fällen das Logo benutzt werden darf. Durch das Logo soll der Bekanntheitsgrad der EMAS-VO gesteigert werden; Lütkes/Ewer, Schwerpunkte, NVwZ 1999, S. 19 (24).

[206] Auf diesen Umstand wurde bereits in der Einleitung verwiesen.

[207] vgl. zu den Unterschieden zu ISO 14001:1996 im einzelnen: 19. Kapitel Abschnitt C.

[208] Art. 3 h EMAS-VO; gemäß Art. 3 1.a RevE EMAS-VO ist die Umwelterklärung bereits nach Eintragung der Öffentlichkeit zugänglich zu machen.

[209] Art. 3.2. RevE EMAS-VO stellt für die Beibehaltung der EMAS-Eintragung folgende Kriterien auf: erneute Überprüfung der Umweltmanagementsysteme und des Umweltbetriebsprüfungsprogramms, jährlich neu zu erstellende und zu validierende Umwelterklärungen, die der zuständigen Stelle zu übermitteln und der Öffentlichkeit zugänglich zu machen sind.

- Prüfung und Validierung durch den Umweltgutachter
3. Registrierung und Publikation
- Eintragung ins das Standortregister
- Befugnis zur Verwendung der Teilnahmeerklärung

I. Festlegung und Anpassung der betrieblichen Umweltpolitik

Die Umweltpolitik wird in regelmäßigen Zeitabständen überprüft und ist auf den aktuellen Stand zu bringen, wobei insbesondere die Ergebnisse der jeweiligen Umweltbetriebsprüfungen umgesetzt werden müssen.[210]

II. Durchführung einer internen Umweltbetriebsprüfung am Standort

Im Rahmen des zweiten Durchlaufs muß daher auch die erste Umweltbetriebsprüfung abgeschlossen sein. Sie hat den bereits dargestellten Anforderungen zu genügen und ist daraufhin spätestens alle drei Jahre erneut durchzuführen, bzw. der Betriebsprüfungszyklus, d.h. der Zeitraum innerhalb dessen alle Betriebsprüfungstätigkeiten vorgenommen wurden,[211] muß nach drei Jahren abgeschlossen sein.[212]

III. Festlegung und Überprüfung der Umweltziele für den Standort

Aufbauend auf den Ergebnissen der Umweltbetriebsprüfung sind sodann erneut[213] Umweltziele festzulegen bzw. abzuändern.[214]

IV. Festlegung und Anpassung des Umweltprogramms

Im Rahmen der weiteren Durchläufe muß das Umweltprogramm fortgeschrieben werden.[215] Es ist gegenüber dem Programm des vorausgehenden Durchlaufs so abzuändern, daß die in jedem Durchlauf neu zu formulierenden Ziele erreicht werden können.[216]

---

[210] Anhang I A 2 EMAS-VO.
[211] Art. 2 g EMAS-VO.
[212] Anhang II H EMAS-VO.
[213] vgl. 2. Kapitel Abschnitt A. III.
[214] Art. 3 e EMAS-VO.
[215] Anhang I A 5 EMAS-VO.
[216] Art. 3 e EMAS-VO.

V. Etablierung und Anpassung des Umweltmanagementsystems am Standort

Das bereits errichtete Umweltmanagementsystem muß angewandt und so aufrechterhalten werden, daß es nach wie vor die bereits beschriebenen Anforderungen gewährleistet.[217] Es ist daher stetig zu verbessern.

VI. Abgabe einer Umwelterklärung für den Standort

Es ist jährlich eine vereinfachte Umwelterklärung für den Standort abzugeben.[218] Diese muß mindestens Angaben über Schadstoffemissionen, Abfallaufkommen, Rohstoff-, Energie- und Wasserverbrauch, gegebenenfalls Lärmemissionen und andere bedeutsame umweltrelevante Aspekte enthalten und gegebenenfalls auf bedeutsame Veränderungen seit der letzten Umwelterklärung hinweisen. Fehlen solche Veränderungen oder handelt es sich insbesondere um kleine und mittlere Unternehmen, bei denen der Umweltgutachter eine Erklärung nicht für erforderlich hält, so kann von der jährlichen Erstellung einer Umwelterklärung abgesehen werden.[219] Die jährlich erstellten Erklärungen werden erst am Ende der Betriebsprüfung bzw. des Betriebsprüfungszyklus validiert,[220] d.h. sie brauchen erst mit der Validierung der am Ende des Zyklus erstellten regulären Umwelterklärung für gültig erklärt zu werden.

Die folgenden Verfahrensschritte sind mit dem ersten Durchlauf weitgehend identisch:

VII. Überprüfung des Standorts und Gültigerklärung durch einen externen Umweltgutachter

Auch nach den weiteren Durchläufen hat der Umweltgutachter den Standort auf Übereinstimmung mit den Bestimmungen der EMAS-VO zu prüfen und gegebenenfalls die Umwelterklärung(en) für gültig zu erklären.

---

[217] Anhang I B EMAS-VO.
[218] Art. 5 Abs. 5 EMAS-VO.
[219] Art. 5 Abs. 6 S.1 EMAS-VO.
[220] Art. 5 Abs. 5 S.2 EMAS-VO.

VIII. Eintragung des Standortes in ein bei der Kommission geführtes Verzeichnis

Der Standort wird erneut registriert, sofern die Validierung nicht abgelehnt wird. Bei einer solchen Ablehnung eines zuvor eingetragenen Standorts, wird dieser aus dem Verzeichnis gestrichen.[221]

IX. Erhalt der Teilnahmeerklärung

Der Standort erhält erneut die Befugnis, die Teilnahmeerklärung verwenden zu dürfen.

Die weiteren Durchläufe sind also nicht mehr auf eine erste Bestandsaufnahme, sondern auf eine anhaltende Optimierung der Verhältnisse am geprüften Standort gerichtet.[222]

3. Kapitel: Die Schnittstellenfunktion des Umweltgutachters

Die Beschreibung des EMAS-Systems zeigt, daß die Tätigkeit des Gutachters entscheidend für das Funktionieren dieses Systems ist. Die Transparenz und Glaubwürdigkeit der Tätigkeiten der Unternehmen werden durch die Tätigkeit des Gutachters gewährleistet.[223]

Das interne Audit wird durch den externen Umweltgutachter überprüft. Durch seine Prüfung und Validierung wird sichergestellt, daß die unternehmensinternen Verfahrensschritte erfolgt sind und das innerbetriebliche Umweltkontrollsystem funktioniert. Die Befugnis zur Verwendung - und somit die Erlangung der mit dem Zeichen verbundenen Vorteile für die Unternehmen - beruht wesentlich auf dem Prüfungsergebnis des Umweltgutachters.[224]

Dieses Prüfungsergebnis, die Validierung, ist Voraussetzung für die externe öffentlich-rechtliche Registrierung. Die Validierung ist (mit-)entscheidend für die von den Standorten angestrebte Eintragung und Erhalt der Teilnahmeerklärung. Die gutachterliche Prüfung stellt die Verbindung zwischen den unternehmensinternen und den -externen Verfahrensschritten dar. Sie ist die "Schnittstelle" zwischen der Selbstkontrolle und der Registrierung. Durch die Verknüp-

---

[221] Art. 8 Abs. 3 EMAS-VO.
[222] Ekardt, Leitlinien, NJ 1998, S. 187 (188).
[223] 9. und 10. Erwägungsgrund der EMAS-VO.
[224] Waskow in: Feldhaus, BImSchR, 1997, Bd. 7 M 1 Rn. 91.

fung unternehmensinterner Kontrolle der verbindlichen Anforderungen zur Förderung der kontinuierlichen Verbesserung des betrieblichen Umweltschutzes und der systematischen, unabhängigen und regelmäßigen externen Prüfung[225] sowie der Publizität im Standortregister, durch die eine öffentliche Erfolgskontrolle gewährleistet wird, können die Unternehmens-standorte glaubwürdig dokumentieren, daß der betriebliche Umweltschutz verbessert wird, was ihnen Wettbewerbsvorteile einbringen kann.[226]

Diese zentrale Bedeutung des Umweltgutachters kam auch in dem Gesetzgebungsverfahren zu den nationalen Umsetzungsnormen zum Ausdruck, bei dem ein mehrheitsfähiger Kompromiß zwischen dem Gesetzgeber und der teilnahmewilligen Wirtschaft erreicht wurde.[227]

2. Teil: Der Regelungsauftrag an die Mitgliedstaaten

Die bisherige Darstellung des EMAS-Systems erfolgte bis auf die Erläuterung der Standortregistrierung ausschließlich anhand der Bestimmungen der EMAS-VO. Doch auch die nationalen Bestimmungen begründen - noch im einzelnen darzustellende - Rechte und Pflichten des Umweltgutachters. Inwieweit die deutschen Regelungen - insbesondere das UAG - verordnungskonform sind bzw. im Lichte der EMAS-VO auszulegen sind, ist daher für die Rechtsstellung des Umweltgutachters von entscheidender Bedeutung.

Die Existenz der deutschen Regelungen mag auf den ersten Blick befremdend erscheinen, da die EMAS-VO als Verordnung der Europäischen Union in allen ihren Teilen verbindlich ist und unmittelbar in jedem Mitgliedstaat gilt[228]. Ab dem Zeitpunkt des Inkrafttretens, dem 13.07.1993, hatten damit alle Mitgliedstaaten grundsätzlich die EMAS-VO anzuwenden.

Im Gegensatz zu einer Richtlinie, die nur hinsichtlich der Zielvorgaben verbindlich ist, die Umsetzung den Mitgliedstaaten überläßt,[229] sind bei einer Ver-

---

[225] Falke, "Umwelt-Audit"-Verordnung, ZUR 1995, S. 4 (5).

[226] vgl. Einleitung, S. 4.

[227] zur Entstehungsgeschichte vgl. statt vieler Kothe, UmweltauditR, 1997, Rn. 20 ff.; Waskow in: Feldhaus, BImSchR, 1997, Bd. 7 M 1 Rn. 111 ff. Dieses Kompromißmodell wird im 8. bis 12. Kapitel näher behandelt.

[228] Art. 189 S. 3 EG-Vertrag (jetzt Art. 249 S. 3 EG); Art. 21 S. 3 EMAS-VO.

[229] Art. 189 S. 4 EG-Vertrag (jetzt Art. 249 S. 4 EG).

ordnung, die unmittelbar gilt, in der Regel keine nationalen Ausführungsvorschriften vonnöten. Denn unmittelbare Geltung des Gemeinschaftsrechts bedeutet, daß die Bestimmungen des Gemeinschaftsrechts ihre volle Wirkung einheitlich in sämtlichen Mitgliedstaaten vom Zeitpunkt ihres Inkrafttretens an und während der gesamten Dauer ihre Gültigkeit entfalten müssen; diese Bestimmungen sind somit unmittelbare Quellen von Rechten und Pflichten für alle diejenigen, die sie betreffen.[230] Wegen des Vorrangs des Gemeinschaftsrechts soll nicht nur das entgegenstehende nationale Recht nicht angewandt werden dürfen, sondern es hat auch jede Gesetzgebungs-, Verwaltungs- oder Gerichtspraxis, soweit sie nicht mit dem Gemeinschaftsrecht in Einklang steht, zu unterbleiben.[231] Der Vorrang des Gemeinschaftsrechts führt auch dazu, daß die Mitgliedstaaten dieselbe Regelung nicht nochmals als nationales Recht erlassen dürfen.[232]

Diese Maßstäbe gelten für die EMAS-VO jedoch nur bedingt. Denn bei der EMAS-VO ergibt sich trotz ihrer detaillierten Regelungen in ihren umfangreichen Anhängen das Problem, daß sie sich nicht unmittelbar anwenden läßt.[233] Sie ist u.a. erst dann praktikabel, wenn ein Zulassungssystem besteht, da die Eintragung von gültigerklärten Umwelterklärungen die Existenz von zugelassenen Umweltgutachtern und damit die Existenz eines Zulassungssystems voraussetzt.[234] Daher beinhaltet die EMAS-VO zahlreiche direkte Regelungsaufträge an die Mitgliedstaaten.

Ihnen wird die Regelung der Zulassung und Aufsicht über die Umweltgutachter, insbesondere die Benennung der dafür zuständigen Stellen übertragen.[235]

---

230 Urteil des EuGH vom 09.03.1978 in der Rechtssache 106/77 - Staatliche Finanzverwaltung gegen Simmenthal -, Slg. 1978, S. 629 (643 f.).

231 Urteil des EuGH in der Rechtssache 106/77, a.a.O.

232 Urteil des EuGH vom 10.10.1973 in der Rechtssache 34/73 - Variola gegen Amministrazione italiana delle Finanze -, Slg. 1973, 981 (990); Urteil vom 02.02.1977 in der Rechtssache 50/76 - Amsterdam Bulb gegen Produktschap voor Siergewassen -, Slg. 1977, S. 137 (146); Urteil vom 31.01.1978 in der Rechtssache 94/77 - Zerbone gegen Amministrazione delle Finaze dello Strato -, Slg. 1978, S.99 (115).

233 Schnutenhaus, Umsetzung, ZUR 1995, S. 9 (11).

234 Waskow, Betriebliches Umweltmanagement, 1994, S. 24; Köck, Betriebsorganisation, JZ 1995, S. 643 (648).

235 Art. 6 Abs. 1 EMAS-VO, der dem nationalen Gesetzgeber ein Wahlrecht beläßt, die zuständigen Stellen müssen lediglich eine geeignete Rechtsstellung innehaben; Art. 4 Abs. 1 RevE EMAS-VO.

Für die Schaffung der Zulassungs- und Aufsichtssysteme blieben 21 Monate nach Inkrafttreten der Verordnung Zeit.[236]

Die Mitgliedstaaten haben ebenfalls die für Registrierung zuständigen Stellen zu benennen und in diesem Zusammenhang die einheitliche Anwendung der EMAS-VO sowie Verfahren zur Berücksichtigung der betroffenen Parteien bei der Eintragung zu regeln. [237] Die Benennung bzw. die Schaffung der Registrierungsstellen hatte innerhalb von 12 Monate zu erfolgen.[238]

Weiterhin sollen die nationalen Gesetzgeber die Gebührensysteme für die Eintragung der Standorte und die Zulassung der Gutachter festlegen[239] und die Information der Unternehmen und der Öffentlichkeit sicherstellen[240].

Obschon die EMAS-VO in allen ihren Teilen verbindlich ist und unmittelbar in jedem Mitgliedstaat gilt, beinhaltet sie daher zahlreiche direkte Regelungsaufträge an die Mitgliedstaaten, die nationale Regelungen unabdingbar machen.

Das Einfügen dieser Regelungsaufträge in die EMAS-VO ist europarechtlich nicht zu beanstanden. Denn eine EU-Verordnung kann auch einen über ihre verbindlichen unmittelbar geltenden Teile hinausgehenden direkten Regelungsauftrag für die nationalen Gesetzgeber vorsehen.

Trotz der unmittelbaren Geltung einer EU-Verordnung haben dann die Mitgliedstaaten noch Gestaltungsspielraum und damit die Kompetenz, nationale Regelungen zu erlassen, wenn die Verordnung selbst vorsieht, daß die Mitgliedstaaten Durchführungsbestimmungen zu erlassen haben.[241]

Eine solche Verordnung ähnelt einer Richtlinie, da den Mitgliedstaaten aufgetragen wird, nationale Durchführungsbestimmungen innerhalb eines gewissen zeitlichen Spielraums zu erlassen.[242] Ein solcher Zeitraum war zumindest für die Schaffung der Zulassungs-, Aufsichts- und Registrierungssysteme vorgesehen.

---

[236] Art. 6 Abs. 2 EMAS-VO. Nach Art. 4 Abs. 2 RevE EMAS-VO bleiben den Mitgliedstaaten nur noch 12 Monate Zeit zur Umsetzung.

[237] Art. 18 EMAS-VO; Art. 5 RevE EMAS-VO.

[238] Art. 18 EMAS-VO. Nach Art. 5 Abs. 1 RevE EMAS-VO wird die Zeitspanne auf 3 Monate verkürzt.

[239] Art. 11 EMAS-VO; Art. 16 RevE EMAS-VO.

[240] Art. 15 EMAS-VO; Art. 12 RevE EMAS-VO.

[241] Urteil des EuGH vom 06.05.1982 in den verbundenen Rechtssachen 146,192 und 193/81 - BayWa AG u.a. gegen Bundesanstalt für landwirtschaftliche Martkordnung -; Slg. 1982, S. 1503 (1534).

[242] Schnutenhaus, Umsetzung, ZUR 1995, S. 9 (11).

Im Gegensatz zu einer Verordnung, die für die Bürger unmittelbar geltendes Recht schafft,[243] bedarf eine Richtlinie der Umsetzung in nationales Recht, um materielle Wirkung zu entfalten,[244] da sie nur für die Mitgliedstaaten verbindlich ist.[245] Ebenso bedurfte die EMAS-VO für die Zulassung, Aufsicht und Registrierung der Umsetzung in das nationale Recht, um ihre materielle Wirkung zu entfalten. Hinsichtlich dieser Regelungsmaterien sieht die EMAS-VO daher Vorgaben vor, wie sie typischerweise in einer Richtlinie geregelt werden. Auch die Formulierung, daß die Mitgliedstaaten diese Materien zu "regeln" haben, entspricht der typischen Formulierung von Richtlinienrecht der EG.[246] Für eine derartige EU-Verordnung bietet sich die Bezeichnung "delegierende Verordnung" an, da sie trotz ihrer unmittelbaren Geltung Regelungskompetenzen an die Mitgliedstaaten überträgt, also "delegiert". Die Bezeichnungen "Verordnung mit Richtliniencharakter"[247] oder "Rahmenverordnung"[248] erscheinen ebenfalls angebracht. Dennoch unterscheidet sich eine solche Verordnung deutlich von einer Richtlinie. Während eine Richtlinie grundsätzlich nur Rahmenbedingungen aufstellt, die den Maßstab für die nationalen Regelungen bilden, besteht eine delegierende Verordnung, wie die EMAS-VO, aus zwei Teilen. Der eine gilt bereits unmittelbar und kann daher "Verordnungsteil" genannt werden und bedarf keiner Umsetzung mehr in das nationale Recht. Der andere, der "Richtlinienteil", muß hingegen noch durch nationales Recht umgesetzt werden. Hinsichtlich dieses Teils liegt ein Fall des sog. mittelbaren Verwaltungsvollzugs vor, d.h. nationale Durchführungsbestimmungen kommen zur Anwendung.[249] Die EMAS-VO mit ihren Regelungsaufträgen im "Richtlinienteil" stellt dabei ein Beispiel dieses neuen Verordnungstypus dar.

---

[243] Art. 189 Abs. 2 EG-Vertrag (jetzt Art. 249 Abs. 2 EG).
[244] Roßnagel, Europarecht, NVwZ 1997, S. 122 (125).
[245] Art. 189 Abs. 3 EG-Vertrag (jetzt Art. 249 Abs. 3 EG).
[246] Waskow in: Feldhaus, BImSchR, 1997, Bd. 7 M 1 Rn. 82.
[247] Stober, Die Zulassung von Umweltgutachtern nach der Öko-Audit-VO in: Verfassungsrecht im Wandel, 1995, S. 639 (644); Köck Pflichten- und Kontrollsystem, VerwA 1996, S. 644 (667).
[248] Wolff/Bachof/Stober, VerwR I, 1999, § 4 Rn. 4 c.
[249] Wolff/Bachof/Stober, VerwR I, 1999, § 4 Rn. 4 c; Stober, Die Zulassung von Umweltgutachtern nach der Öko-Audit-VO in: Verfassungsrecht im Wandel, 1995, S. 639 (645).

Für die nationalen Regelungen[250] ist für ihre Vereinbarkeit mit der EMAS-VO von entscheidender Bedeutung, wieweit die Regelungsaufträge des "Richtlinienteils" gehen bzw. inwieweit die Mitgliedstaaten an Vorgaben der EMAS-VO gebunden sind.

Für die Einrichtung der Gebührensysteme und die Information der Unternehmen und Öffentlichkeit finden sich weder Rahmenbedingungen noch Zeitvorgaben, so daß die nationalen Gesetzgeber hinsichtlich dieser Regelungsmaterien sowohl in der Form als auch inhaltlich frei sind, wie sie sie regeln. Die Einrichtung der Gebührensysteme stehen sogar im freien Ermessen des Mitgliedstaates. Soweit diese Materien in Deutschland geregelt wurden, sind sie zumindest in Hinblick auf die EMAS-VO nicht zu beanstanden.[251]

Fraglich ist jedoch der Regelungsspielraum bei der Zulassung, Aufsicht und Registrierung, da sich bereits konkrete Anforderungen in der EMAS-VO finden. Hinsichtlich der Zulassung und Aufsicht über die Umweltgutachter stellt die EMAS-VO[252] sowohl materiell-rechtliche[253] als auch verfahrensrechtliche[254] Anforderungen auf.

Darüber hinaus beinhaltet die EMAS-VO auch zahlreiche Bestimmungen, die an die Eintragung und Registrierung der Standorte Anforderungen stellen.[255]

Nimmt man das Postulat der in allen ihren Teilen unmittelbar geltenden EMAS-VO[256] wörtlich, so würden auch diese Anforderungen unmittelbare Geltung beanspruchen. Dies hätte zur Konsequenz, daß es den Mitgliedstaaten, wie bei anderen EU-Verordnungen auch, untersagt gewesen wäre, die Anforderungen zu wiederholen oder zu erweitern. Die Bestimmungen der EMAS-VO über Zulassung, Aufsicht und Registrierung wären von den Mitgliedstaaten lediglich auszufüllen, d.h. hinsichtlich der nicht geregelten Teile zu ergänzen gewesen.[257]

---

[250] siehe Einleitung S. 7.

[251] Die Verfassungsmäßigkeit dieser Regelungen wird, soweit sie Bezug zur gutachterlichen Tätigkeit aufweisen, im 16. Kapitel geprüft.

[252] Art. 6 Abs. 4, Anhang III EMAS-VO. Art. 4 Abs. 4, Anhang V RevE EMAS-VO enthalten gleichlautende Bestimmungen.

[253] Anhang III A 1 und 2 EMAS-VO.

[254] Anhang III A 3 und 4 EMAS-VO.

[255] Art. 8 und 9, Anhang V EMAS-VO; Art. 6, 7 Abs. 2 und 3, Anhang VIII RevE EMAS-VO.

[256] Art. 21 EMAS-VO.

[257] diese Ansicht wurde im Gesetzgebungsverfahren zum UAG vertreten, vgl. Waskow in: Feldhaus, BImSchR, 1997, Bd. 7 M 1 Rn. 80 ff.; so anscheinend auch Feldhaus in: EUDUR,

Wenn hingegen diese Bestimmungen, ähnlich wie bei einer Richtlinie, zwar verbindlich wären, aber noch in innerstaatliches Recht umgesetzt werden müßten, verbliebe dem nationalen Gesetzgeber ein Regelungsspielraum. Die Bestimmungen der Verordnung über Zulassung, Aufsicht und Registrierung wären von den Mitgliedstaaten insgesamt in innerstaatliches Recht umzusetzen und zu ergänzen gewesen.[258] Dieser Ansicht war auch der Gesetzgeber, der die betreffenden Bestimmungen der EMAS-VO für "ausfüllungsbedürftiges Recht" hielt.[259]

Für eine unmittelbare Geltung der Verordnungsbestimmungen über Zulassung, Aufsicht und Registrierung und damit lediglich einen ergänzenden Regelungsauftrag an die Mitgliedstaaten sprechen zwar sowohl der Wortlaut der EMAS-VO[260] als auch das Argument, daß der Erlaß einer Richtlinie nahe gelegen hätte, wenn der Rat den Regelungsauftrag auch auf materielle Kriterien hätte erstrecken wollen.[261]

Dagegen ist jedoch einzuwenden, daß die Regelungsaufträge wie in einer Richtlinie formuliert werden und typische Regelungsgegenstände einer Richtlinie betreffen. Im übrigen geben auch Richtlinien konkrete Vorgaben an die Mitgliedstaaten, ohne daß diese bereits unmittelbar gelten. Außerdem geht die EMAS-VO selbst davon aus, daß unterschiedliche Kriterien bei der Zulassung in den einzelnen Mitgliedstaaten angewandt werden: Obschon die Anforderungen der EMAS-VO für die Zulassung und Aufsicht ausdrücklich gelten,[262] soll die Kommission die Zusammenarbeit zwischen den Mitgliedstaaten fördern, um insbesondere Unstimmigkeiten zwischen Kriterien, Bedingungen und Verfahren zu vermeiden, die die Staaten für die Zulassung von Umweltgutachtern anwenden.[263] Damit kommt deutlich zum Ausdruck, daß trotz der Anforderungen an

---

1998, § 36 Rn. 82: EMAS bedarf keiner Umsetzung, wohl aber ergänzender Regelungen, um sie vollziehen zu können.

258 Waskow in: Feldhaus, BImSchR, 1997, Bd. 7 M 1 Rn. 80 ff.

259 BT-Drs. 13/1192, S. 17; zustimmend Kniep, Umwelt-Audit, GewA 1995, S. 317; Waskow, Betriebliches Umweltmanagement, 2. Aufl. 1997, S. 103.

260 Art. 21 Satz 3; entsprechend Art. 18 Satz 2 RevE EMAS-VO. vgl. Ewer, Öko-Audit, NVwZ 1995, S. 457 (459), nach dessen Ansicht sich für einen Regelungsauftrag, der auch materielle Zulassungsanforderungen umfaßt, im Wortlaut keine Stütze findet.

261 Ewer, Öko-Audit, NVwZ 1995, S. 457 (459).

262 Art. 6 Abs. 4 EMAS-VO; Art. 4 Abs. 4 RevE EMAS-VO.

263 Art. 6 Abs. 6 EMAS-VO; entsprechend Art. 4 Abs. 7 RevE EMAS-VO.

die Zulassung und Aufsicht unterschiedliche Zulassungssysteme und -kriterien unvermeidbar sind und in Kauf genommen werden, aber möglichst vermieden sollen.[264] Die Verordnung setzt daher voraus, daß die Mitgliedstaaten auch Kriterien, Bedingungen und Verfahren für die Zulassung und Aufsicht festlegen. Die Bestimmungen, die materielle Zulassungskriterien in der EMAS-VO regeln,[265] geben daher nur einen groben Rahmen für die Zulassung von Umweltgutachtern vor.[266] Ansonsten wäre der Koordinierungsauftrag an die Kommission, die Unstimmigkeiten der Zulassungskriterien in den einzelnen Mitgliedstaaten zu vermeiden, entbehrlich.[267] Deshalb geht die EMAS-VO davon aus, daß den Mitgliedstaaten bei der Ausgestaltung des Zulassungssystems und auch der Kriterien für die Zulassung ein Regelungs- und Umsetzungsspielraum verbleibt.[268] Es war daher die EMAS-VO nicht nur in bezug auf diese Regelungsaufträge zu ergänzen, sondern insgesamt in innerstaatliches Recht umzusetzen.[269]

Für den Regelungsspielraum bei der Zulassung, Aufsicht und Registrierung gilt deshalb folgendes: Die EMAS-VO ist dahingehend auszulegen, daß sich ihre unmittelbare Geltung nicht auf die oben genannten Vorgaben bei Zulassung, Aufsicht und Registrierung bezieht. Daher ist das nationale Recht hinsichtlich Zulassung, Aufsicht und Registrierung nicht an den Maßstäben zu messen, die für nationale Regelungen gelten, die eine Verordnung ergänzen, sondern an den Maßstäben, die für eine Umsetzung einer Richtlinie gelten. Dies bedeutet, daß Zulassung, Aufsicht und Registrierung umfassend in innerstaatliches Recht umzusetzen waren. Die Mitgliedstaaten sind aber an die Vorgaben der EMAS-VO hinsichtlich dieser Regelungsmaterien wie bei einer Richtlinie gebunden. Das bedeutet, daß die Mitgliedstaaten an die verfahrensrechtlichen und materiellen Anforderungen für die Zulassung der Gutachter und die Registrierung der Standorte in ihrer Gesetzgebung nicht nur zu berücksichtigen haben,

---

264 vgl. auch Erwägungsgründe EMAS-VO am Ende.
265 Anhang III A EMAS-VO; entsprechend Anhang V 5.2. RevE EMAS-VO.
266 Waskow, Betriebliches Umweltmanagement, 1994, S. 69.
267 Waskow in: Feldhaus, BImSchR, 1997, Bd. 7 M 1 Rn. 86.
268 so auch BT-Drs. 13/1192 S. 17; Waskow, Betriebliches Umweltmanagement, 2. Aufl. 1997, S. 103; Scherer/Bartsch in: Landmann/Rohmer, UmweltR, 1998, Bd. III, Vorb. UAG Rn. 98.
269 so auch Waskow in: Feldhaus, BImSchR, 1997, Bd. 7 M 1 Rn. 82.

sondern auch anwenden müssen. Sie sind verbindlich. Eine Wiederholung der Verordnungsvorschriften ist allerdings unschädlich.

Neben den direkten Regelungsaufträgen bedingen auch indirekte Regelungsaufträge nationale Regelungen.

Grundlage eines solchen indirekten Regelungsauftrag ist Art. 5 EG-Vertrag (jetzt Art. 10 EG), nach dem die Mitgliedstaaten alle geeigneten Maßnahmen zu treffen haben, um die Verpflichtungen aus dem EG-Vertrag selbst oder den Handlungen der Organe und damit auch den Verordnungen erfüllen zu können.

Bei einer Verordnung wird eine Regelungspflicht gemäß Art. 5 Abs. 1 EG-Vertrag (jetzt Art. 10 Abs. 1 EG) hergeleitet, wenn sie Regelungen enthält, die vom Gegenstand her legislative Durchführungsakte erfordern.[270] Der Regelungsauftrag einer Verordnung ist allerdings prinzipiell beschränkt. Die Mitgliedstaaten dürfen keine Maßnahmen ergreifen, die eine Änderung der Tragweite einer Verordnung oder Ergänzung ihrer Vorschriften zum Gegenstand haben.[271]

Da das System der EMAS-VO ohne Zulassungs-, Aufsichts- und Registrierungsstellen und -systeme und -verfahren nicht funktionsfähig war, bedurften Zulassung, Aufsicht und Registrierung einer legislativen Durchführung im innerstaatlichen Recht, so daß deren mitgliedstaatliche Regelung ohne die in der EMAS-VO vorgesehenen direkten Regelungsaufträge auch durch den indirekten Regelungsauftrag nach Art. 5 EG-Vertrag (jetzt Art. 10 EG) erforderlich gewesen wäre.

Darüber hinaus war es bei der EMAS-VO wegen ihrer teils mißverständlichen und auslegungsbedürftigen Regelungen notwendig, auch unklare Anforderungen der Verordnung für ihre Anwendung operabel zu machen, da sonst die Bewertungsmaßstäbe der Verordnung nicht bestimmbar waren und die Verordnung schwer interpretierbar war.[272] Da für die Konkretisierung der unklaren Anforderungen der EMAS-VO kein direkter Regelungsauftrag bestand, ergibt sich

---

[270] Streinz in: Isensee/Kirchhof, HdbdStR VII, 1992, § 182 Rn. 18.

[271] Urteil des EuGH vom 18.02.1970 in der Rechtssache 40/69 - Hauptzollamt Hamburg-Oberelbe gegen Bollmann -, Slg. 1970, S. 69 (80); Urteil vom 18.06.1970 in der Rechtssache 74/69 - Hauptzollamt Bremen gegen Krohn -, Slg. 1970, S. 451 (459); Schweitzer/Hummer, EuropaR, 1996, Rn. 354; Streinz in: Isensee/Kirchhof, HdbdStR VII, 1992, § 182 Rn. 18; Hetmeier, in: Lenz (Hrsg.), EG-Vertrag, 1994, Art. 189 Rn. 6.

[272] Waskow, Betriebliches Umweltmanagement, 2. Aufl. 1997, S. 57.

die Notwendigkeit nationaler Regelungen daher aus dem indirekten Regelungsauftrag aus Art. 5 EG-Vertrag (jetzt Art. 10 EG).

Die Ausfüllung eines solchen indirekten Regelungsauftrages unterliegt allerdings den Beschränkungen, die sich aus der unmittelbaren Geltung der Verordnung ergeben. Soweit die Konkretisierung der EMAS-VO nicht auf dem Regelungsauftrag hinsichtlich Zulassung, Aufsicht und Registrierung beruht, der den Mitgliedstaaten einen weiten Regelungsspielraum beläßt, hat sie sich an das Verbot der Wiederholung der Bestimmungen des Gemeinschaftsrechts zu halten.[273] Außerdem darf eine solche Konkretisierung nicht zur Regelung zusätzlicher Anforderungen führen, da ansonsten die Effektivität des Vollzugs der mit unmittelbarer Rechtswirkung ausgestatteten und insoweit abschließenden gemeinschaftsrechtlichen Rechtsvorschriften beeinträchtigt werden könnte.[274] Bei der Konkretisierung der unklaren Anforderungen der EMAS-VO hatten die Mitgliedstaaten auf eine Wiederholung der entsprechenden Bestimmungen der EMAS-VO zu verzichten und sich auf erläuternde Regelungen zu beschränken.[275]

Während der Bundesgesetzgeber die Regelungsaufträge recht extensiv interpretiert hat, beschränkte man sich in anderen Mitgliedstaaten zumeist auf eine weit weniger detaillierte Umsetzung der Regelungsaufträge durch Verordnungen.[276] Dabei regelten einige Mitgliedstaaten die Umsetzung administrativ oder gaben sie sogar in private Hände,[277] wohingegen in Deutschland die - wenn auch verspätete - Umsetzung per Gesetz erfolgte.

---

[273] Urteil des EuGH vom 10.10.1973 in der Rechtssache 34/73 - Variola gegen Amministrazione italiana delle Finanze -, Slg. 1973, 981; Urteil vom 02.02.1977 in der Rechtssache 50/76 - Amsterdam Bulb gegen Produktschap voor Siergewassen -, Slg. 1977, S. 137; Urteil vom 31.01.1978 in der Rechtssache 94/77 - Zerbone gegen Amministrazione delle Finaze dello Strato -, Slg. 1978, S.99.

[274] Ewer, Öko-Audit, NVwZ 1995, S. 457 (459).

[275] Auf die Konkretisierung wird insbesondere bei der Zulassungsanforderungen an den Umweltgutachter im 8. Kapitel Abschnitt B. näher eingegangen.

[276] Scherer/Bartsch in: Landmann/Rohmer, UmweltR, 1998, Bd. III, Vorb. UAG Rn. 14.

[277] Waskow in: Feldhaus, BImSchR, 1997, Bd. 7 M 1 Rn. 96.

Aufgrund der Eingriffe in die Berufsfreiheit der Umweltgutachter, Art. 12 GG und der Eigentumsfreiheit der Unternehmen, Art. 14 GG ist es notwendig, diesem Regelungsauftrag durch Gesetz, dem UAG, nachzukommen.[278]

Die Kompetenz für die Regelung der materiellen Anforderungen an die Zulassung und Beaufsichtigung von Umweltgutachtern und für die Registrierung von geprüften Betriebsstandorten ergibt sich aus den umwelt-rechtlichen Kompetenztiteln in den Art. 74 Nr. 11 a, 24 und 75 Nr. 3, 4 GG sowie der Kompetenz für das Recht der Wirtschaft in Art. 74 Nr. 11 GG und für die Regelung der Beleihung der Zulassungsstelle aus Art. 87 Abs. 3 Satz 1, 84 Abs. 1 GG.[279]

Insgesamt ist daher trotz der grundsätzlichen unmittelbaren Geltung der EMAS-VO nicht zu beanstanden, daß in Deutschland das UAG und die zugehörigen Verordnungen erlassen wurden.
Insbesondere bei der Zulassung und Aufsicht wird allerdings zu prüfen sein, ob das UAG den vorgenannten Regelungsaufträgen entspricht.

3. Teil: Regelungen betreffend den Umweltgutachter

Die für den Umweltgutachter relevanten Bestimmungen lassen sich in mehrfacher Hinsicht unterteilen. Zum einen kann man nach den unterschiedlichen Rechtsquellen, der EMAS-VO als sekundärem Gemeinschaftsrecht und dem UAG und den weiteren Durchführungsnormen als nationalem deutschen Recht unterscheiden.

---

[278] BT-Drs. 13/1192, S. 18; Waskow in: Feldhaus, BImSchR, 1997, Bd. 7 M 1 Rn. 105 ff..; Kloepfer, UmweltR, 1998, § 5 Rn. 357. Hinsichtlich der Einschränkung der Berufsfreiheit, d.h. inwieweit es sich um Berufszulassungs- und Berufsausübungsregeln handelt, erfolgt eine weitergehende Untersuchung im 16. Kapitel Abschnitt B. I. Gegen die Notwendigkeit einer gesetzlichen Konkretisierung der Anforderungen der EMAS-VO aufgrund der Annahme, daß schon kein solch weitgehender Regelungsauftrag besteht: Ewer, Öko-Audit, NVwZ 1995, S. 457 (459).

[279] BT-Drs. 13/1192, S. 18, 19; Waskow in: Feldhaus, BImSchR, 1997, Bd. 7 M 1 Rn. 207. Die Ansicht der Länder, daß sie nach Art. 83, 84 GG für die zwingend erforderlichen Zuständigkeitsregelungen zur Zulassung und Aufsicht über die Umweltgutachter, zur Standortregistrierung und zur Anerkennung von Zertifizierungsstellen zuständig seien, hat sich im Gesetzgebungsverfahren nicht durchsetzen können, vgl. Waskow a.a.O. Rn. 109. Die Kompetenz für Zulassung, Aufsicht und Registrierung ist seitdem unstreitig. Auf die Verfassungsmäßigkeit der Benennung der Zulassungsstelle wird bei der Darstellung im 16. Kapitel Abschnitt B. IV. 1. näher eingegangen.

Zum anderen kann man nach dem Inhalt - Aufgaben, Zulassung, Aufsicht - differenzieren. Da sowohl die EMAS-VO als auch die nationalen Durchführungsbestimmungen inhaltliche Fragen regeln und sich diesbezüglich ergänzen, erscheint für einen Überblick der für den Umweltgutachter relevanten Regelungen eine Darstellung nach inhaltlichen Gesichtspunkten zweckmäßig.

4. Kapitel: Aufgaben

Grundlegende Bestimmung für den Aufgabenbereich des Umweltgutachters ist Art. 4 Abs. 3 EMAS-VO,[280] nach dem der Umweltgutachter

1. a) die Umweltpolitik
   b) die Umweltprogramme
   c) die Umweltmanagementsysteme
   d) die Umweltprüfungs- und Umweltbetriebsprüfungsverfahren und
   e) die Umwelterklärungen
   auf Übereinstimmung mit den Bestimmungen dieser Verordnung prüft und
2. die Umwelterklärung auf der Grundlage des Anhangs III der Verordnung für gültig erklärt.

Seine Tätigkeit gliedert sich damit in zwei zentrale Elemente:

1. die Prüfung und
2. die Gültigerklärung - Validierung[281],

wobei die Validierung die Prüfung voraussetzt.[282]

A. Verifizierung

Die Prüfung des Umweltgutachters hat "unbeschadet der Befugnisse der Vollzugsbehörden"[283] bzw. "der Aufsichts- und Regelungsbefugnisse der Mitgliedstaaten"[284] zu erfolgen.

---

[280] Nach der Revision der EMAS-VO sind die Aufgaben des Gutachters in Art. 3 Nr. 1 e, 2 a, Anhang III 3.2., V 5.4. RevE EMAS-VO geregelt.

[281] so auch Schneider, Öko-Audit, Die Verwaltung 1995, S. 366 Fn. 29; Köck, Pflichten- und Kontrollsystem, VerwA 1996, S. 644 (652).

[282] vgl. Art. 4 Abs. 6 EMAS-VO: Nur wenn die in Art. 4 Abs. 3 - 5 aufgeführten Voraussetzungen, also auch die Verifizierung gemäß Art. 4 Abs. 5 vorliegen, erfolgt eine Gültigerklärung.

[283] Art. 4 Abs. 5 EMAS-VO.

[284] Anhang III B 1 S. 2 EMAS-VO.

Diese eigenständige Prüfung umfaßt die Einsicht in die Unterlagen, den Besuch auf dem Standortgelände einschließlich Gesprächen mit dem Personal und als Ergebnis seiner Prüfung der Ausarbeitung eines Berichts für die Unternehmensleitung und die Klärung der in diesem Bericht aufgeworfenen Fragen.[285] Inhalt und Dauer der Standortbesichtigung und der Gespräche liegen, da die EMAS-VO insoweit keine Vorgaben macht, in der Entscheidungs- und Bewegungsfreiheit des Umweltgutachters.[286] Die Unterlagen umfassen neben den Beschreibungen der vorgenannten Prüfungsgegenstände - wobei die Umwelterklärung in einem Entwurf vorliegt - auch die Grunddokumentation über den Standort und die dortigen Tätigkeiten. Unter Grunddokumentation dürfte, da die EMAS-VO diesen Begriff nicht definiert, die Beschreibung des Unternehmens zu verstehen sein, aus der der Unternehmensgegenstand zu entnehmen ist, wie der Standort diesem zugeordnet ist, insbesondere welche Produktions- und sonstigen betrieblichen Aktivitäten auf dem Gelände ausgeübt werden, wie die Standortumgebung bau- und planungsrechtlich beschaffen ist, welche Anlagen dort betrieben und welche Stoffe dort eingesetzt werden sowie welche umweltrelevanten Auswirkungen hieraus erwachsen.[287]

Der Bericht an die Unternehmensführung beinhaltet neben den gegen die EMAS-VO festgestellten Verstößen insbesondere technische Mängel bei der Umweltprüfung, -betriebsprüfung und den -managementsystemen sowie Einwände und Änderungswünsche hinsichtlich der Umwelterklärung.[288]

Wie diese Prüfung methodisch vorzunehmen ist, bleibt nach der EMAS-VO unklar.[289] Dem Gutachter verbleibt daher ein Beurteilungsspielraum. Es ist zweckmäßig mit der Einsicht in den Entwurf der Umwelterklärung, der eine Indizwirkung für die anderen Prüfungsgegenstände zukommt, zu beginnen. Dadurch kann er zunächst rein formal überprüfen, ob alle von der EMAS-VO ge-

---

[285] Anhang III B 2 Abs. 2 EMAS-VO; Anhang V 5.5.2. RevE EMAS-VO.

[286] Kothe, UmweltauditR, 1997, Rn. 306.

[287] Kothe, UmweltauditR, 1997, Rn. 307. Diese Frage wird durch die umfassende Beschreibung in Anhang V 5.5.3., welchen Inhalt die Unterlagen haben, geklärt.

[288] Anhang III B 3 EMAS-VO. Anhang V 5.5.4. RevE EMAS-VO enthält detaillierte Anforderungen an den Inhalt des Berichts.

[289] zur Kritik an der unklaren Ausgestaltung der EMAS-VO: Ekardt, Leitlinien, NJ 1998, S. 187 (188).

forderten Elemente vorliegen, um danach eine inhaltliche Detailprüfung durchzuführen.[290]

Genauso ist auch eine Einzelprüfung aller Elemente möglich, ob diese jeweils vorliegen und den Anforderungen der EMAS-VO inhaltlich genügen.

Da die Verordnung keine bindende Reihenfolge vorgibt, bleibt der Gutachter in der Auswahl der Reihenfolge frei. Es sind beide Varianten vorstellbar.

Aus Gründen der Verständlichkeit der Darstellung wird im folgenden - soweit wie möglich - zwischen den einzelnen Prüfungsgegenständen unterschieden:

I. Umweltpolitik

Der Umweltgutachter prüft das Vorliegen der Umweltpolitik und deren Übereinstimmung mit den Bestimmungen der EMAS-VO,[291] d.h. die in Teil B. II. 1. aufgeführten Voraussetzungen.

Seine Prüfung gliedert sich somit in zwei Teile:

Zuerst hat er zu kontrollieren, ob formal eine Umweltpolitik vorliegt. Hat das Unternehmen eine solche nicht festgelegt, darf er die Umwelterklärung nicht für gültig erklären.[292]

Daraufhin hat eine Überprüfung dahingehend zu erfolgen, ob die Umweltpolitik inhaltlich den Bestimmungen der EMAS-VO entspricht. Bei diesen Vorgaben entsteht das Problem, daß ihr Inhalt einerseits nur mit Mühe interpretiert werden kann, andererseits der Gutachter unter anderem anhand dieser Kriterien über die Validierung der Umwelterklärung und damit zugleich eine Vorentscheidung über die Befugnis zur Verwendung der Teilnahmeerklärung treffen muß.[293] Trotz dieses Problems wird im folgenden dargestellt, inwieweit der Umweltgutachter die Vorgaben der EMAS-VO zu kontrollieren hat.

---

[290] Müggenborg, Prüfungsumfang, DB 1996, S. 125 (126); Schottelius, Umweltgutachter, BB 1996, S. 1235 (1236); Kothe, UmweltauditR, 1997, Rn. 299 ff.; Pohl, Umweltaudits, BB 1998, S. 381 (384).

[291] Art. 4 Abs. 3, 5 a und Anhang III B 1 EMAS-VO.

[292] Art. 4 Abs. 6 EMAS-VO.

[293] Waskow, Betriebliches Umweltmanagement, 2. Aufl. 1997, S. 57.

1. Einhaltung aller einschlägigen Umweltvorschriften

Zunächst hat der Umweltgutachter zu überprüfen, ob die Umweltpolitik des Unternehmens vorsieht, alle einschlägigen Umweltvorschriften einzuhalten. Diese Kontrolle erweist sich als problematisch, da die Prüfungstiefe weder in der EMAS-VO noch im UAG geregelt ist[294] und insbesondere hinsichtlich der Rechtskonformität unterschiedlich beurteilt wird. Inwieweit der Umweltgutachter die Einhaltung des Umweltrechts zu kontrollieren hat, wird wegen der Komplexität dieses Problems im Anschluß an die Darstellung der Aufgaben des Gutachters behandelt.[295]

2. Verpflichtung zur Verbesserung des betrieblichen Umweltschutzes

Weiterhin hat der Umweltgutachter die zweite Komponente, die Verpflichtung zur Verbesserung des betrieblichen Umweltschutzes, auf Übereinstimmung mit den Bestimmungen der EMAS-VO zu überprüfen. Er muß kontrollieren, ob diese Verpflichtung darauf abzielt, die Umweltauswirkungen in einem solchen Umfang zu verringern, wie es sich mit der wirtschaftlich vertretbaren Anwendung der besten verfügbaren Technik erreichen läßt.[296]

Der Umweltgutachter kann allerdings nur die Festlegung einer solchen Selbstverpflichtung prüfen, ohne beurteilen zu können, inwieweit der Umweltschutz verbessert werden muß. Es unterliegt nicht seiner Kontrolle, wie weitgehend die Zielsetzungen des Unternehmens sind oder ob es im Vergleich zu anderen Unternehmen als fortschrittlich anzusehen ist.[297] Die Meßlatte setzt das Unternehmen selbst. Es hat einen eigenen Beurteilungsspielraum. Der Gutach-

---

[294] Bohnen, Umweltauditgesetz, BB 1995, S. 1757 (1758). Durch die Einführung der Regelung des Anhangs V 5.4.3. RevE EMAS-VO dürfte dieses Problem zum Teil entschärft sein: Die Verordnung geht von Stichprobenkontrollen des Gutachters aus und untersagt ihm die Gültigerklärung, wenn er dabei Rechtsverstöße feststellt.

[295] 5. Kapitel. Trotz der Bestimmung des Anhangs V 5.4.3. RevE EMAS-VO erfolgt eine ausführliche Darstellung und Untersuchung dieses Problems, da bis zum Inkrafttreten der Revision die Überprüfung durch den Umweltgutachter anhand der bestehenden Rechtslage zu beurteilen ist. Gerade weil eine gleichlautende Bestimmung wie Anhang V 5.4.3. RevE EMAS-VO in der EMAS-VO nicht vorhanden ist, kann die Rechtslage anders zu beurteilen sein.

[296] Vgl. Art. 3 a EMAS-VO. Gemäß Art. 2 a RevE EMAS-VO ist dieser Technikmaßstab nicht mehr Bestandteil der Umweltpolitik, so daß eine Selbstverpflichtung zur Verbesserung des Umweltschutzes als Gegenstand der Überprüfung durch den Umweltgutachter ausreicht.

[297] Dyllick, EU-Verordnung, ZfU 1995, S. 299 (317).

ter kann danach nur überprüfen, ob das Unternehmen sich dazu verpflichtet hat, diejenige Technik anzuwenden, die für die Verringerung potentieller Umweltbelastungen die beste ist, die am Markt erhältlich ist und sich das Unternehmen leisten kann. Liegt eine solche Verpflichtungserklärung vor, entspricht die Umweltpolitik insoweit den Bestimmungen der EMAS-VO.

II. Umweltmanagementsystem

Der Umweltgutachter hat die Existenz eines Umweltmanagementsystems, seine Anwendung am Standort und seine Übereinstimmung mit den einschlägigen Bestimmungen des Anhangs I zu kontrollieren.[298]

Nach einer Auffassung gehört dazu auch, daß der Umweltgutachter eine Bewertung der betrieblichen Auswirkungen auf die Umwelt[299] vorzunehmen habe.[300] Diese Ansicht verkennt jedoch, daß bei der Kontrolle der Übereinstimmung mit Anhang I lediglich zu überprüfen ist, ob das Umweltmanagementsystem so ausgestattet, angewandt und aufrechterhalten wird, daß es u.a. die Anforderung der Bewertung und Registrierung der Auswirkungen auf die Umwelt gewährleistet. Eine eigenständige Bewertung des Gutachters hat nicht zu erfolgen. Die Bewertung der Umweltleistungen am Standort ist Aufgabe des Umweltbetriebsprüfers.[301]

Aus den Untersuchungen des Umweltgutachters muß sich ergeben, ob am Standort Organisationsstruktur, Zuständigkeit, Verhaltensweisen, förmliche Verfahren, Abläufe und Mittel zur Verwirklichung der Umweltpolitik festgelegt und auch angewandt werden. Dazu reicht es nicht aus, wenn der Umweltgutachter nur die Dokumentation im sog. "Umwelt-Handbuch" einsieht, sondern er muß die Funktionsfähigkeit des Managementsystems, d.h. die tatsächliche Anwendung durch Gespräche mit dem Personal und Stichprobenkontrollen überprüfen.[302] Die entgegenstehende Auffassung, die Stichprobenüberprüfungen für

---

[298] Art. 4 Abs. 3 und Abs. 5 b EMAS-VO; Art. 3 Nr. 1 b, e, Nr. 2, Anhang V 5.4.2.RevE EMAS-VO. Siehe die Anforderungen an das Umweltmanagementsystem im 2. Kapitel Abschnitt A. V.

[299] Anhang I B 3 a-g EMAS-VO.

[300] Bohnen, Umweltauditgesetz, BB 1995, S. 1757 (1758).

[301] vgl. 2. Kapitel Abschnitt A. VI. 2.

[302] Köck, Pflichten- und Kontrollsystem, VerwA 1996, S. 644 (664); a.A. Müggenborg, Prüfungsumfang, DB 1996, S. 125 (127), der Stichprobenkontrollen des Umweltgutachters für

unzulässig und zu weitgehend erachtet,[303] käme zu dem Ergebnis, daß der Gutachter, wenn er aufgrund der vorgelegten Unterlagen Zweifel an der Funktionsfähigkeit des Umweltmanagementsystems hat, keine Möglichkeit hätte, sich von der Funktionstüchtigkeit des Systems zu überzeugen. Anforderung der EMAS-VO ist jedoch nicht nur das Vorliegen des Umweltmanagementsystems, sondern auch seine Effizienz. Diese kann der Umweltgutachter aber nur kontrollieren, wenn er Stichproben vornimmt oder zumindest veranlaßt. Der Ansicht, die sich gegen Stichprobenkontrollen ausspricht, ist daher nicht zu folgen.

Kommt der Umweltgutachter aufgrund seiner Prüfung zu dem Ergebnis, daß das Umweltmanagementsystem eingerichtet und funktionstüchtig ist, entspricht es den Anforderungen der EMAS-VO.

III. Umweltprogramm

Der Umweltgutachter hat das Bestehen eines Umweltprogramms und seine Übereinstimmung mit den Bestimmungen der Verordnung zu überprüfen, d.h. ob konkrete Zielvorgaben für den Standort festgelegt worden sind, insbesondere ob alle bedeutsamen Fragestellungen angesprochen wurden.[304] Eine Überprüfung der vorgeschalteten Festlegung der Umweltziele ist nicht vorgesehen.

IV. Umweltprüfung/-betriebsprüfung

Der Umweltgutachter hat festzustellen, ob die Umweltprüfungs- bzw. -betriebsprüfungsverfahren vorschriftgemäß durchgeführt wurden.[305] Die Prüfungen müssen in technischer Hinsicht zufriedenstellend sein,[306] wobei der Gut-

---

unzulässig hält. Auf die Notwendigkeit von Stichprobenüberprüfungen wird im Rahmen der Darstellung des Streits über Prüfungspflicht hinsichtlich der Einhaltung der Rechtsvorschriften (5. Kapitel) eingegangen. Hinsichtlich des Umweltmanagementsystems ist dieser Streit nach der Revision entschieden: Nach Anhang V 5.4.2. RevE EMAS-VO hat der Gutachter zu prüfen, ob die Organisation über ein voll einsatzfähiges Umweltmanagementsystem verfügt, und Anhang V 5.4.3. RevE EMAS-VO geht von Stichprobenuntersuchungen des Gutachters aus.

[303] Müggenborg, Prüfungsumfang, DB 1996, S. 125 (127).

[304] Anhang III B 4 a EMAS-VO.

[305] Art. 4 Abs. 5 c, Anhang III B 1 EMAS-VO; Art. 3 Nr. 1 e, Anhang V 5.4.2. RevE EMAS-VO. Anhang V 5.4.1. RevE EMAS-VO stellt klar, daß der Gutachter dazu stichprobenartige Kontrollen durchzuführen hat.

[306] Anhang III B 4 a EMAS-VO.

achter auf jede unnötige Doppelarbeit zu verzichten hat.[307] Der Umweltgutachter kontrolliert m.a.W., ob das Unternehmen den Standort entsprechend der Vorgaben der EMAS-VO durch interne oder externe Prüfer ordnungsgemäß überprüft hat.
Der Umweltgutachter hat daher stets zu prüfen, ob die inhaltliche Bestimmung der Ziele der Umweltbetriebsprüfungen in Übereinstimmung mit den Vorgaben der EMAS-VO erfolgt ist, ob ermittelt worden ist, inwieweit der Standort den geltenden Normen entspricht, das Umweltmanagementsystem sich zur Bewältigung der umweltorientierten Aufgaben eignet, der Umweltbetriebsprüfer die erreichten Ziele und Fortschritte bewertet hat und ob Festlegungen über die Häufigkeit der Betriebsprüfungen in schriftlicher Form getroffen wurden.

Unter die Kontrolle des Umweltgutachters fallen auch die Fachkunde und Unabhängigkeit der Umweltauditoren,[308] die Frage, ob die Zeit und die Mittel, die für die Umweltbetriebsprüfung angesetzt wurden, den Zielen dieser Prüfung und dem sich daraus notwendigerweise ergebenden Umfang entsprachen, die Vorbereitung und Durchführung der Prüfung entsprechend der Norm ISO 10011: 1990, Teil 1 vorgenommen wurde, die Dokumentation der Betriebsprüfung sowie der Betriebsprüfungsbericht.[309]

V. Zuverlässigkeit der Angaben in der Umwelterklärung

Gegenstand der Überprüfung durch den Umweltgutachter ist, obschon die Umwelterklärung für die Öffentlichkeit verfaßt wird, der zuvor erstellte noch nicht veröffentlichte Entwurf.[310] Denn erst nach Erhalt der Befugnis zur Verwendung der Teilnahmeerklärung hat das Unternehmen die Umwelterklärung der Öffentlichkeit zur Kenntnis zu bringen.[311]

Der Umweltgutachter hat zu kontrollieren, ob die Angaben in der Umwelterklärung zuverlässig sind und alle für den Standort bedeutsamen wichtigen Umweltfragen in angemessener Weise berücksichtigt werden.[312] Die Erklärung hat

---

[307] Anhang III B 1 Abs. 3 EMAS-VO; Anhang V 5.4.1. RevE EMAS-VO.
[308] Ewer in Ewer/Lechelt/Theuer, Hdb. Umweltaudit, 1998, Teil E Rn. 27 f.
[309] zu weiteren Einzelheiten vgl. Ewer in: Ewer/Lechelt/Theuer, Hdb. Umweltaudit, 1998, Teil E Rn. 25 ff.
[310] Kothe, UmweltauditR, 1997, Rn. 273.
[311] Art. 3 h EMAS-VO; gemäß Art. 3 1. a. RevE EMAS-VO nach Eintragung.
[312] Art. 4 Abs. 5 d EMAS-VO.

sich als genau, hinreichend detailliert und mit den Anforderungen des Systems als vereinbar zu erweisen.[313] Bei der Kontrolle der Zuverlässigkeit der Angaben muß zumindest eine Art Plausibilitätsprüfung vorgenommen werden, die etwa durch Vergleich mit entsprechenden Angaben in Genehmigungsanträgen, behördlichen oder betrieblichen Messungen vorgenommen werden kann.[314] Die Beurteilung der angemessenen Berücksichtigung aller bedeutsamen wichtigen Umweltfragen unterliegt dem Beurteilungsvermögen des Gutachters, so daß es zu Konflikten zwischen dem Umweltgutachter und dem Unternehmen kommen kann.[315] Doch die Tatbestandsmerkmale der Wichtigkeit und Angemessenheit sind als unbestimmte Rechtsbegriffe gerichtlich voll überprüfbar.[316]

VI. Prüfung anderer Umweltmanagementnormen

Der Umweltgutachter braucht aber nicht immer die Einhaltung der Anforderungen der EMAS-VO anhand des vorgenannten Katalogs zu überprüfen. Unter gewissen Voraussetzungen gibt ihm die EMAS-VO die Möglichkeit, auf die Zertifizierung anderer Umweltmanagementnormen zurückzugreifen:

Nach Art. 12 Abs. 1 EMAS-VO gelten die Anforderungen der EMAS-VO durch die Anwendung und Zertifizierung einzelstaatlicher, europäischer oder internationaler Normen für Umweltmanagementsysteme und Betriebsprüfungen als erfüllt, wenn die Normen und Verfahren von der Kommission nach dem Verfahren gemäß Art. 19 EMAS-VO anerkannt und die Zertifizierungen von einer in dem betreffenden Mitgliedstaat zugelassenen Stelle erteilt werden.

Solche Normen werden von privaten Normungsorganisationen, wie z.B. DIN, CEN oder ISO, geschaffen. Sie haben als solche nicht die Wirkung staatlicher Gesetze, sondern gehören zu den "privaten Regelwerken". Sie können zwischen Vertragsparteien vereinbart oder auch zur Ausfüllung unbestimmter Rechtsbeg-

---

[313] Anhang III B 4 a EMAS-VO.

[314] Müggenborg, Prüfungsumfang, DB 1996, S. 125 (129) hält dies für ausreichend. In Zweifelsfällen soll er den Betriebsprüfer zu Stichprobenkontrollen anhalten. Zum Frage, ob der Gutachter zu Stichprobenuntersuchungen berechtigt ist, vgl. Streit über die Kontrolle der Einhaltung der Rechtsvorschriften im 5. Kapitel.

[315] Kothe, UmweltauditR, 1997, Rn. 231, der auf dieses Problem hinweist.

[316] Müggenborg, Prüfungsumfang, DB 1996, S. 125 (129).

riffe herangezogen werden.[317] Durch die Anerkennung nach Art. 12 EMAS-VO erlangen sie faktisch den Rang europäischen Gesetzesrechts.[318]

Die Kommission hat zeitgleich sowohl die teilweise Anwendung der Norm ISO 14001:1996[319] als auch geeignete Zertifizierungsverfahren[320] anerkannt. Gemäß dieser Entscheidung entsprechen bestimmte Anforderungen der Internationalen Norm ISO 14001:1996 und der gleichlautenden Europäischen Norm EN ISO 14001:1996 den Anforderungen der EMAS-VO. Es handelt sich dabei um Vorschriften über das Umweltprogramm, das Umweltmanagementsystem, Umweltbetriebsprüfungen und die Fortschreibung nach der Umweltbetriebsprüfung und die dazu einschlägigen Vorschriften der Anhänge A und B.[321]

Geeignete Zertifizierungsverfahren sind die EAC-Guidelines for Accreditation of Certification Bodies for Environmental Management Systems (EMS), die englische Fassung der UAG-ZertVfR (German Guidelines for Accreditation of Certification Bodies for EMS and Certification Procedures for EMS) sowie die Leitlinien nach dem österreichischen Umweltgutachter-Standorteverzeichnisgesetz. Die EAC-Guidelines nehmen eine Anpassung des Wortlauts der Europäischen Norm EN 45012 ("Allgemeine Kriterien für Stellen, die Qualitätssicherungssysteme zertifizieren") im Hinblick auf den Umweltmanagementbereich vor.[322]

Die Anerkennungsentscheidungen der Kommission führen allerdings zu einigen erheblichen Anwendungsschwierigkeiten. Da (nur) "bestimmte" Anforderungen von ISO 14001:1996 den Anforderungen der EMAS-VO entsprechen und unklar bleibt, welche Anforderungen damit genau gemeint sind, ist eine einheitliche, gleiche Wettbewerbsbedingungen gewährleistende Rechtsanwendung nicht möglich.[323] Es wird nicht festgelegt, welche Bestimmungen der Norm mit der EMAS-VO übereinstimmen und bleibt damit grundsätzlich

---

[317] Waskow, Betriebliches Umweltmanagement, 2. Aufl. 1997, S. 12.

[318] Waskow, Betriebliches Umweltmanagement, 2. Aufl. 1997, S. 12; Lütkes in: Ewer/Lechelt/Theuer, Hdb. Umweltaudit, 1998, Teil F Rn. 114.

[319] Abl. EG Nr. L 104/37 vom 22.04.1997.

[320] Abl. EG Nr. L 104/35 vom 22.04.1997.

[321] Art. 3 c, d, e; Anhang I A Abs. 1 bis 5, Anhang I B Abs. 1, 2 , 4 bis 6 EMAS-VO.

[322] Waskow, Betriebliches Umweltmanagement, 2. Aufl. 1997, S. 162.

[323] Feldhaus, Wettbewerb, UPR 1998, S. 41; ders. in: Rengeling, EUDUR, 1998, Bd. I, § 36 Rn. 127.

der Einzelbewertung der Umweltgutachter in den einzelnen Mitgliedstaaten überlassen.[324]

Um diese Anwendungsschwierigkeiten zu beseitigen, geben die europäische Normierungsorganisation CEN für die Unternehmen und die Kommission für die Umweltgutachter Hilfestellung bei der Anwendung des Verfahrens nach Art. 12 EMAS-VO.

Unternehmen, die für ihr Umweltmanagementsystem die ISO-Normen angewandt haben, wird mit dem sog. Brückendokument von CEN[325] eine Hilfe gegeben, wenn sie zusätzlich die Registrierung nach EMAS anstreben.[326] Allerdings hat dieses Dokument keinen normativen Charakter.

Für Umweltgutachter hat die Kommission am 08.07.1997 ein spezielles Anleitungspapier herausgegeben, das beschreibt, welche Prüfschritte ein Umweltgutachter absolvieren muß, wenn für einen Standort bereits ein ISO-Zertifikat existiert.[327]

Es ist zu begrüßen, daß im Rahmen der Revision der EMAS-VO solche Anwendungshilfen überflüssig werden, da die EU-Verordnung und ISO 14001:1996 angeglichen werden. Es erfolgt keine Anerkennung einzelner Bestimmungen von ISO 14001:1996 mehr, sondern das Umweltmanagementsystem insgesamt wird nach Abschnitt 4 von EN ISO 14001:1996 durchgeführt,[328] so daß dann die EMAS-VO selbst die Anerkennung der Norm als EMAS-kompatibel vornimmt. Die Bestimmungen des Abschnitts 4 von EN ISO 14001:1996 werden durch diese Bezugnahme Gemeinschaftsrecht, wobei eine Zertifizierung nicht mehr vonnöten ist, damit die Erfüllung der Bestimmungen von EN ISO 14001:1996 als EMAS-konform gelten.

Trotz der Möglichkeit, auf ein ISO-Zertifikat zurückzugreifen, bleibt der Umweltgutachter weiterhin verpflichtet, die Umwelterklärung auf die Überein-

---

[324] Feldhaus in: Rengeling, EUDUR, 1998, Bd. I, § 36 Rn. 127.

[325] CEN Report CR 12969 (Juli 1997), bei uns DIN-Fachbericht 67. Zum Inhalt des Brückendokuments und des dazugehörigen Erläuterungsdokuments vgl. Waskow, Betriebliches Umweltmanagement, 2. Aufl. 1997, S. 99 f.

[326] Feldhaus, Wettbewerb, UPR 1998, S. 41.

[327] Lütkes in: Ewer/Lechelt/Theuer, Hdb. Umweltaudit, 1998, Teil F Rn. 118.

[328] Anhang I A RevE EMAS-VO.

stimmung mit den Vorgaben der EMAS-VO zu überprüfen.[329] Von dieser Verpflichtung entbindet ihn Art. 12 EMAS-VO nicht.

Inwieweit in Deutschland eine Erleichterung für den Gutachter mit diesem Verweis auf andere Umweltmanagementnormen verbunden ist, wird im Rahmen der Zulassung der Gutachter behandelt,[330] da aufgrund der deutschen Regelungen die Zulassung als Umweltgutachter zugleich die Zulassung als Zertifizierungsstelle im Sinne von Art. 12 EMAS-VO beinhaltet.[331]

VII. Prüfungsbericht

Das Ergebnis seiner gesamten Prüfung hält der Umweltgutachter in seinem Bericht an die Unternehmensleitung fest. Dieser Bericht umfaßt festgestellte Verstöße gegen die EMAS-VO, technische Mängel und Einwände gegen den Entwurf der Umwelterklärung und Verbesserungsvorschläge.[332]

VIII. Geheimhaltungspflicht

Bei seiner Prüfung trifft den Umweltgutachter genauso wie den externen Betriebsprüfer als Nebenpflicht eine Geheimhaltungs- bzw. Verschwiegenheitspflicht. Er darf ohne die Genehmigung der Unternehmensleitung keine Informationen oder Angaben Dritten zugänglich machen, zu denen er im Verlauf seiner Prüftätigkeit Zugang erhalten hat.[333] Im Rahmen dieser Pflicht ist der Gutachter daher zur Zeugnisverweigerung sowohl im Zivil-[334] als auch im Verwaltungsprozeß[335] berechtigt. Im Strafprozeß hingegen besteht hingegen kein

---

[329] vgl. Art. 12 Abs. 2 EMAS-VO; nach 9 I RevE EMAS-VO müssen die Organisation die über die anerkannten Normen hinausgehenden Anforderungen der EMAS-VO weiterhin nachweisen.

[330] im 8. Kapitel Abschnitt B. V.

[331] §§ 9 Abs. 3, 10 Abs. 4 UAG, UAG-ZertVfR.

[332] Anhang III B 3 EMAS-VO. Anhang V 5.5.4. RevE EMAS-VO enthält detaillierte Anforderungen an den Inhalt des Berichts.

[333] Art. 4 Abs. 7 EMAS-VO; diese nicht bußgeldbewehrte Pflicht, die sich ohnehin aus den vertraglichen Treuepflichten des Umweltgutachters gegenüber dem Unternehmen ergibt, wird im RevE EMAS-VO nicht mehr gesondert aufgeführt. Zu der Frage, welche Betriebs- und Geschäftsgeheimnisse schützenswert sind, vgl. Kothe, UmweltauditR, 1997, Rn. 241 ff.

[334] § 383 Abs. 1 Nr. 6 ZPO.

[335] § 98 VwGO i.V.m. § 383 Abs. 1 Nr. 6 ZPO.

Zeugnisverweigerungsrecht, insbesondere weil der Umweltgutachter nicht zu den berechtigten Berufsgruppen[336] gehört.

B. Validierung

Der Umweltgutachter hat die Umwelterklärung für gültig zu erklären, d.h. zu validieren, wenn die vorgenannten Voraussetzungen hinsichtlich der Umweltpolitik, der Umweltprüfung bzw. der Umweltbetriebsprüfung, dem Umweltprogramm, dem Umweltmanagementsystem und der Umwelterklärung erfüllt sind.[337] Fällt seine zuvor beschriebene Prüfung positiv aus, ist er also verpflichtet zu validieren.

Wurde allerdings eine Änderung und/oder Ergänzung an der Umwelterklärung vorgenommen oder aber in den Vorjahren, in denen keine Validierung erfolgt ist, regelwidrig keine, eine unrichtige oder irreführende Erklärung abgeben, erfolgt die Gültigerklärung erst, nachdem die Unternehmensleitung die vom Gutachter als erforderlich erachteten Änderungen in die Erklärung mit aufgenommen hat.[338]

Ebenso findet eine Gültigerklärung erst nach Beanstandung durch den Gutachter und Vornahme der von ihm empfohlenen Verbesserungen statt, wenn sich Mängel hinsichtlich der Umweltpolitik, der Umweltprüfung bzw. der Umweltbetriebsprüfung, dem Umweltprogramm und/oder dem Umweltmanagementsystem bei seiner Prüfung gezeigt haben.[339]

Von der EMAS-VO ist allerdings weder die Veröffentlichung der Versagung der Umwelterklärung[340] noch der Verbesserungsvorschläge[341] in der Umwelterklärung und in der später zu erwerbenden Teilnahmeerklärung vorgesehen.

Mit der Validierung ist die Tätigkeit des Umweltgutachters für einen Audit-Durchlauf beendet. Nach dieser Gültigerklärung kann das Unternehmen durch

---

[336] vgl. § 53 Abs. 1 Nr. 3 StPO.

[337] Art. 4 Abs. 3, Anhang III B 4 a EMAS-VO.

[338] Anhang III B 4 b EMAS-VO.

[339] Anhang III B 4 c EMAS-VO.

[340] Förschle/Hermann/Mandler, Umwelt-Audits, DB 1994, S. 1093 (1099); Ewer in: Ewer/Lechelt/Theuer, Hdb. Umweltaudit, 1998, Teil E Rn. 38.

[341] Kothe, UmweltauditR, 1997, Rn. 269.

Stellung des Antrags auf Eintragung in das Standortverzeichnis[342] die weiteren unternehmensexternen Verfahrensschritte einleiten.

C. Bewertung der Kontrollverantwortung des Gutachters

Aus dem Aufgabenkatalog für den Umweltgutachter ergibt sich daher, daß der Gutachter eine umfassende und umfangreiche Prüfung vorzunehmen hat und ihn eine große Verantwortung trifft. Vor allem mit der Überprüfung der Zuverlässigkeit der Angaben in der Umwelterklärung und der Validierung bestätigt er nicht nur die Einrichtung einer innerbetrieblichen Umweltschutzorganisation sondern auch konkrete Umweltdaten. Wenn die Glaubwürdigkeit dieser Bestätigung durch die Zulassung und besonders die Aufsicht gesichert ist, besteht die Möglichkeit, daß sich die Umweltverwaltung auch in anderen Verfahren auf diese Daten verläßt und der Ermittlungsaufwand in diesen Verfahren für die Behörden abnimmt. Insoweit kommt durch die Prüfung durch den Umweltgutachter eine indirekte Unterstützung der Umweltverwaltung in Betracht.

Zu berücksichtigen ist allerdings der Umstand, daß der Gutachter nicht ständig, sondern nur nach Ablauf des Betriebsprüfungszyklus, d.h. nach maximal drei Jahren, eine nachträgliche Kontrolle auch der jährlich erstellten Umwelterklärungen vornimmt. Im Gegensatz zur Umweltverwaltung, die bei konkreten Anlässen, z.B. Störfällen, Maßnahmen ergreifen kann, fehlt ihm die Befugnis, außerhalb seiner Regelkontrolle aufgrund von Anlässen tätig zu werden. Insoweit kann er die Umweltverwaltung nicht unterstützen.

Die Kontrolle ist auch auf schon tätige Standorte beschränkt, so daß er keine Kontrolle dahingehend vornimmt, ob zu errichtende Anlagen bestimmten Genehmigungsvoraussetzungen entsprechen. Im Rahmen von Genehmigungsverfahren über neu zu errichtende Anlagen kann er die prognostizierende Entscheidung der Genehmigungsbehörde nicht ersetzen. Soweit allerdings innerhalb solcher Verfahren auf Umweltdaten des schon tätigen Standorts zurückgegriffen werden kann, ist eine Unterstützung der Umweltverwaltung möglich.

[342] Art. 8 EMAS-VO.

5. Kapitel: Die Kontroverse um die Prüfungspflicht des Gutachters hinsichtlich der Einhaltung aller einschlägigen Umweltvorschriften

Bereits im Rahmen der Aufgaben des Gutachters bezüglich der Überprüfung der Umweltpolitik wurde darauf hingewiesen, daß die Prüfungstiefe hinsichtlich der Einhaltung der einschlägigen Umweltvorschriften nach der EMAS-VO kontrovers diskutiert wird.[343] Diese Frage ist sowohl für die Unternehmen als auch für den Gutachter selbst von entscheidender Bedeutung.

Für die Unternehmen kommt es darauf an, ob sie bei der Prüfung durch den Gutachter alle einschlägigen Rechtsvorschriften eingehalten haben müssen und sich diesbezüglich seiner Prüfung zu unterziehen haben.

Der Gutachter muß wissen, ob und inwieweit die Kontrolle der Rechtskonformität zu seinen Aufgaben gehört, da im Rahmen der Aufsicht mindestens alle 36 Monate auch die Überprüfung der Qualität der vorgenommenen Begutachtungen zu erfolgen hat.[344] Wenn die Prüfung der tatsächlichen Einhaltung der einschlägigen Umweltvorschriften zu seinen Aufgaben gehört und er diese Kontrolle unterläßt bzw. unzureichend durchführt, könnten ihn aufsichtsrechtliche Maßnahmen[345] wegen Nichterfüllung seiner Pflichten treffen oder aber auch Schadensersatzansprüche[346] auf ihn zukommen.

Für die rechtliche Einordnung des Umweltgutachters in die neuen Instrumentarien des europäischen Umweltrechts ist schließlich entscheidend, welche Kontrollpflichten- und befugnisse von der EMAS-VO vorgesehen werden. Die Prüfungstiefe des Umweltgutachters läßt dann auch auf den Aussagegehalt der Validierung schließen, inwieweit diese eine Rechtskontrolle durch die Umweltverwaltung erübrigt oder erleichtert und ein wirksames Mittel zur Durchsetzung des europäischen bzw. nationalen Umweltrechts darstellt. Mit dem Prüfungsum-

---

343 Unter Abschnitt A. I. 1. in diesem Kapitel wurde auf die Relevanz dieses Streites bis zum Inkrafttreten des RevE EMAS-VO hingewiesen. Im Anschluß an die Untersuchung nach alter Rechtslage erfolgt eine kurze Darstellung der neuen Regelungen im 5. Kapitel Abschnitt E.

344 Anhang III A 5 Abs. 1 EMAS-VO.

345 z.B. nach § 15 Abs. 2 UAG.

346 vgl. zur möglichen Haftung des Umweltgutachters: Schneider, Öko-Audit, Die Verwaltung, 1995, S. 361 (383 f.); Kothe, UmweltauditR, 1997, Rn. 484 ff.

fang des Umweltgutachters steht und fällt die Reduzierung herkömmlicher Kontrollen, um die es den beteiligten Akteuren zunehmend geht.[347]

A. Der Meinungsstand

Die Ansichten, ob und inwieweit den Umweltgutachter eine Pflicht trifft, zu überprüfen, daß alle einschlägigen Umweltvorschriften eingehalten werden, reichen von einer reinen Systemprüfung, ob alle von der EMAS-VO geforderten Elemente vorliegen[348] bis hin zu einer umfassenden Sachprüfung,[349] ob am Standort rechtskonform gearbeitet wurde. Weiterhin werden vermittelnde Auffassungen vertreten. Während die eine von einer Prüfungspflicht ausgeht, diese aber auf Stichproben beschränkt wissen will,[350] verneint die andere eine eigenständige Prüfungspflicht, billigt dem Gutachter aber ein Prüfungsrecht zu, sofern die fehlende Rechtskonformität auf Mängel im EMAS-System hindeutet.[351]

Nach Darstellung der einzelnen Auffassungen erfolgt eine Untersuchung, ob und inwieweit die EMAS-VO und das UAG dem Gutachter eine Prüfungspflicht auferlegen.

---

[347] Franzius, Prüfpflicht, NuR 1999, S. 601.

[348] Müggenborg, Prüfungsumfang, DB 1996, S. 125 (126); Wiebe, Umweltschutz, NJW 1994, S. 289 (292); Förschle/Hermann/Mandler, Umwelt-Audits, DB 1994, S. 1093 (1099); VCI Positionspapier "Aufgaben des Umweltgutachters im Hinblick auf die Einhaltung der gesetzlichen Vorschriften" vom 20.09.1995; Mittelstaedt in: Lübbe-Wolff, Der Vollzug des europäischen Umweltrechts, 1996, S. 235 (242 f); Pohl, Umweltaudits, BB 1998, S. 381 (384).

[349] Der Bundesrat in: BT-Drs. 13/1687 S. 4; Lübbe-Wolff, EU-Verordnung, DVBl. 1994, S. 361 (369); Schottelius, EG-Umwelt-Audit, BB 1995, S. 1549 (1551); Bohnen, Umweltauditgesetz, BB 1995, S. 1757 (1758); Falk/Nissen, Inhalt, DB 1995, S. 2101 (2103); Falke, "Umwelt-Audit"-Verordnung, ZUR 1995, S. 4 (5); Dyllick, EU-Verordnung, ZfU 1995, S. 299 (317); Kothe, UmweltauditR, 1997, Rn. 283 ff.; Breuer, Vielgestaltigkeit, NVwZ 1997, S. 833 (843).

[350] Falk/Frey, Prüfttägikeit, UPR 1996, S. 58 (60); Feldhaus, Umwelt-Audit, UPR 1997, S. 341 (344); ders. in: Rengeling, EUDUR, 1998, Bd. I, § 36; Waskow, Betriebliches Umweltmanagement, 2. Aufl. 1997, S. 27 ff.; von Bon/Müller in: Doktoranden-Netzwerk, S. 94; Schmidt-Preuß, Umweltschutz ohne Zwang in FS für Kriele, S. 1157 (1174); Ekardt, Leitlinien, NJ 1998, S. 187 (189); Schottelius, Umweltgutachter, BB 1996, S. 1235 f.; Ewer in: Ewer/Lechelt/Theuer, Hdb. Umweltaudit, 1998, Teil E Rn. 15 ff; Falk, EG-Umwelt-Audit-Verordnung, 1998, S. 91f.

[351] Köck, Betriebsorganisation, JZ 1995, S. 643 (648); ders., Pflichten- und Kontrollsystem, VerwA 1996, S. 644 (663 f.); Schneider, Öko-Audit, Die Verwaltung, 1995, S. 361 (375 f.); Lütkes, Umweltauditgesetz, NVwZ 1996, S. 230 (233); Scherer/Bartsch in: Land-

I. Keine Prüfungspflicht - Reine Systemprüfung

Nach einer Auffassung besteht keine Pflicht des Gutachters, die tatsächliche Einhaltung der Umweltvorschriften zu kontrollieren.

Der Gutachter habe nur eine "Systemprüfung" vorzunehmen, ob die von der EMAS-VO vorgegebenen Schritte eingehalten worden seien.[352] Ihm obliege hinsichtlich der Einhaltung des Rechts die Pflicht, zu prüfen, ob eine entsprechende Verpflichtungserklärung innerhalb der Umweltpolitik abgegeben worden sei, nicht aber, ob die Vorschriften im einzelnen eingehalten wurden.[353]

1. Art. 8 Abs. 4 EMAS-VO

Nach dieser Auffassung ist Art. 8 Abs. 4 EMAS-VO der einzige von der Verordnung vorgesehene Fall, in dem der Verstoß gegen Rechtsvorschriften die erfolgreiche Teilnahme am EMAS-System verhindert.

Die Einhaltung aller einschlägigen Umweltvorschriften sei nicht Voraussetzung für die Gültigerklärung bzw. Verwendung der Teilnahmeerklärung. Nur bei Unterrichtung über Verstöße durch die Vollzugsbehörde werde gemäß Art. 8 Abs. 4 EMAS-VO die Eintragung aufgehoben oder abgelehnt. [354] Bei entsprechender Meldung durch den Umweltgutachter dürfe die Eintragung dagegen nicht verweigert werden.[355]

2. Beschreibung der gesamten Prüftätigkeit

Die Formulierungen, daß der Umweltgutachter seine Prüfung "unbeschadet der Befugnisse der Vollzugsbehörden"[356] bzw. "der Aufsichts- und Regelungsbefugnisse der Mitgliedstaaten"[357] vorzunehmen habe, werden dahingehend interpretiert, daß Überschneidungen in der Tätigkeit von Gutachter und Vollzugsbehörden vermieden werden sollen und der Gutachter gerade keine zweite Kon-

---

mann/Rohmer, UmweltR, 1998, Bd. III, Vorb. UAG Rn. 49 f.; Ekardt, Leitlinien, NJ 1998, S. 187.

[352] Wiebe, Umweltschutz, NJW 1994, S. 289 (292); Förschle/Hermann/Mandler, Umwelt-Audits, DB 1994, S. 1093 (1099); Müggenborg, Prüfungsumfang, DB 1996, S. 125 (127).

[353] Pohl, Umweltaudits, BB 1998, S. 381 (384).

[354] Wiebe, Umweltschutz, NJW 1994, S. 289 (292); Müggenborg, Prüfungsumfang, DB 1996, S. 125 (127).

[355] Müggenborg, Prüfungsumfang, DB 1996, S. 125 (127).

[356] Art. 4 Abs. 5 EMAS-VO.

trollinstanz neben den Behörden darstelle.[358] Bei Herleitung einer Prüfungspflicht für den Umweltgutachter werde die in der EMAS-VO angelegte Arbeitsteilung zwischen Umweltgutachter und Eintragungsstelle vernachlässigt.[359]

3. Prüfung des Umweltmanagementsystems

Gegenstand der Prüfung des Umweltmanagementsystems sei es, dem Wortlaut und der Zielsetzung der EMAS-VO entsprechend, sicherzustellen, daß ein standortspezifisches internes Kontrollsystem existiere, das die Einhaltung der entsprechenden gesetzlichen Vorschriften zum Gegenstand habe, nicht aber die Kontrolle der tatsächlichen Rechtskonformität.[360]

4. Eigene Messungen bei der Umwelt- und Umweltbetriebsprüfung

Im Rahmen der Überprüfung der Betriebsprüfung sei es ausschließlich Aufgabe des Betriebsprüfers festzustellen, ob gegen Umweltvorschriften verstoßen wurde und die daraus zu ziehenden Schlußfolgerungen der Unternehmensleitung mitzuteilen; der Gutachter prüfe den Bericht des Betriebsprüfers nur auf seine Vollständigkeit und Plausibilität.[361]

Die Pflicht, die Umweltprüfung und Umweltbetriebsprüfung auf ihre technische Eignung hin zu untersuchen, schließe auch nicht die Pflicht zur Messung und Analyse von Emissionen oder Abwasserströmen ein.[362] Der Gutachter müßte dann über eigene Meß- und Analysetechnik verfügen oder diese Arbeit auf Dritte übertragen, so daß das Prüfungsverfahren für die meisten Unternehmen aus zeitlichen und finanziellen Gründen kaum noch zu verkraften wäre.[363]

5. Umwelterklärung

Bei der Überprüfung der Umwelterklärung reiche eine Art Plausibilitätsprüfung aus, die durch Vergleich mit entsprechenden Angaben in Genehmigungs-

---

[357] Anhang III B 1 S. 2 EMAS-VO.

[358] Müggenborg, Prüfungsumfang, DB 1996, S. 125 (126); Pohl, Umweltaudits, BB 1998, S. 381 (384).

[359] Müggenborg, Prüfungsumfang, DB 1996, S. 125 (126).

[360] Förschle/Hermann/Mandler, Umwelt-Audits, DB 1994, S. 1093 (1099).

[361] Müggenborg, Prüfungsumfang, DB 1996, S. 125 (128).

[362] Müggenborg, Prüfungsumfang, DB 1996, S. 125 (126).

[363] Müggenborg, Prüfungsumfang, DB 1996, S. 125 (127).

anträgen, behördlichen oder betrieblichen Messungen vorgenommen werden könne.[364] Bei Zweifelsfragen könne der Umweltgutachter den Betriebsprüfer anhalten, Stichprobenkontrollen vorzunehmen. Eine Pflicht zur eigenen Kontrolle der Rechtskonformität ergebe sich daraus nicht.

6. Entstehungsgeschichte

Weiterhin wird auch auf den Umstand verwiesen, daß der Verordnungstext dahingehend geändert wurde, daß er in der Endfassung nicht mehr die Verwendung der Teilnahmeerklärung untersagt, wenn am Standort gegen Umweltrechtsvorschriften verstoßen wurde.[365] Eine solche Sanktion fand sich nämlich noch in den Vorentwürfen.[366]

II. Sachprüfung und Prüfungspflicht

Nach weit verbreiteter Auffassung wird eine reine Sachprüfung durch den Umweltgutachter abgelehnt. Es sei seine Aufgabe zu überprüfen, ob das Unternehmen die Vorschriften am Standort einhalte.

1. Art. 8 Abs. 4 EMAS-VO

Als das zentrale Argument für eine Prüfungspflicht des Umweltgutachters, daß die Umweltvorschriften tatsächlich eingehalten werden, wird Art. 8 Abs. 4 EMAS-VO angeführt.[367] Nach dieser Vorschrift muß eine Eintragung (Zertifizierung) unterbleiben bzw. aufgehoben werden, wenn die Eintragungsstelle zuvor oder nachträglich von der zuständigen Vollzugsbehörde von einem Verstoß gegen die einschlägigen Umweltvorschriften am Standort unterrichtet wird.

Art. 8 Abs. 4 EMAS-VO wird dahingehend ausgelegt, daß ausschließlich insoweit verpflichtungskonform arbeitende Standorte eine Teilnahmeerklärung erhalten dürften und die Einhaltung dieser Verpflichtung dementsprechend unmittelbar Gegenstand des Zertifizierungsverfahrens sein soll. Nur verpflich-

---

[364] Müggenborg, Prüfungsumfang, DB 1996, S. 125 (129).

[365] Wiebe, Umweltschutz, NJW 1994, S. 289 (292); Müggenborg, Prüfungsumfang, DB 1996, S. 125 (127).

[366] Abl. EG Nr. C 76 v. 27.03.1992 S. 6; Abl. EG Nr. C 120 v. 30.04.1993 S. 15.

[367] Lübbe-Wolff, EU-Verordnung, DVBl. 1994, S. 361 (369); Falk/Nissen, Inhalt, DB 1995, S. 2101 (2103); Waskow, Betriebliches Umweltmanagement, 2. Aufl. 1997, S. 29; Breuer, Vielgestaltigkeit, NVwZ 1997, S. 833 (843); Kothe, UmweltauditR, 1997, Rn .284.

tungskonform arbeitende Standorte seien eintragungsfähig[368] und dürften die Teilnahmeerklärung verwenden[369]. Die EMAS-VO verlange nicht nur, daß sich das Unternehmen zur Einhaltung der Vorschriften verpflichte, sondern daß es diese tatsächlich einhalte.[370] Eine Auslegung, nach der die Rechtskonformität nicht geprüft werden müßte, hätte völlig unsinnige und den Intentionen der Verordnung diametral zuwiderlaufende Ergebnisse zur Folge.[371] Validierungen müßten auch dann erfolgen, wenn feststehe, daß die Eintragungsfähigkeit, die durch die Gültigerklärung gerade bestätigt werden solle, aufgrund einer vorhersehbaren vollzugsbehördlichen Intervention nicht gegeben sei.[372] Standorte mit völlig unterschiedlichem Umweltschutzniveau könnten, obwohl gerade dies mit der Einfügung der Verpflichtung zur Normkonformität als Mindeststandard verhindert werden sollte, gleichermaßen in den Genuß zur Führung einer Teilnahmeerklärung kommen.[373] Außerdem hinge es oft von zufälligen und mit Sicherheit unterschiedlichen Erkenntnissen und Verhaltensweisen der jeweils zuständigen Vollzugsbehörden ab, wann und ob überhaupt diese wettbewerbswidrige Gleichbehandlung durch eine Intervention nach Art. 8 Abs. 4 EMAS-VO wieder beendet werde.[374]

2. Beschreibung der gesamten Prüftätigkeit

Auch mit der Beschreibung der gesamten Prüfungstätigkeit des Gutachters wird dessen Prüfungspflicht begründet.

Aus den Formulierungen, daß der Gutachter unabhängig von den Vollzugsbehörden tätig sei, wird der Schluß gezogen, daß Umweltgutachter und Voll-

---

[368] Lübbe-Wolff, EU-Verordnung, DVBl. 1994, S. 361 (369); ähnlich Breuer, Vielgestaltigkeit, NVwZ 1997, S. 833 (843), der eine Gültigerklärung bei festgestellten Verstößen für dysfunktional hält; ebenso Böhm-Amtmann, EMAS, GewArch 1997, S. 353 (355), für die die Rechtskonformität notwendige Voraussetzung für die Eintragung ist; Kothe, Umweltauditrecht, 1997, Rn. 284.

[369] BT-Drs. 13/1192 S. 18; von Bon/Müller in: Doktoranden-Netzwerk, 1998, S. 85 (94).

[370] Lübbe-Wolff, EU-Verordnung, DVBl. 1994, S. 361 (369); Waskow, Betriebliches Umweltmanagement, 2. Aufl. 1997, S. 29.

[371] Lübbe-Wolff, EU-Verordnung, DVBl. 1994, S. 361 (369); Breuer, Vielgestaltigkeit, NVwZ 1997, S. 833 (843); Kothe, UmweltauditR, 1997, Rn. 284.

[372] Lübbe-Wolff, EU-Verordnung, DVBl. 1994, S. 361 (369); Kothe, UmweltauditR, 1997, Rn. 284.

[373] Lübbe-Wolff, EU-Verordnung, DVBl. 1994, S. 361 (369).

[374] Lübbe-Wolff, EU-Verordnung, DVBl. 1994, S. 361 (369).

zugsbehörden aus Sicht der EMAS-VO als Kontrollinstanzen gleichwertig nebeneinander stünden und Überschneidungen in der Kontrolltätigkeit möglich, wenn nicht sogar unvermeidbar seien. Eine Überschneidung liege folglich auch in der Überprüfung der tatsächlichen Einhaltung der einschlägigen Umweltvorschriften[375], d.h. bei den materiellen Umweltschutzanforderungen[376].

3. Sinn und Zweck der Umweltpolitik

Für die Prüfungspflicht wird ebenfalls der Sinn und Zweck der Umweltpolitik herangezogen. Die in der Umweltpolitik festgesetzten Zielvorgaben müßten umgesetzt werden, ansonsten seien sie überflüssig.[377] Im übrigen werde die Zielvorgabe der wirtschaftlich vertretbaren Anwendung der besten verfügbaren Technik ad absurdum geführt, wenn Unternehmen eingetragen werden dürften, die noch nicht einmal über die rechtlich geforderte Technik verfügten.[378]

4. Beschreibung der Umweltmanagementsysteme

Eine Prüfungspflicht des Umweltgutachters ergebe sich auch deshalb, weil er die Funktionstüchtigkeit des Umweltmanagementsystems zu kontrollieren habe.

Funktionsuntüchtig soll das System dann sein, wenn die einschlägigen Vorschriften am Standort nicht eingehalten werden, so daß der Gutachter die Rechtskonformität am Standort überprüfen müßte.[379] Bei der Prüfung der Funktionstüchtigkeit des Umweltmanagementsystems seien auch materielle Prüfungspunkte miteinzubeziehen.[380]

Einerseits sei die Pflicht zur Aufstellung des Verzeichnisses von Rechts- und Verwaltungsvorschriften[381] nur dann sinnvoll, wenn die darin aufgeführten Vorschriften auch anzuwenden und einzuhalten seien.[382]

---

[375] Falk/Frey, Prüftätigkeit, UPR 1996, S. 58 (59); Falk, EG-Umwelt-Audit-Verordnung, 1998, S. 94.

[376] Kothe, Umweltauditrecht, 1997, Rn. 284; von Bon/Müller in: Doktoranden-Netzwerk, 1998, S. 58 (93); im Ergebnis ebenso: Schottelius, EG-Umwelt-Audit, BB 1995, S. 1549 (1553).

[377] Waskow, Betriebliches Umweltmanagement, 1994, S. 17.

[378] Schmid, "Umweltaudit", Jura 1997, S. 11 (12).

[379] Waskow, Betriebliches Umweltmanagement, 2. Aufl. 1997, S. 26; Bohnen, Umweltauditgesetz, BB 1995, S. 1757 (1758).

[380] Von Bon/Müller in: Doktoranden-Netzwerk, 1998, S. 85 (93).

[381] Anhang I B 3 EMAS-VO.

Andererseits gehörten zu den oben genannten notwendigen Korrekturmaßnahmen auch Maßnahmen zur Einhaltung umweltrechtlicher Vorschriften. Es könne nur zur Gültigerklärung kommen, wenn festgestellt sei, daß das Umweltmanagementsystem die notwendigen Maßnahmen zur Einhaltung aller umweltrechtlichen Vorschriften getroffen habe. Die EMAS-VO beruhe nämlich geradezu auf dem Konzept, daß ein Unternehmen die in der Umweltpolitik gesetzten Vorgaben, also auch die Einhaltung des Umweltrechts, durch Umweltmanagement in die Tat umsetze.[383] Ein Umweltmanagementsystem, das nicht zur Vermeidung oder Behebung von Rechtsverstößen befähige, sei nicht testatfähig.[384]

5. Eigene Messungen bei der Umwelt- und Umweltbetriebsprüfung

Weiterhin wird zur Begründung der Prüfungspflicht angeführt, daß der Umweltgutachter die Umweltprüfung bzw. Umweltbetriebsprüfung auf ihre technische Eignung hin mit der erforderlichen fachlichen Sorgfalt zu überprüfen habe und er deshalb eigene Messungen, Probenahmen und Analysen veranlassen oder selbst vornehmen dürfe.[385] Eine solche Prüfung stelle gerade keine unnötige Doppelarbeit dar.[386] Während die Umweltbetriebsprüfung selbst unternehmensinternes Managementinstrument sei, diene die externe Prüfung durch den Gutachter gerade dem Zweck, unternehmensunabhängig festzustellen, ob das betriebliche Managementsystem den Anforderungen der EMAS-VO genüge. Es wäre widersinnig, wenn diese externe Prüfung durch die internen Ergebnisse präjudiziert sei.[387]

6. Umwelterklärung

Zur Begründung einer Prüfungspflicht wird auch der Inhalt der Umwelterklärung herangezogen. In der Erklärung müsse knapp aber deutlich festgestellt

---

[382] Bohnen, Umweltauditgesetz, BB 1995, S. 1757 (1758).
[383] Waskow, Betriebliches Umweltmanagement, 2. Aufl. 1997, S. 25 ff.
[384] Schmidt-Preuß, Umweltschutz ohne Zwang in: FS für Kriele, S. 1157 (1174).
[385] Waskow, Betriebliches Umweltmanagement, 2. Aufl. 1997, S. 159; Schottelius, EG-Umwelt-Audit, BB 1995, S. 1549 (1553); Kothe, UmweltauditR, 1997, Rn. 284.
[386] Falk/Frey, Prüftätigkeit, UPR 1996, S. 58 (59); von Bon/Müller in: Doktoranden-Netzwerk, 1998, S. 85 (94); Falk, EG-Umwelt-Audit-Verordnung, 1998, S. 93.
[387] Waskow, Betriebliches Umweltmanagement, 2. Aufl. 1997, S. 159.

werden, daß das Unternehmen in Bezug auf den Standort alle umweltrechtlichen Vorschriften einhalte. [388] Dies ergebe sich aus der systematischen Auslegung des Art. 8 Abs. 4 EMAS-VO.[389]

Der Umweltgutachter könne die Zuverlässigkeit dieser Angabe in der Umwelterklärung nur bejahen, wenn er an der tatsächlichen Einhaltung der Vorschriften keinen Zweifel haben müsse.[390]

Teilweise wird eine derartige Erklärung allerdings nur empfohlen.[391]

7. Sinn und Zweck des Audit-Systems

Es wird auch argumentiert, es widerspreche dem Sinn und Zweck des Audit-Systems, wenn die Einhaltung des Rechts nicht Prüfungsgegenstand sei, da die von der EMAS-VO bezweckte kontinuierliche Verbesserung des Umweltschutzes ohne zuverlässige Einhaltung des Umweltrechts nicht denkbar sei.[392] Sinn und Zweck der Verordnung erforderten auch eine Einbeziehung materieller Prüfungsaspekte. [393] Die EMAS-VO könnte als Instrument der Rechtfertigung und Rechenschaftslegung in naher Zukunft der Abwehr von Haftungsansprüchen dienen. Ohne Einbeziehung einer materiellen Prüfung sei dies nicht möglich.

Die materielle Prüfung durch den Gutachter sorge zudem dafür, daß die Unternehmen die Teilnahmeerklärung nicht nur als Fassade benutzten, ohne die eigentliche Zielsetzung der EMAS-VO, die Förderung der kontinuierlichen Verbesserung des Umweltschutzes[394] tatsächlich zu erreichen.[395]

Im übrigen sei es mit der herausragenden Stellung des Umweltgutachters nicht zu vereinbaren, wenn seine Prüfung zu einer reinen Systemprüfung degra-

---

[388] Schottelius, Umweltgutachter, BB 1996, S. 1235 f..

[389] Waskow, Betriebliches Umweltmanagement, 2. Aufl. 1997, S. 29.

[390] Falk/Frey, Prüftätigkeit, UPR 1996, S. 58 (59); Falk, EG-Umwelt-Audit-Verordnung, 1998, S. 92.

[391] Falk/Nissen, Inhalt, DB 1995, S. 2101 (2103).

[392] Falk/Frey, Prüftätigkeit, UPR 1996, S. 58 (60); Schmid, "Umwelt-Audit", Jura 1997, S. 11 (12); Falk, EG-Umwelt-Audit-Verordnung, 1998, S. 94.

[393] von Bon/Müller in: Doktoranden-Netzwerk, 1998, S. 85 (94).

[394] Art. 1 Abs. 2 EMAS-VO.

[395] von Bon/Müller in: Doktoranden-Netzwerk, 1998, S. 85 (95).

diert würde und er selbst dann zur Validierung verpflichtet sei, wenn er begründeten Anlaß zur Annahme eines Rechtsverstoßes habe.[396]

8. Gemeinschaftsrechtliche Umweltschutzprinzipien

Es wird auch eingewandt, daß der Umweltgutachter die Einhaltung der einschlägigen Rechtsvorschriften zu prüfen habe, da eine gegenteilige Auffassung den sich aus Art. 130 r Abs. 2 EG-Vertrag (jetzt Art. 174 Abs. 2 EG) ergebenden gemeinschaftsrechtlichen Umweltschutzprinzipien, d.h. dem hohen Schutzniveau und dem Vorsorge- und Verursacherprinzip wider-spreche.[397]

9. Irreführende Werbung

Darüber hinaus werde der in der Präambel der EMAS-VO enthaltene Informationsgrundsatz verletzt.[398] Die Werbung mit der Teilnahme am EMAS-System, ohne daß sichergestellt sei, daß zwingende Umweltstandards erfüllt seien, sei Desinformation und irreführend, §§ 3, 1 UWG.

10. Deregulierung

Als weiteres Argument wird die mögliche Deregulierung des deutschen Umweltrechts genannt. Eine Prüfungspflicht des Gutachters müsse bestehen, um staatliche Überwachungstätigkeit zurücknehmen zu können.[399] Die Umweltverwaltung müsse sich darauf verlassen können, daß die Umweltgutachter festgestellt hätten, daß am Standort nicht gegen einschlägige Umweltvorschriften verstoßen werde.[400] Wenn nicht sichergestellt sei, daß die Umweltvorschriften eingehalten würden, sei der Deregulierungsforderung der Boden entzogen.[401] Die Überprüfung durch den Umweltgutachter müsse daher nach den gleichen Maßstäben erfolgen, die von den staatlichen Umweltbehörden angelegt würden.[402] Der Bundesrat schlug deshalb vor, im UAG festzulegen, daß der Umweltgutachter bei seiner Standortkontrolle die Rechts- und Verwaltungsvorschriften zu

---

[396] Schmidt-Preuß, Umweltschutz ohne Zwang in FS für Kriele, S. 1157 (1174).
[397] Schmid, "Umwelt-Audit", Jura 1997, S. 11 (12).
[398] Schmid, "Umwelt-Audit", Jura 1997, S. 11 (12).
[399] BT-Drs. 13/2004 S. 2 Nr. 3.
[400] BT-Drs. 13/2004 S. 2 Nr. 3.
[401] Schottelius, Umweltgutachter, BB 1996, S. 1235 (1238).
[402] BT-Drs. 13/1687 S. 5 Nr. 22; BT-Drs- 13/2004 S. 2.

beachten habe.[403] Nach dieser Auffassung wäre der Gutachter spätestens mit der Regelung dieser Verpflichtung im UAG gehalten gewesen, auch zu überprüfen, ob am Standort gegen einschlägige Umweltvorschriften verstoßen wird.

Vereinzelt[404] wird trotz Befürwortung einer Prüfungspflicht des Gutachters die Deregulierung nicht als taugliches Argument für die gutachterliche Pflicht, die Einhaltung des Rechts zu kontrollieren, angesehen. Ein Vorschriftenabbau führe nämlich zu einer Verringerung der Prüfungsdichte anstatt die Umweltverwaltung in ihrer Prüfung zu entlasten, daß hohe Umweltschutzstandards eingehalten werden.

Im übrigen hat sich die Forderung des Bundesrates, die Pflicht zur Kontrolle im UAG festzuschreiben, indem die Rechts- und Verwaltungsvorschriften vom Umweltgutachter bei der Standortkontrolle zu beachten sind, nicht durchgesetzt.[405] Es ist nur noch vom "berücksichtigen"[406] dieser Vorschriften die Rede.

III. Keine umfassende Prüfungspflicht

Die Auffassung, die für eine Prüfungspflicht insbesondere wegen Art. 8 Abs. 4 EMAS-VO eintritt, wird teilweise dahingehend eingeschränkt, daß der Gutachter der Rechtskonformität nicht umfassend auf den Grund zu gehen habe und im Einzelfall berechtigt sei, das Vorliegen eines Verstoßes zu prüfen und zu ahnden.[407] Bei Anzeichen eines Verstoßes müsse ein solcher allerdings vom Umweltgutachter beanstandet werden.[408]

1. Art. 8 Abs. 4 EMAS-VO

Auch diese Ansicht wird auf Art. 8 Abs. 4 EMAS-VO gestützt. Bei Kenntnis eines Verstoßes gegen das geltende Recht habe eine Gültigkeitserklärung zu

---

[403] so noch im Änderungsvorschlag des Bundesrates in: BT-Drs. 13/1687 S.5 Nr. 22.
[404] Lübbe-Wolff, Öko-Audit, ZUR 1996, S. 173 (174).
[405] vgl. BT-Drs. 13/1687 S. 5; BT-Drs. 13/2383; BR-Drs. 602/95.
[406] § 15 Abs. 2 Nr. 5 UAG; geändert aufgrund des Vorschlags des Vermittlungsausschusses in: BT-Drs. 13/2383.
[407] Falk/Frey, Prüfttägikeit, UPR 1996, S. 58 (60).
[408] Feldhaus, Umwelt-Audit, UPR 1997, S. 341 (344); ders. in: Rengeling, EUDUR, 1998, Bd. I, § 36 Rn. 67; Ewer in Ewer/Lechelt/Theuer, Hdb. Umweltaudit, 1998, Teil E Rn. 16.

unterbleiben, da die Verordnung wegen Art. 8 Abs. 4 EMAS-VO verlange, daß die Vorschriften auch eingehalten würden.[409]

2. Eigene Messungen bei der Umwelt- und Umweltbetriebsprüfung

Der Umweltgutachter müsse allerdings nicht die gesamte Umweltbetriebsprüfung wiederholen, da auf unnötige Doppelarbeit zu verzichten sei;[410] Stichprobenprüfungen reichten aus[411] und stellten keine unnötige Doppelarbeit dar.[412]

3. Haftungsrechtliches Risiko

Es wird auch vertreten, daß der Umweltgutachter eine "eingeschränkte Systemprüfung", die über eine Plausibilitäts- und Schlüssigkeitsprüfung hinausgehen könne, bezüglich der Einhaltung der Vorschriften unternehmen müsse.[413] Der Umweltgutachter könne wegen § 30 UAG, der auf die in § 322 Abs. 2 HGB normierte Haftung des Wirtschaftsprüfers verweist, in eine haftungsrechtliche Position geraten, wenn er keine Sachprüfung des Inhalts der Umwelterklärung, der Umweltpolitik und der Umweltbetriebsprüfung vornehme,[414] da im Hinblick auf das Wettbewerbsrecht die Umwelterklärung von Mitbewerbern in Frage gestellt werden könne. Es sei zumindest eine "eingeschränkte Sachprüfung" erforderlich,[415] da der Umweltgutachter insbesondere die Vollständigkeit und Zuverlässigkeit der Umwelterklärung validiere. Die Umwelterklärung müsse daher knapp aber deutlich zum Ausdruck bringen, daß die Umweltvorschriften eingehalten werden.

---

[409] Waskow, Betriebliches Umweltmanagement, 2. Aufl. 1997, S. 29; Feldhaus, Umwelt-Audit, UPR 1997, S. 341 (344); ders. in Rengeling, EUDUR, 1998, Bd. I, § 36 Rn. 67; von Bon/Müller in: Doktoranden-Netzwerk, 1998, S. 85 (94).

[410] Waskow, Betriebliches Umweltmanagement, 2. Aufl. 1997, S. 159.

[411] Schmidt-Preuß, Umweltschutz ohne Zwang in FS für Kriele, S. 1157 (1174); Feldhaus in: Rengeling, EUDUR, 1998, Bd. I, § 36 Rn. 67; Ewer in: Ewer/Lechelt/Theuer, Hdb. Umweltaudit, 1998, Teil E Rn. 16.

[412] Falk/Frey, Prüftätigkeit, UPR 1996, S. 58 (59).

[413] Schottelius, Umweltgutachter, BB 1996, S. 1235 f.

[414] Schottelius, Umweltgutachter, BB 1996, S. 1235, 1238.

[415] Schottelius, Umweltgutachter, BB 1996, S. 1235, 1238.

4. Rechtsgedanke der Verordnung

Die Prüfungspflicht wird ebenfalls damit begründet, daß Rechtsgedanke der EMAS-VO sei, daß der Gutachter befugt und im Einzelfall berechtigt sei, die Einhaltung der Vorschriften zu überprüfen.[416] § 16 Abs. 2 Nr. 1 UAG, der die Untersagung der gutachterlichen Tätigkeit vorsieht, wenn trotz unzutreffender Angaben, insbesondere hinsichtlich der Rechtskonformität am Standort, validiert wurde, sei Folge dieser Vorgaben und Rechtsgedanken der EMAS-VO.

5. Prüfung bei Verdachtsmomenten

Der Gutachter habe eine materielle Sachprüfung vorzunehmen, wenn diese aufgrund eines begründeten Verdachts erforderlich sei.[417] In diesem Fall sei er zur Aufklärung und Ermittlung im Detail verpflichtet.[418]

IV. Prüfung nur im Rahmen der Kontrolle der Systemelemente

Nach einer anderen Auffassung ist der Gutachter nicht grundsätzlich verpflichtet, die Rechtskonformität festzustellen, sondern, ob die EMAS-Elemente mit der Verordnung übereinstimmen. Insofern geht sie mit der Ansicht der reinen Systemprüfung konform. Allerdings habe eine Kontrolle insoweit zu erfolgen, wenn die Rechtsverstöße Indizien für das Nichtfunktionieren eines der EMAS-Elemente darstellten.[419] Der Gutachter dürfe sich daher nicht mit Plausibilitäten zufrieden geben, sondern müsse daher Stichprobenkontrollen und damit inhaltliche Überprüfungen vorzunehmen.[420] Eine Validierung könne entgegen der vorgenannten Auffassung aber in Einzelfällen auch dann erfolgen, wenn gegen geltendes Recht verstoßen wurde, solange dies noch nicht das Funktionieren des EMAS-Systems in Frage stelle.[421]

Diese Ansicht geht daher zwar von einer Sachprüfung durch den Umweltgutachter aus, sieht ihn jedoch nicht dazu verpflichtet, die Rechtskonformität umfassend zu prüfen und Rechtsverstöße zwingend zu ahnden.

---

[416] Falk/Frey, Prüftätigkeit, UPR 1996, S. 58 (60).
[417] von Bon/Müller in: Doktoranden-Netzwerk, 1998, S. 85 (95).
[418] Schmidt-Preuß, Umweltschutz ohne Zwang in FS für Kriele, S. 1157 (1174); Ewer in: Ewer/Lechelt/Theuer, Hdb. Umweltaudit, 1998, Teil E Rn. 16.
[419] Köck, Pflichten- und Kontrollsystem, VerwA 1996, S. 644 (666).
[420] Schneider, Öko-Audit, Die Verwaltung, 1995, S. 361 (379).
[421] Schneider, Öko-Audit, Die Verwaltung, 1995, S. 361 (378).

1. Wortlaut

Zum einen wird angeführt, daß sich schon im Wortlaut für eine eigenständige Pflicht zur Kontrolle der Rechtskonformität keine Stütze finde. Die Aufgaben des Gutachters seien abschließend geregelt. Der EMAS-VO lasse sich nicht entnehmen, ob sie neben der ohnehin nach geltendem Recht bestehenden Pflicht, die Vorschriften einzuhalten, eine eigenständige Pflicht zur Rechtskonformität innerhalb des EMAS-Systems postuliere, deren Einhaltung vom Gutachter zu überprüfen wäre.[422] Nur soweit ein festgestellter Umweltrechtsverstoß seine Ursache in Defiziten der Umweltpolitik, des Umweltprogramms, der Umweltprüfung, der Umweltbetriebsprüfung oder des Umweltmanagementsystems habe, dürfe nicht validiert werden.[423]

2. Art. 8 Abs. 4 EMAS-VO

Der Interpretation des Art. 8 Abs. 4 EMAS-VO, die eine generelle Prüfungspflicht aus dieser Vorschrift herleitet, wird nach dieser Auffassung nicht gefolgt. Zwar dürfe im Interesse einer widerspruchsfreien Eintragungspraxis wegen Art. 8 Abs. 4 EMAS-VO der Umweltgutachter die Umwelterklärung nicht ohne weiteres für gültig erklären, wenn er einen Rechtsverstoß am Standort feststelle; daraus folge aber nicht, daß er verpflichtet sei, den Standort auf die Einhaltung aller Rechtsvorschriften hin zu überprüfen.[424]

Diese Interpretation widerspreche nicht Art. 8 Abs. 4 EMAS-VO, da diese Vorschrift gerade den Umweltbehörden das Interventionsrecht einräume.[425] Zwar liege es im Ermessen der Umweltbehörden, ob sie die Register führende Stelle unterrichteten, doch der auch beim unmittelbaren mitgliedstaatlichen Vollzug zu beachtende Verhältnismäßigkeitsgrundsatz gebiete es, daß nicht jeder geringfügige Rechtsverstoß die Teilnahme am EMAS-System ausschließe.[426] Für die Mitteilung der Vollzugsbehörde gelte weiterhin das Opportunitätsprinzip.[427]

---

[422] Köck, Pflichten- und Kontrollsystem, VerwA 1996, S. 644 (663).
[423] Köck, Pflichten- und Kontrollsystem, VerwA 1996, S. 644 (666).
[424] Köck, Betriebsorganisation, JZ 1995, S. 643 (648); Lütkes, Umweltauditgesetz, NVwZ 1996, S. 230 (233).
[425] Schneider, Öko-Audit, Die Verwaltung 1995, S. 361 (378).
[426] Schneider, Öko-Audit, Die Verwaltung 1995, S. 361 (379).
[427] Scherer/Bartsch in: Landmann/Rohmer, UmweltR, 1998, Bd. III, Vorb. UAG Rn. 51.

3. Beschreibung der gesamten Prüftätigkeit

Auch von den Vertretern dieser Auffassung wird angeführt, daß der Umweltgutachter keine zweite weitere Kontrollinstanz neben den nationalen Umweltbehörden sei[428], so daß es gerade nicht seine Aufgabe sei, umfassend die Einhaltung des Rechts zu überprüfen.

4. Beschreibung der Umweltpolitik

Die Umweltpolitik habe die Einhaltung der einschlägigen Vorschriften nur als Zielvorgabe zu formulieren, was auch durch die Wortwahl im englischen Text unterstützt werde, in dem vom "providing for compliance" gesprochen werde, worunter ein "Hinwirken auf" zu verstehen sei.[429]

5. Beschreibung der Umweltmanagementsysteme

Das Umweltmanagementsystem sei dazu da, Fehlerquellen aufzuspüren und geeignete Instrumente zur Beseitigung zur Verfügung zu stellen. Das heiße aber nicht, daß diese Fehler z.B. Rechtsverstöße bei Verifizierung beseitigt sein müßten. Es müsse sichergestellt sein, daß Fehler korrigiert werden können[430], und die Abhilfemaßnahmen müßten zumindest eingeleitet sein[431].

Da das Umweltmanagementsystem in der Lage sein müsse, auf die gegebenenfalls vorkommende Nichteinhaltung beachtlicher Vorschriften zu reagieren, die eine Abstellung der Mängel gewährleiste, habe sich der Gutachter allerdings aufgrund der innerbetrieblichen Organisation Gewißheit zu verschaffen, daß die Vorschriften eingehalten werden.[432]

6. Umweltprüfung bzw. - betriebsprüfung

Im Rahmen der Umweltbetriebsprüfung genüge es, wenn der Betriebsprüfungsbericht die Notwendigkeit von Korrekturmaßnahmen belege; Rechtsverstöße müßten bei Validierung nicht beseitigt sein.[433] Die Feststellung

---

[428] Köck, Betriebsorganisation JZ 1995, S. 643 (648); ders., Pflichten- und Kontrollsystem, VerwA 1996, S. 644 (663); Lütkes, Umweltauditgesetz, NVwZ 1996, S. 230 (233).
[429] Scherer/Bartsch in: Landmann/Rohmer, UmweltR, 1998, Bd. III, Vorb. UAG Rn. 49.
[430] Köck, Pflichten- und Kontrollsystem, VerwA 1996, S. 644 (664).
[431] Köck, Pflichten- und Kontrollsystem, VerwA 1996, S. 644 (666).
[432] Köck, Betriebsorganisation, JZ 1995, S. 645 (648); Lütkes, Umweltauditgesetz, NVwZ 1996, S. 230 (233).

müßten bei Validierung nicht beseitigt sein.[433] Die Feststellung des "Grades der Übereinstimmung mit den Vorschriften" reicht nach dieser Ansicht aus.

7. Umwelterklärung

Nach dieser Auffassung ist zwar nicht positiv die Rechtskonformität am Standort in der Umwelterklärung festzustellen. Das Unternehmen müsse aber in der Erklärung den Stand der Einhaltung der Umweltvorschriften am Standort angeben. Dies gehöre zu allen wichtigen Umweltfragen,[434] die in der Umwelterklärung anzusprechen seien.[435] Vor dem Hintergrund der lauterkeitsrechtlichen Anforderung, daß Angaben kein unzutreffendes Gesamtbild wiedergeben dürften, müßten diese Angaben gemacht werden.[436] Wegen seiner Verpflichtung, die Zuverlässigkeit der Angaben in der Umwelterklärung und angemessene Berücksichtigung aller wichtigen Umweltfragen zu kontrollieren,[437] muß der Gutachter daher auch diese Angabe des Unternehmens auf ihre Richtigkeit hin überprüfen.

Eine Validierung bei festgestellten Rechtsverstöße sei nur dann ausgeschlossen, wenn diese Verstöße auf Defizite bei den vom Gutachter zu überprüfenden Systemelementen wie z.B. Umweltbetriebsprüfung oder Umweltmanagementsysteme beruhe.[438] Stichproben reichten aber aus.[439] Der Umweltgutachter habe nur eine grobe Schlüssigkeitskontrolle vorzunehmen.[440]

B. Eigene Untersuchung

Die nachfolgende Untersuchung, ob und inwieweit der Gutachter nach der EMAS-VO die Einhaltung des Rechts zu kontrollieren hat, differenziert zwischen der Rechtskontrolle des Unternehmens und des Standorts.

---

433 Schneider, Öko-Audit, Die Verwaltung 1995, S. 361 (378); Scherer/Bartsch in: Landmann/Rohmer, UmweltR, 1998, Bd. III, Vorb. UAG Rn. 50.
434 Art. 5 Abs. 3 b EMAS-VO.
435 Schneider, Öko-Audit, Die Verwaltung 1995, S. 361 (378); Scherer/Bartsch in: Landmann/Rohmer, UmweltR, 1998, Bd. III, Vorb. UAG Rn. 47.
436 Köck, Pflichten- und Kontrollsystem, VerwA 1996, S. 644 (661 f.).
437 Art. 4 Abs. 5 d EMAS-VO.
438 Köck, Pflichten- und Kontrollsystem, VerwA 1996, S. 644 (666).
439 Köck, Pflichten- und Kontrollsystem, VerwA 1996, S. 644 (664, 665); Schneider, Öko-Audit, Die Verwaltung 1995, S. 361 (379).
440 Ekardt, Leitlinien, NJ 1998, S. 187.

I. Prüfung der Rechtskonformität des Unternehmens

Zunächst ist zu untersuchen, ob eine Prüfungspflicht des Gutachters dahingehend besteht, das Unternehmen insgesamt halte alle einschlägigen Umweltvorschriften ein.

1. Wortlaut

Hinsichtlich der Prüfungstiefe des Umweltgutachters bezüglich der Einhaltung des Umweltrechts durch das Unternehmen kann der Wortlaut der EMAS-VO keinen Aufschluß geben, obschon an unterschiedlichen Stellen der Verordnung von den "einschlägigen Rechtsvorschriften" die Rede ist.

a. Unternehmensbezogene Umweltpolitik

Bei der Beschreibung der Umweltpolitik des Unternehmens werden im Zusammenhang mit der Einhaltung der Vorschriften Verben finalen Inhalts wie "vorsehen" bzw. im Englischen "providing for"[441] und "bezwecken" bzw. "aim"[442] gebraucht. Durch die Formulierung "einschließlich" bzw. "including" [443] wird gesondert hervorgehoben, daß die Rechtskonformität zu den Gesamtzielen des Unternehmens zählt und diese Zielvorgabe in der Umweltpolitik festzulegen ist. Insoweit ist auf jeden Fall eine Systemprüfung vorzunehmen.

Eine darüberhinausgehende Pflicht des Gutachters, die Erfüllung dieser Konformitätspflicht zu überprüfen, läßt sich den genannten Formulierungen jedoch nicht ausdrücklich entnehmen.

b. Standortbezogene Tätigkeiten

Darüber hinaus werden die "Rechtsvorschriften" und "Normen" innerhalb der EMAS-VO hinsichtlich der Tätigkeiten am Standort erwähnt, und zwar im Rahmen der Umweltmanagementsysteme[444], der Umweltbetriebsprüfung[445] und dem Zertifizierungsverfahren[446]. Da sich diese Vorschriften nur auf die Tätigkeit am

---

[441] Art. 3 a EMAS-VO.
[442] Anhang I A 3 S.2 EMAS-VO.
[443] Art. 2 a EMAS-VO.
[444] Anhang I B 3 EMAS-VO.
[445] Anhang II A und E 1 EMAS-VO.
[446] Art. 8 Abs. 4 EMAS-VO.

keit am Standort beziehen, können sie vom Wortlaut her allenfalls Aufschluß darüber geben, ob eine Einhaltung der Vorschriften für den Standort verpflichtend ist, nicht aber, ob das Unternehmen als ganzes eine solche Pflicht trifft, die der Kontrolle des Umweltgutachters unterliegt.

Der Wortlaut sagt daher nichts über eine Pflicht, das Unternehmen auf die Einhaltung seiner in der Umweltpolitik abgegebenen Verpflichtung, alle einschlägigen Rechtsvorschriften einzuhalten, zu kontrollieren. Genauso wenig schließt er allerdings ausdrücklich eine solche Pflicht aus.

2. Systematik

Eine Pflicht zur Überprüfung des gesamten Unternehmens ergibt sich aus verschiedenen systematischen Gründen nicht.

Eine solche Pflicht kann sich nur im Zusammenhang mit der Umweltpolitik ergeben, da nur diese ein Systemelement darstellt, das für das gesamte Unternehmen aufzustellen ist.

a. Rechtskonformität als notwendiger Bestandteil der Umweltpolitik

Eine Prüfungspflicht ergäbe sich dann, wenn die Rechtskonformität notwendiger Bestandteil der Umweltpolitik wäre. Einige Autoren[447] erörtern die Prüfpflicht des Gutachters im Zusammenhang mit der Umweltpolitik und erwecken somit den Eindruck, daß die Konformität notwendiger Bestandteil der Politik sei. Sie verweisen unmittelbar im Zusammenhang mit der Umweltpolitik darauf, daß die Verordnung wegen Art. 8 Abs. 4 EMAS-VO nicht nur verlange, daß das Unternehmen sich zur Einhaltung aller Umweltvorschriften verpflichte, sondern daß es diese auch tatsächlich einhalte. Nimmt man diese Schlußfolgerung wörtlich, so wird die aus Art. 8 Abs. 4 EMAS-VO hergeleitete Verpflichtung, das Umweltrecht am Standort einzuhalten, auf das gesamte Unternehmen ausgedehnt.

Bei näherer Betrachtung dieser Ansichten stellt sich jedoch heraus, daß nur die Einhaltung der Vorschriften am Standort Prüfungsgegenstand sein soll. Obwohl die Autoren die Rechtskonformität im Zusammenhang mit der unterneh-

---

[447] Lübbe-Wolff, EU-Verordnung, DVBl. 1994, S. 361 (369); Falk/Nissen, Inhalt, DB 1995, S. 2101 (2103).

mensbezogenen Umweltpolitik erwähnen, betonen sie gleichzeitig, daß das Unternehmen verpflichtet sei, am Standort die Vorschriften einzuhalten.[448] Nach ihrer Ansicht hat daher der Gutachter die Einhaltung des Rechts am Standort zu prüfen, obwohl sie davon ausgehen, daß die Rechtskonformität Bestandteil der Umweltpolitik ist. Ihnen ist schon wegen der systemwidrigen Zuordnung der Rechtskonformität am Standort zur Umweltpolitik des Unternehmens nicht zu folgen.

Denn das EMAS-System ist vorrangig eine Standortüberprüfung, im Rahmen derer das gesamte Unternehmen Prüfungsobjekt nur hinsichtlich seiner Umweltpolitik ist. Die unterschiedlichen Bezüge der Umweltpolitik und des Prüfungsrahmens des Gutachters blieben bei einer Prüfung der Rechtskonformität des gesamten Unternehmens unberücksichtigt. Wenn die tatsächliche Rechtskonformität am Standort geprüft werden müßte, dann muß dies bei der Kontrolle eines standortbezogenen Prüfungsgegenstandes geschehen und nicht im Rahmen der unternehmensbezogenen Umweltpolitik. Allenfalls die Prüfung der Einhaltung des Rechts am Standort kann Aufgabe des Umweltgutachter nach dem System der EMAS-VO sein. Eine Auffassung, die das gesamte Unternehmen auf seine Rechtskonformität hin überprüfen lassen möchte, wäre wegen des eindeutigen Standortbezugs, der sich auch und gerade in Art. 8 Abs. 4 EMAS-VO widerspiegelt, nicht haltbar. Eine Erklärung innerhalb der Umweltpolitik, daß die Umweltvorschriften auch tatsächlich eingehalten werden, wird vom Unternehmen nicht gefordert. Art. 8 Abs. 4 EMAS-VO kann allenfalls als systematisches Argument für eine umfassende Rechtskontrolle am Standort herangezogen werden. Eine Pflicht des Gutachters zur Überprüfung der Rechtskonformität im Rahmen eines standortbezogenen Prüfungsgegenstandes bleibt daher möglich.

b. Beschreibung der Managementpraktiken

Die tatsächliche Rechtskonformität ist auch deswegen nicht Bestandteil der Umweltpolitik, da die guten Managementpraktiken, auf denen die Umwelt-

---

[448] Lübbe-Wolff, EU-Verordnung, DVBl. 1994, S. 361 (363); Falk/Nissen, Inhalt, DB 1995, S. 2101 (2103).

politik zu beruhen hat,[449] für die Fälle, in denen festgestellt wird, daß das Unternehmen seine Umweltpolitik nicht einhält, Kontrollverfahren und -mechanismen vorsieht.[450] Daraus läßt sich schließen, daß die EMAS-VO davon ausgeht, daß die Zielvorgaben in der Umweltpolitik, Einhaltung des Rechts und Verbesserung des betrieblichen Umweltschutzes, nicht immer eingehalten und erreicht werden. Dieser Fehleinschätzung soll durch geeignete Managementinstrumente entgegengewirkt werden. Eine solche Korrektur wäre dann nicht mehr möglich, wenn bereits in der Umweltpolitik die Rechtskonformität festgeschrieben werden müßte. Sie bliebe auf die Verbesserung des betrieblichen Umweltschutzes beschränkt. Eine derartige Einschränkung, daß die Managementinstrumente nur eingesetzt würden, um die Zielvorgabe der Umweltschutzverbesserung zu erreichen, und nicht, um die Einhaltung des Rechts zu gewährleisten, läßt sich der Verpflichtung zu Korrekturmaßnahmen nicht entnehmen. Es soll der Nichteinhaltung der gesamten Umweltpolitik entgegengesteuert werden. Dies ist aber nur dann möglich, wenn deren zweiter Bestandteil "die Einhaltung aller einschlägigen Umweltvorschriften" nur Zielvorgabe ist.

Die Verpflichtung zur Einrichtung von Kontrollmechanismen zur Umsetzung der Umweltpolitik spricht daher ebenfalls dagegen, die tatsächliche Rechtskonformität zum Bestandteil der Umweltpolitik zu machen, in deren Rahmen der Umweltgutachter die Übereinstimmung mit geltendem Umweltrecht zu prüfen hätte.

c. Erster Audit-Durchlauf

Ein weiteres Argument für diese Auffassung ergibt sich aus dem Verhältnis von Umweltpolitk- und -prüfung innerhalb des ersten Audit-Durchlaufs. Erst im Rahmen der Umweltprüfung als einer ersten Bestandsaufnahme[451] kann intern frühestens die Überprüfung innerhalb des Standorts erfolgen, ob die Vorschriften eingehalten werden. Obschon die Reihenfolge von Umweltpolitik und Umweltprüfung nicht verbindlich festgelegt ist,[452] müßte diese erstmalige Überprüfung generell vor Festlegung der Umweltpolitik erfolgen, da ansonsten das Un-

[449] Anhang I D EMAS-VO.
[450] Anhang I D Nr. 7 EMAS-VO.
[451] vgl. 2. Kapitel Abschnitt A. II.
[452] Lübbe-Wolff, EU-Verordnung, DVBl. 1994, S. 361 (364).

ternehmen Gefahr liefe, wahrheitswidrig und ungeprüft zu behaupten, es halte die Vorschriften ein. Wäre die tatsächliche Rechtskonformität zwingender Bestandteil der Umweltpolitik, könnte die Politik erst nach der ersten Umweltprüfung festgelegt werden, da vorher nicht geprüft wurde, ob die Vorschriften eingehalten wurden. Allerdings kann die Umweltprüfung auch nur Aufschluß über die Rechtskonformität am Standort und nicht des gesamten Unternehmens geben. Es ist daher gar nicht vorgesehen, daß das Unternehmen überprüft und feststellt, daß es insgesamt die Vorschriften einhalte. Nach den von der EMAS-VO vorgegebenen Schritten besteht daher keine Verpflichtung, die Einhaltung aller einschlägigen Umweltvorschriften durch das gesamte Unternehmen festzustellen.

Das Verhältnis von Umweltpolitik und -prüfung im Rahmen des ersten Audit-Durchlaufs spricht damit gegen eine Einbeziehung der Feststellung der tatsächlichen Einhaltung des Umweltrechts in die Umweltpolitik.

d. Beschreibung des Prüfungsverfahrens

Gegen eine Überprüfung der Einhaltung der einschlägigen Umweltvorschriften durch das gesamte Unternehmen spricht auch das von EMAS-VO für den Umweltgutachter vorgegebene Prüfungsverfahren. Der Gutachter soll den Standort besuchen und die diesen betreffende Unterlagen sowie die Umweltpolitik einsehen,[453] nicht aber auch andere Standorte besuchen. Derartige Besuche wären allerdings nötig, um die tatsächliche Rechtskonformität des gesamten Unternehmens überprüfen. Eine solche Vorgehensweise geht weit über den von der Verordnung geforderten Prüfungsablauf[454] hinaus und bürdet dem Gutachter eine deutlich über die Standortkontrolle hinausgehende, zeitaufreibende und aufwendige Arbeit auf. Die sehr detailliert vorgenommene Beschreibung des Prüfungsverfahrens durch den Umweltgutachter spricht damit ebenfalls gegen eine Pflicht, die Einhaltung des Rechts durch das gesamte Unternehmen zu überprüfen.

---

[453] Anhang III B 2 EMAS-VO.

[454] vgl. 4. Kapitel Abschnitt A.

e. Reiner Formalismus für rechtstreue Unternehmen

Gegen eine Einbeziehung der tatsächlichen Feststellung der Übereinstimmung mit Umweltnormen in der Umweltpolitik spricht auch das unbillige Ergebnis für diejenigen Unternehmen, die sogar die Umweltvorschriften einhalten und den Umweltschutz am Standort verbessern, die Rechtskonformität im Rahmen der Umweltpolitik nur als Zielvorgabe festschreiben. Ihre Umweltpolitik entspräche bei einer Verpflichtung zur Einbeziehung einer Feststellung, daß alle einschlägigen Umweltvorschriften eingehalten werden, nicht der EMAS-VO und eine Gültigerklärung dürfte nicht erfolgen. Aus Sinn und Zweck von Art. 8 Abs. 4 EMAS-VO ergibt sich jedoch, daß rechtskonform arbeitenden Standorten die Eintragung nicht verweigert werden soll, sondern diese vielmehr in den Genuß der Teilnahmeerklärung kommen sollen. Standorte, die der Zielsetzung der EMAS-VO zur "kontinuierlichen Verbesserung des betrieblichen Umweltschutzes"[455] nachkommen und die Vorschriften einhalten, sollen grundsätzlich eingetragen werden. Es wäre purer Formalismus, die tatsächliche Einhaltung des Rechts im Rahmen der Umweltpolitik zu fordern, obwohl dies dem Wortlaut der Verordnung nicht zu entnehmen ist und die EMAS-VO sehr detailliert die Voraussetzungen für eine Gültigerklärung und Eintragung regelt.

3. Zwischenergebnis

Die Feststellung der tatsächlichen Einhaltung der einschlägigen Umweltvorschriften ist nach bisher gesagtem nicht Bestandteil der Umwelt-politik des Unternehmens. Der Umweltgutachter hat die Umweltpolitik nur im Rahmen einer "Systemprüfung" daraufhin zu überprüfen, ob eine Zielsetzung vorliegt, das Umweltrecht mit all seinen einschlägigen Vorschriften einzuhalten. Eine Pflicht, die tatsächliche Einhaltung des Umweltrechts durch das gesamte Unternehmen zu kontrollieren, trifft ihn nicht.

II. Pflicht zur Kontrolle der Rechtskonformität am Standort

Es ergibt sich auch keine eigenständige Pflicht des Umweltgutachters, die Einhaltung der Vorschriften am Standort umfassend zu kontrollieren.

---

[455] Art. 1 Abs. 2 EMAS-VO.

1. Wortlaut

Der Wortlaut läßt sich zwar für eine solche Pflicht nicht anführen, geht allerdings von einer Sachprüfung durch den Umweltgutachter aus.

a. Umweltprogramm

Bei der Beschreibung des Umweltprogramms wird die Einhaltung der Umweltvorschriften nicht erwähnt. Der Gutachter hat das Umweltprogramm lediglich auf die Übereinstimmung mit den Vorgaben der EMAS-VO zu kontrollieren, ob also konkrete Maßnahmen und Ziele festgelegt wurden. Im Rahmen dieses Systemelements braucht er daher nur eine Systemprüfung vornehmen.

b. Umweltmanagementsysteme

Innerhalb der Umweltmanagementsysteme wird die Aufstellung eines Verzeichnisses mit Rechts- und Verwaltungsvorschriften verlangt.[456] Ob damit gleichzeitig eine Verpflichtung einhergeht, diese Vorschriften am Standort auch strikt einzuhalten oder nur auf ihre Einhaltung hinzuwirken, schreibt der Wortlaut der Verordnung dagegen nicht ausdrücklich vor. Damit läßt sich ihm auch nicht entnehmen, ob der Gutachter über das Aufstellen dieses Verzeichnisses hinaus auch die tatsächliche Einhaltung des Rechts im Rahmen der Überprüfung des Umweltmanagementsystems zu kontrollieren hat.

Aus der Formulierung, daß der Umweltgutachter "das Funktionieren des Umweltmanagementsystems"[457] zu überprüfen hat, läßt sich jedoch entnehmen, daß ihm nicht nur die Kontrolle des Vorliegens dieses Systems sondern auch eine inhaltliche (Erfolgs-) Prüfung des Umweltmanagementsystems obliegt. Daher ergibt sich aus dieser Beschreibung der Kontrolle eine über eine reine System- hinausgehende Sachprüfungspflicht.

c. Umweltbetriebsprüfung

Bei der Umweltbetriebsprüfung des Standorts wird sowohl die "Feststellung der Übereinstimmung mit den einschlägigen Umweltvorschriften" als Ziel des

---

[456] Anhang I B 3 EMAS-VO.
[457] Anhang III B 1 EMAS-VO.

Umweltbetriebsprüfungsprogramms angestrebt[458] als auch die Normkonformität zum Gegenstand der Überprüfung durch den Betriebsprüfer gemacht:[459] Er "ermittelt, ob der Standort den geltenden Normen entspricht". Wie das Resultat dieser Ermittlung auszusehen hat, insbesondere, ob die Einhaltung des Rechts positiv festgestellt werden muß, ergibt sich aus dieser Formulierung nicht. Ihr läßt sich lediglich entnehmen, daß der Grad der Übereinstimmung mit dem geltenden Recht zu ermitteln ist, um zu prüfen, inwieweit die Zielvorgabe erreicht wurde.

Außerdem ergibt sich aus dem Wortlaut nicht, daß der Gutachter diese Prüfung ebenfalls vorzunehmen hat. Seine Aufgabe ist es, die Übereinstimmung der Umweltbetriebsprüfung mit den Vorgaben der EMAS-VO und insbesondere ihre technische Eignung zu kontrollieren. Es soll sogar auf jede unnötige Doppelarbeit verzichtet werden.[460] Eine Pflicht, ebenfalls zu ermitteln, ob der Standort den geltenden Normen entspricht, ist nicht ausdrücklich geregelt.

Aus der Pflicht zur Überprüfung der technischen Eignung ergibt sich ebenfalls eine Pflicht, nicht nur das Vorliegen des Systemelements Betriebsprüfung zu kontrollieren, sondern auch einer inhaltlichen Sachprüfung nachzugehen.

d. Umwelterklärung

Bei der Beschreibung der Umwelterklärung werden die einschlägigen Rechtsvorschriften nicht erwähnt. Da die tatsächliche Einhaltung des Rechts nach nicht ausdrücklich von der EMAS-VO einem der Bestandteile der Umwelterklärung zugeordnet wird, hat nach dem Wortlaut auch keine Feststellung zu erfolgen, ob am Standort tatsächlich alle einschlägigen Umweltrechtsvorschriften eingehalten werden. Von der EMAS-VO ist daher im Rahmen der Überprüfung der Umwelterklärung die Kontrolle der Einhaltung des Rechts nicht explizit vorgesehen.

Der Wortlaut geht jedoch davon aus, daß der Gutachter die Zuverlässigkeit der Angaben in der Umwelterklärung zu überprüfen hat.[461] Auch diese Prüfung geht

---

[458] Anhang II A EMAS-VO.

[459] Anhang II E 1 EMAS-VO.

[460] Anhang III B 1 EMAS-VO.

[461] Art. 4 Abs. 5 d EMAS-VO.

über eine reine Systemprüfung hinaus und stellt eine Sachprüfung auf die inhaltliche Richtigkeit hin dar.

Außerdem hat eine Kontrolle der angemessenen Berücksichtigung von wichtigen Umweltfragen zu erfolgen.[462] Dies stellt eine Sachprüfung auf materielle Gesichtspunkte hin dar.

e. Zertifizierung: Art. 8 Abs. 4 EMAS-VO

Im Rahmen des Zertifizierungsverfahrens ist die Einhaltung der einschlägigen Rechtsvorschriften am Standort zu berücksichtigen, wenn die zuständige Vollzugsbehörde die Eintragungsstelle von einem Verstoß gegen geltendes Recht unterrichtet.[463] Dies ist der einzige von der Verordnung ausdrücklich vorgesehene Fall, bei dem für die Nichteinhaltung der einschlägigen Rechtsvorschriften am Standort Rechtsfolgen angeordnet werden. Diese Vorschrift greift vom Wortlaut her nur bei Intervention durch die Vollzugsbehörde ein. Über die Prüfung durch den Gutachter sagt sie nichts aus. Wenn die Eintragungsstelle auf anderem Weg von einem Verstoß gegen Vorschriften erfährt, ist die Ablehnung der Eintragung nicht vorgeschrieben.

Ebensowenig kommt zum Ausdruck, daß ausschließlich bei diesem Eingreifen der Behörde eine Eintragung zu unterbleiben hat. Aus dem Wortlaut läßt sich nicht schließen, daß lediglich bei Unterrichtung durch die Vollzugsbehörde die Eintragung nicht vollzogen werden darf, da sich keine Formulierungen wie "nur" oder "ausschließlich" in der Vorschrift finden, die das Unterbleiben der Eintragung bei Verstoß gegen Umweltvorschriften auf diese Konstellation begrenzen.

Aus dem Wortlaut läßt sich daher zwar keine Prüfungspflicht des Gutachters entnehmen, er schließt allerdings auch nicht eine Interpretation aus, daß nach dem Sinn und Zweck der Vorschrift nur verpflichtungs- und damit rechtskonform arbeitende Standorte eingetragen werden dürfen und der Gutachter daher eine Prüfung vorzunehmen habe.

---

[462] Art. 4 Abs. 5 d EMAS-VO.

[463] Art. 8 Abs. 4 EMAS-VO.

f. Zwischenergebnis

Der Wortlaut der EMAS-VO beschränkt die Prüfung des Umweltgutachters nicht auf eine reine Systemprüfung, sondern geht auch von einer Sachprüfung des Gutachters aus.

Es finden sich jedoch keine ausdrücklichen Regelungen, die besagen, daß er die Einhaltung aller einschlägigen Umweltvorschriften am Standort umfassend zu kontrollieren habe. Seine Aufgaben sind abschließend geregelt.

Wegen der Möglichkeit von Sachprüfungen kann sich eine Pflicht zur Kontrolle der Rechtskonformität daher nur aus systematischen Gründen ergeben.

2. Systematische Argumente für Prüfung der Rechtskonformität am Standort

Eine generelle Prüfungspflicht des Gutachters, ob die Vorschriften am Standort eingehalten werden, läßt sich mit systematischen Argumenten allerdings nicht stichhaltig begründen. Aus der Gesamtschau der Vorschriften läßt sich nur eine Sachprüfung dergestalt herleiten, daß der Umweltgutachter bei Kenntnis von Rechtsverstößen zu überprüfen hat, ob das EMAS-System den Vorgaben der Verordnung entspricht. Die Nichteinhaltung des Rechts ist lediglich ein Indiz für die fehlende Funktionsfähigkeit einzelner Systemelemente am Standort.

a. Art. 8 Abs. 4 EMAS-VO

Art. 8 Abs. 4 EMAS-VO ist kein taugliches systematisches Argument für die Herleitung einer allgemeinen Prüfungspflicht.

Denn eine solche Pflicht ergibt sich nicht aus der Auslegung von Art. 8 Abs. 4 EMAS-VO. Aus dieser Vorschrift läßt sich nicht herleiten, daß nur verpflichtungskonform arbeitende Standorte eingetragen werden dürfen und deshalb der Gutachter die Einhaltung des Rechts zu überprüfen und bei fehlender Rechtskonformität eine Validierung zu verweigern habe.

aa. Wortlautauslegung

Der Wortlaut des Art. 8 Abs. 4 EMAS-VO läßt grundsätzlich auch die Interpretationsmöglichkeit zu, daß nach dem Sinn und Zweck der Vorschrift nur verpflichtungs- und damit rechtskonform arbeitende Standorte eingetragen werden dürfen.[464]

bb. Systematische Auslegung

Diese Interpretation entspricht jedoch nicht der systematischen Auslegung des Art. 8 Abs. 4 EMAS-VO im Zusammenhang mit den übrigen Vorschriften des Art. 8 EMAS-VO.

Dieser Artikel ist die einschlägige Norm für die Eintragung in das Standortregister.

Abs. 1 legt die allgemeinen Voraussetzungen für die Eintragung fest: Vorlage einer validierten Umwelterklärung, Zahlung einer Eintragungsgebühr und Glaubhaftmachen, daß der Standort alle Bedingungen der Verordnung erfüllt.

Abs. 2 ergänzt diese Vorschrift dahingehend, als daß er die Häufigkeit der Aktualisierung des Standortregisters festlegt.

Abs. 3 ordnet als nachträgliche Anordnung die Streichung aus dem Standortregister an, wenn nach Eintragung die registerführende Stelle auf irgendeine Weise erfährt, daß die Eintragungsvoraussetzungen des Abs. 1 nicht mehr gegeben sind, und stellt im Verhältnis zu Abs. 1 einen speziellen Widerrufstatbestand dar.[465]

Er knüpft dabei an dieselben formell überprüfbaren Tatbestandsvoraussetzungen wie Abs. 1 an und regelt die Rechtsfolgen, wenn diese Voraussetzungen nachträglich nicht mehr erfüllt sind. Beiden Absätzen ist gemeinsam, daß ihre Rechtsfolgen Eintragung bzw. Streichung grundsätzlich Bestand haben sollen. Prinzipieller Unterschied zwischen beiden Absätzen ist, daß Abs. 1 auf die Eintragung und Abs. 3 auf die Situation nach Eintragung abstellt. Abs. 3 ergänzt Abs. 1 daher in zeitlicher Hinsicht.

Abs. 4 ist hingegen Spezialvorschrift zu beiden Normen. Sprachlich läßt sich eine solche Spezialität zwar nicht feststellen. Denn es fehlt ein sprachlicher Bezug zu den vorangegangen Absätzen. Weder Konjunktionen wie "dagegen", "aber" oder "allerdings" stellen einen derartigen Bezug her, noch bezieht er sich auf die Tatbestandsvoraussetzungen Validierung, Eintragungsgebühr oder Ü-

---

[464] vgl. Abschnitt B. II. e. in diesem Kapitel.

[465] vgl. 2. Kapitel Abschnitt A. VIII.

bereinstimmung mit den Bestimmungen mit der Verordnung, sondern auf den Verstoß gegen einschlägige Umweltvorschriften am Standort.

Der Spezialcharakter kommt aber durch die systematische Stellung des Abs. 4 zum Ausdruck. Erstes Indiz ist die in Art. 8 gewählte Reihenfolge: Abs. 4 folgt auf die allgemeinen Anforderungen der Absätze 1 bis 3.

Einen weiteren Anhaltspunkt bietet der Regelungsgehalt des Abs. 4 im Verhältnis zu den vorangegangenen Absätzen. Er stellt nicht auf die oben genannten Eintragungsvoraussetzungen ab, sondern auf die Unterrichtung durch die Vollzugsbehörde über einen Rechtsverstoß. Zeitlich erfaßt er sowohl die Eintragung als auch jeden beliebigen späteren Zeitpunkt.

Abs. 1 schränkt er materiell ein, da die Meldung durch die Vollzugsbehörde zur Ablehnung der Eintragung führt. Die Unterrichtung durch die Behörde ist daher als zusätzliches negatives Tatbestandsmerkmal für die Eintragung zu verstehen.

Für die Zeit nach der Eintragung ist Abs. 4 ein spezieller Widerrufstatbestand des Abs. 1 und gleichzeitig eine Spezialvorschrift zu dem in Abs. 3 geregelten Widerruf. Denn die Information stellt wie schon im Verhältnis zu Abs. 1 eine spezielle materielle Tatbestandsvoraussetzung dar.

Die Unterrichtung durch die Vollzugsbehörde über den Verstoß gegen einschlägige Umweltvorschriften ist als ergänzendes Tatbestandsmerkmal für die nachträgliche Anordnungen zu begreifen und stellt eine materielle Einschränkung des Abs. 3 dar.

Art. 8 Abs. 3 EMAS-VO ist daher eher Überprüfungsnorm für formelle Voraussetzungen im gerichtlichen Verfahren, während die materiell-rechtliche Frage der Einhaltung der Vorschriften, die sich nicht aus der EMAS-VO ergeben, von Art. 8 Abs. 4 EMAS-VO geregelt ist.[466]

Durch das zusätzliche Tatbestandsmerkmal der Unterrichtung durch die Vollzugsbehörde kommt folglich der Spezialcharakter von Abs. 4 zum Ausdruck.

Darüber hinaus sind seine Rechtsfolgen im Verhältnis zu den Absätzen 1 und 3 spezieller. Abs. 4 geht im Gegensatz zu den anderen Absätzen grundsätzlich davon aus, daß die in ihm vorgesehenen Maßnahmen, vorübergehende Ablehnung der Eintragung oder vorübergehende Aufhebung der Eintragung, unter

---

[466] so auch Sellner/Schnutenhaus, Umweltmanagement, NVwZ 1993, S. 928 (934).

besonderen Voraussetzungen, d.h. bei entsprechender Unterrichtung durch dieselbe Behörde, rückgängig zu machen sind, Art. 8 Abs. 4 Satz 2 EMAS-VO.

Wegen dieser bewußt vom Verordnungsgeber geregelten Unterschiede sowohl im Tatbestand als auch in den Rechtsfolgen zu den Absätzen 1 und 3, ergibt sich aus Abs. 4 gerade nicht, daß die Einhaltung des Rechts generell von der Verordnung verlangt ist.

Wenn die EMAS-VO die Rechtskonformität generell verlangte, hätte dies zur Konsequenz, daß der Standort bei fehlender Rechtskonformität nicht mit den Bestimmungen der Verordnung übereinstimmte. Der Verstoß gegen einschlägige Umweltvorschriften am Standort ist jedoch ein Spezialfall, der ausschließlich von Abs. 4 geregelt ist. Ansonsten hätte es sowohl in Tatbestand als auch in den Rechtsfolgen zum Ausdruck kommen müssen, daß die Einhaltung des Rechts auch von den vorangegangenen Absätzen erfaßt ist. Solche Anhaltspunkte sind nicht ersichtlich. Ein Rechtsverstoß am Standort führt daher außer in den Fällen des Abs. 4 nur dann zur Ablehnung oder Streichung der Eintragung, wenn er die Fehlerhaftigkeit eines EMAS-Systemelements begründet und der Standort deshalb nicht mit den Vorgaben der Verordnung übereinstimmt.

cc. Zwischenergebnis

Nach der Auslegung des Art. 8 Abs. 4 EMAS-VO ergibt sich keine generell von der EMAS-VO den Unternehmen am Standort auferlegte Pflicht, die Umweltvorschriften einzuhalten, die vom Umweltgutachter umfassend zu überprüfen wäre.

dd. Konsequenzen unterschiedlicher Auslegungen

Dieses Ergebnis wird auch dadurch bestätigt, wenn man die Konsequenzen der hier vorgenommen Auslegung mit derjenigen vergleicht, die Art. 8 Abs. 4 EMAS-VO eine Pflicht zur Kontrolle der Rechtskonformität entnimmt. Denn die Anwendungsbereiche der Vorschriften des Art. 8 EMAS-VO unterscheiden sich sehr, je nach dem, ob man sich für oder gegen eine generelle Prüfungspflicht des Umweltgutachters entscheidet. Dabei ist nur die am Wortlaut orientierte Auslegung in sich widerspruchsfrei.

aaa. wortlautorientierte Auslegung

Wenn man sich enger am Wortlaut orientiert und eine generell vom Gutachter umfassend zu überprüfende Pflicht zur Rechtskonformität verneint, ist der Anwendungsbereich der Vorschriften des Art. 8 EMAS-VO klar umrissen.

Die Absätze 1 und 3 kommen zur Anwendung, sofern die allgemeinen Eintragungsvoraussetzungen nicht erfüllt werden. Ein Rechtsverstoß bleibt sanktionslos, soweit er nicht zu einem Verstoß gegen die Bestimmungen der EMAS-VO führt, d.h. ein Systemelement nicht den Anforderungen der Verordnung entspricht.

Art. 8 Abs. 4 EMAS-VO ist die einzige Vorschrift, bei dem ein Verstoß gegen geltendes Recht unmittelbar zu den zuvor genannten allerdings vorübergehenden Rechtsfolgen führt.

bbb. Auslegung, die eine Prüfungspflicht bejaht

Wenn man der Ansicht folgt, der Gutachter habe die am Standort einzuhaltende Einhaltung des Rechts generell zu kontrollieren, ändert sich der Regelungsgehalt dieser Vorschriften:

Da die Einhaltung des Rechts nach dieser Auffassung ebenfalls zu den Anforderungen der EMAS-VO gehört, setzt Art. 8 Abs. 1 EMAS-VO nicht nur voraus, daß der Standort den ausdrücklich genannten Anforderungen der Verordnung entspricht und die Eintragungsvoraussetzungen vorliegen, sondern auch, daß kein Rechtsverstoß gegeben ist. Wenn der Gutachter diesen geahndet hat, darf er die Umwelterklärung nicht für gültig erklären. Die Eintragung unterbleibt wegen der fehlenden Eintragungsvoraussetzung Validierung.

Hat der Gutachter dennoch für gültig erklärt, erkennt aber die Eintragungsstelle den Verstoß, muß sie zwangsläufig zur Ansicht gelangen, daß die Übereinstimmung mit den Bestimmungen der Verordnung trotz Validierung nicht glaubhaft gemacht ist. Denn wenn die Teilnahmeerklärung ausschließlich für rechtstreue Standorte reserviert sein soll, und damit die Feststellung der tatsächlichen Rechtskonformität zur Umweltpolitik, zum Umweltmanagementsystem, der Umweltbetriebsprüfung oder der Umwelterklärung gehört, entspricht der Standort bei Verstoß gegen geltendes Umweltrecht insoweit nicht mehr Art. 3 und Anhang I EMAS-VO. Eine Eintragung hat in diesem Fall ebenfalls nach Abs. 1 zu unterbleiben. Der Anwendungsbereich des

Abs. 1 zu unterbleiben. Der Anwendungsbereich des Abs. 1 wird daher nach dieser Auslegung über den Wortlaut hinaus weit ausgedehnt.

Gleiches gilt für Art. 8 Abs. 3 EMAS-VO in den Fällen nach Eintragung. Diese Vorschrift kommt nicht nur zur Anwendung, wenn die Eintragungsvoraussetzungen nicht vorliegen, sondern ist auch bei nachträglicher Unterrichtung irgendeiner Stelle, auch des Umweltgutachters, über Rechtsverstöße grundsätzlich die einschlägige Vorschrift für nachträgliche Anordnungen, da nach dieser Auffassung der Standort bei fehlender Einhaltung des Rechts nicht die Bestimmungen der Verordnung erfüllt. Die Nachricht vom Rechtsverstoß führt danach schon zur endgültigen Streichung aus dem Register.

Der Anwendungsbereicht des Art. 8 Abs. 4 EMAS-VO wird gegenüber der wortlautorientierten Auslegung eingeschränkt, und zwar insbesondere innerhalb des Eintragungsverfahrens.

Wegen des ausgedehnten Anwendungsbereiches von Art. 8 Abs. 1 EMAS-VO ist Abs. 4 dann auf die Fälle beschränkt, in denen der Gutachter trotz Rechtsverstoßes validiert hätte, was dann pflichtwidrig geschehen wäre. Der unabhängige Gutachter hätte entweder den Rechtsverstoß gar nicht geprüft, nicht gesehen oder trotz Kenntnis nicht gerügt und demnach validiert und gegen seine Prüf- und Rügepflichten[467] verstoßen und die Eintragungsstelle hätte vom Rechtsverstoß auch nicht auf andere Weise Kenntnis erlangt.

Wenn der Gutachter bereits die Einhaltung der Umweltvorschriften zu prüfen hätte, würde eine Benachrichtigung durch die Vollzugsbehörde nur noch in diesen wenigen Fällen erfolgen. Abs. 4 hätte bei dieser Auslegung nur noch einen geringen Anwendungsbereich, da im Regelfall bereits durch die Tätigkeit des Umweltgutachters bzw. durch die Aufmerksamkeit der Eintragungsbehörde eine Eintragung zu unterbleiben hätte.

Für die Zeit nach dem Eintragungsverfahren sind die Anwendungsbereiche nach beiden Auslegungen identisch. Sobald die Vollzugsbehörde die Registrierungsstelle über einen Rechtsverstoß informiert, sind die speziellen Rechtsfolgen des Art. 8 Abs. 4 EMAS-VO heranzuziehen.

---

[467] Anhang I B EMAS-VO.

ccc. Schlußfolgerung

Letztgenannte Auslegung geht weit über den Wortlaut der EMAS-VO hinaus. Sowohl Gutachter als auch Registrierungsstelle, müßten trotz der ausführlichen Regelungen, insbesondere in den Anhängen der EMAS-VO, zusätzlich davon ausgehen, daß der Standort generell nicht der Verordnung entspricht, wenn an ihm gegen einschlägige Umweltvorschriften verstoßen wird.

Dies wird von der EMAS-VO nicht verlangt. Denn die Umweltpolitik und die anderen Systemelemente werden vom Gutachter vorrangig nicht auf die Einhaltung des Rechts sondern auf Übereinstimmung mit der Verordnung überprüft, Art. 4 Abs. 3 EMAS-VO. Gerade diese "Übereinstimmung mit der Verordnung" ist auch Prüfungsgegenstand im Rahmen der Art. 8 Absätze 1 und 3. Die Prüfung der Einhaltung der einschlägigen Umweltvorschriften ist dagegen von Abs. 4 vorgesehen. Es ist nicht ersichtlich, daß diese Prüfung ebenfalls unter die "Übereinstimmung mit der Verordnung" fällt. Nur wenn sich ergibt, daß insbesondere Umweltbetriebsprüfung und Umweltmanagementsystem nicht funktionsfähig sind, was auf die fehlende Rechtskonformität zurückzuführen sein kann, kommt eine fehlende Übereinstimmung mit den Vorgaben der Verordnung in Betracht. Von Art. 8 Abs. 4 EMAS-VO ist damit nicht explizit verlangt, daß der Standort generell die Vorschriften einzuhalten hat und daraufhin vom Umweltgutachter zu überprüfen ist..

Es ist auch unverständlich, warum bei letztgenannter Auslegung ausschließlich bei Unterrichtung durch die Behörde die vorgesehenen Maßnahmen rücknehmbar sind, in allen anderen Fällen der Unterrichtung nicht. Dies hätte die Privilegierung eines Standortes, der von den Vollzugsbehörden strenger überwacht wird, gegenüber den übrigen zur Folge. Wenn die Eintragungsstelle auf anderem Wege von einem Rechtsverstoß an einem Standort unterrichtet wird, muß sie diesen endgültig streichen, obschon davon auszugehen ist, daß die Information durch die fachkundige Vollzugsbehörde glaubhafter sein dürfte als von irgendeiner anderen Stelle. Die nicht so gesicherte Information führt aber zu einschneiderenden Maßnahmen als die von der fachkundigen Stelle. Dieser Wertungswiderspruch ergibt sich nur bei einer Auslegung, die eine umfassende Prüfungspflicht des Umweltgutachters bejaht. Wegen dieses Widerspruchs ist diese Auffassung abzulehnen.

Diesen Widerspruch, der sich nur bei Annahme einer Prüfungspflicht ergibt, können auch die Verfahrensregelungen des UAG zur Berücksichtigung der Parteien in den Fällen des Art. 8 EMAS-VO[468] nicht ausräumen. Den Unternehmen wird sowohl für die Eintragung gemäß Art. 8 Abs. 1 EMAS-VO als auch die nachträgliche Anordnung nach Art. 8 Abs. 3 EMAS-VO ein Anhörungsrecht vor Ergreifen der Maßnahme eingeräumt.[469] Bei Streitigkeiten zwischen Umweltbehörde und Unternehmen soll die Eintragung nach Abs. 1 bis zur Klärung ausgesetzt werden,[470] und im Zweifel die Sanktionen des Art. 8 Abs. 3 und 4 EMAS-VO nur bei rechtskräftigem Bußgeldbescheid bzw. vollziehbarem Verwaltungsakt, die sich auf die Rechtsverstöße beziehen, angewandt werden[471]. Diese Regelungen führen dazu, daß es zur endgültigen Streichung nur dann kommen kann, wenn die Unternehmen genügend gehört worden, Zweifel ausgeräumt sind bzw. gegen die Feststellung der Rechtsverstöße keine Rechtmittel, nur noch der Rechtsbehelf in § 80 Abs. 5 VwGO gegen die Vollziehbarkeit des Verwaltungsaktes, gegeben sind. Sie modifizieren aber lediglich das Verwaltungsverfahren vor der endgültigen Streichung, ohne den endgültigen Charakter der Streichung zu ändern. Sofern man der Auffassung von einer umfassenden Prüfpflicht folgt, verbleibt es auch nach den deutschen Regelungen bei der widersprüchlichen Privilegierung der Standorte, deren Rechtsverstöße von der Vollzugsbehörde gemeldet werden.

Schon allein die Überdehnung bzw. Einschränkung der Anwendungsbereiche der verschiedenen Abschnitte des Art. 8 EMAS-VO führen daher dazu, daß der Auffassung für eine generelle Prüfungspflicht des Gutachters nicht zu folgen ist.

ee. Unzureichende Begründungen

Ebensowenig vermögen die Begründungen für eine Auslegung des Art. 8 Abs. 4 EMAS-VO, daß diese Vorschrift generell die Einhaltung des Rechts verlange und dies vom Gutachter zu prüfen sei, zu überzeugen.

---

[468] entsprechend dem Regelungsauftrag in Art. 18 Abs. 2 Satz 2 EMAS-VO.
[469] §§ 33 Abs. 2, 34 Nr. 1 UAG.
[470] §§ 33 Abs. 2 UAG.
[471] § 34 UAG.

Das Argument der vorhersehbaren Intervention der Vollzugsbehörde trägt in sich Widersprüche. Einerseits müßten bei Verneinung einer Prüfpflicht des Gutachters Validierungen auch dann erfolgen, wenn feststehe, daß die Eintragungsfähigkeit aufgrund einer vorhersehbaren vollzugsbehördlichen Intervention nicht gegeben sei.[472] Andererseits hinge es oft von zufälligen und mit Sicherheit unterschiedlichen Erkenntnissen und Verhaltensweisen der jeweils zuständigen Vollzugsbehörden ab, wann und ob überhaupt die Vollzugsbehörden nach Art. 8 Abs. 4 EMAS-VO von ihrem Interventionsrecht Gebrauch machten. [473] Wenn die Intervention aber zufällig und unsicher ist, dann kann sie für den Gutachter nicht, wie behauptet, vorhersehbar sein. Aus seiner Sicht und aufgrund seiner Prüfung weiß er in der Regel nicht, ob die Vollzugsbehörde aufgrund der Kenntnis von Rechtsverstößen am Standort in das Registrierungsverfahren eingreifen wird. Demzufolge trifft die mögliche Intervention der Vollzugsbehörde keine Aussage über die Eintragungsfähigkeit des Standorts.

Es ist auch nicht überzeugend, wenn die Auslegung des Art. 8 Abs. 4 EMAS-VO mit der Verhinderung unterschiedlicher Umweltschutzniveaus begründet wird. Standorte mit völlig unterschiedlichem Umweltschutzniveau könnten, obwohl gerade dies mit der Einfügung der Verpflichtung zur Normkonformität als Mindeststandard verhindern werden sollte, gleichermaßen in den Genuß zur Führung einer Teilnahmeerklärung kommen.[474]

Da zwischen den einzelnen Mitgliedstaaten ohnehin ein unterschiedliches Umweltschutzniveau aufgrund unterschiedlicher Umweltrechtsvorschriften und Rechtssystemen existiert, kann selbst die Normkonformität keinen europaeinheitlichen Standard gewährleisten. So ist das deutsche Umweltrecht durch zahlreiche Ordnungsvorschriften, Gebote und Verbote geprägt, während zum Beispiel in Großbritannien weniger staatliche Reglementierungen sondern vielmehr ausfüllungsbedürftige allgemeine Zielsetzungen vorliegen, über die sich die Behörden und Unternehmen auf dem Verhandlungswege einigen.[475] Ein Mindeststandard ergibt sich allenfalls in Deutschland durch die Einhaltung der

---

[472] Lübbe-Wolff, EU-Verordnung, DVBl. 1994, S. 361 (369); Kothe, UmweltauditR, 1997, Rn. 284.

[473] Lübbe-Wolff, EU-Verordnung, DVBl. 1994, S. 361 (369).

[474] Lübbe-Wolff, EU-Verordnung, DVBl. 1994, S. 361 (369).

[475] Sellner/Schnutenhaus, Umweltmanagement, NVwZ 1993, S. 928 (929).

Vorschriften, nicht aber europaweit. Im europäischen Rahmen ist die Verbesserung des betrieblichen Umweltschutzes Richtschnur für die Tätigkeit an den Standorten.
Im übrigen hat Deutschland ein vergleichsweise hohes Umweltschutzniveau und die EMAS-VO bewirkt keine Angleichung des Niveaus in den einzelnen Mitgliedstaaten.[476] Das führt dazu, daß bei der Forderung der Einhaltung der Vorschriften dieser Niveauunterschied bestehen bleibt, anstatt aufgehoben zu werden. Die EMAS-VO führte dann nicht zu einem europaweiten Mindeststandard, sondern zur Beibehaltung des Status quo. Da es sich um eine europäische Verordnung handelt, ist sie auch im europäischen Kontext auslegen. Dies führt dazu, daß die mögliche Gewährleistung eines nationalen Mindeststandards kein entscheidendes Argument ist.

Die Verpflichtung zur Einhaltung der Vorschriften kann im europäischen EMAS-System keinen Mindeststandard bewirken, so daß die generelle Überprüfung der Rechtskonformität auch nicht zu einem einheitlichen Umweltschutzniveau führen kann.

Darüber hinaus wird nicht schlüssig begründet, wie sich vom Zertifizierungsverfahren Rückschlüsse auf die Validierung und die Umweltpolitik ergeben.

Für die These, für nicht rechtskonform arbeitende Standorte dürfte die Umwelterklärung nicht für gültig erklärt werden, spreche Art. 8 Abs. 4 EMAS-VO, aus dem sich ergeben solle, daß die Rechtskonformität unmittelbar Gegenstand des Zertifizierungsverfahrens sei.[477] Bis auf den in dieser Vorschrift geregelten Spezialfall der Intervention durch die Vollzugsbehörde ist nach der EMAS-VO die Einhaltung des Rechts nicht unmittelbar im Zertifizierungs-verfahren zu prüfen. Eine solche Überprüfung ergibt sich allenfalls mittelbar aus der Kontrolle mit Übereinstimmung mit den Vorgaben der Verordnung.

Selbst wenn man der Ansicht folgt, nach der die Einhaltung aller einschlägigen Umweltvorschriften für alle teilnehmenden Standorte Eintragungsvoraussetzung ist, läßt sich daraus nicht folgern, daß die Einhaltung des Rechts auch Gegenstand der Validierung ist.

---

476 Pohl, Umweltaudits, BB 1998, S. 381 (385).
477 Lübbe-Wolff, EU-Verordnung, DVBl. 1994, S. 361 (369).

Für eine Einbeziehung der Rechtskonformität am Standort in die Validierung werden vor allem die unbilligen Ergebnisse angeführt, wenn trotz Rechtsverstoß eine Gültigerklärung erfolgen müßte. Wegen dieser Resultate sei die Normkonformität nicht nur im Zertifizierungsverfahren sondern schon bei der Validierung zu prüfen.[478] Dabei unterbleibt eine exakte Differenzierung zwischen Validierung und Zertifizierung. Es wird die in der Verordnung angelegte Arbeitsteilung zwischen Umweltgutachter und Eintragungsstelle vernachlässigt.[479]

Der Zusammenhang zwischen Validierung und Zertifizierung wird darin gesehen, daß die Validierung die Eintragungsfähigkeit bestätigen solle.[480] Nach dieser Ansicht wird davon ausgegangen, daß bereits mit der abgeschlossenen Validierung der Standort eintragungsfähig sei. Aus Art. 8 Abs. 1 EMAS-VO ergibt sich jedoch, daß die Validierung alleine nicht für die Eintragungsfähigkeit ausreicht. Neben Zahlung der Eintragungsgebühr, der Glaubhaftmachung, der Standort habe alle Voraussetzungen der Verordnung erfüllt, und dem Nichtvorliegen einer vollzugsbehördlichen Mitteilung ist die Gültigerklärung zwar die wichtigste, aber nur eine von mehreren Bedingungen für die Eintragung und die Eintragungsfähigkeit. Sie ist notwendige, aber nicht hinreichende Bedingung[481] für die Eintragung und macht allein den Standort noch nicht eintragungsfähig. Vor allem kann sie nicht die anderen Voraussetzungen und damit diese Fähigkeit bestätigen, da diese Bedingungen erst spätestens mit dem Antrag auf Eintragung in das Verzeichnis vorliegen müssen. Zwar dürfte im Regelfall eine validierte Umwelterklärung für die Glaubhaftmachung ausreichen.[482] Doch eine darüber hinausgehende Glaubhaftmachung neben der validierten Umwelterklärung ist noch erforderlich, wenn Zweifel bestehen, daß der Standort nicht den Anforderungen der EMAS-VO entspricht.[483] Drängt sich der registerführenden Stelle der Verdacht eines Rechtsverstoßes auf, ist sie berechtigt,

---

[478] Lübbe-Wolff, EU-Verordnung, DVBl. 1994, S. 361 (369).
[479] Müggenborg, Prüfungsumfang, DB 1996, S. 125 (126).
[480] Lübbe-Wolff, EU-Verordnung, DVBl. 1994, S. 361 (369).
[481] so auch Scherer/Bartsch in: Landmann/Rohmer, UmweltR, 1998, Bd. III, Vorb. UAG Rn. 53.
[482] Feldhaus in: Rengeling, EUDUR, 1998, Bd. I, § 36 Rn. 72.
[483] Scherer/Bartsch in: Landmann/Rohmer, UmweltR, 1998, Bd. III, Vorb. UAG Rn. 53.

Nachprüfungen anzustellen.[484] Durch die nicht überzeugende Definition der Eintragungsfähigkeit wird damit ein Zusammenhang zwischen Validierung und Verifizierung hergestellt, der sich aus der Verordnung nicht herleiten läßt. Damit stützt sich diese Argumentation auf eine nicht exakte Differenzierung zwischen Gültigerklärung und Eintragung und ist insofern nicht schlüssig.
Die Eintragung trotz Rechtsverstößen am Standort führt auch nicht zu unbilligen Ergebnissen. Denn einerseits hat es die Vollzugsbehörde in der Hand, die Eintragung in diesem Fall nach Art. 8 Abs. 4 EMAS-VO zu verhindern. Andererseits wird ein Rechtsverstoß auch dann nicht zur Eintragung führen, wenn der Gutachter aufgrund der Kenntnis eines solchen Verstoßes zu dem Ergebnis gelangt, die Ziele der Umweltbetriebsprüfung seien nicht erreicht bzw. das Umweltmanagementsystem sei nicht funktionsfähig.

Weiterhin fehlt nach dieser Auffassung eine stichhaltige Begründung, warum die Einhaltung des Rechts zur Eintragungsfähigkeit gehört. Auf der einen Seite wird behauptet, die Eintragungsfähigkeit sei nur dann gegeben, wenn die Standorte rechtskonform arbeiteten.

Auf der anderen Seite wird zur Begründung dieser These dieser Begriff der Eintragungsfähigkeit vorausgesetzt. Bei Verneinung einer Prüfungspflicht durch den Gutachter müßte trotz fehlender Eintragungsfähigkeit, die aufgrund vorhersehbarer Intervention nicht gegeben sei, zertifiziert werden. Die Eintragungsfähigkeit kann allerdings nur dann fehlen, wenn zu ihr die tatsächliche Rechtskonformität gehört. Gerade dies hätte begründet werden müssen.

Die Schwäche der Argumentation liegt also vor allem darin, daß nach der hier kritisierten Auslegung vorausgesetzt wird, daß die Rechtskonformität zur Eintragungsfähigkeit gehört, ohne allerdings dies näher zu begründen.

ff. Teleologische Auslegung von Art. 8 Abs. 4 EMAS-VO

Zu wenig in der bisherigen Diskussion wird berücksichtigt, daß das EMAS-System ein neuartig geregeltes System der Selbstkontrolle der Wirtschaft darstellt. Es geht nicht hauptsächlich darum, ob die dokumentierten Maßnahmen deckungsgleich mit dem Umweltordnungsrecht sind, sondern, ob in der betrieb-

---

[484] Kothe, UmweltauditR, 1997, Rn. 352; Feldhaus in: Rengeling, EUDUR, 1998, Bd. I, § 36 Rn. 72.

lichen Organisation Maßnahmen zur Verbesserung des Umweltschutzes eingeleitet werden, dies glaubhaft und nachvollziehbar dokumentiert wird und langfristige Wirkung zeitigt. Hauptakteure in diesem System sind die Unternehmen, deren Betriebsprüfer, die Umweltgutachter und die Registrierungsstellen. Die Beteiligung der Vollzugsbehörden ist mit Ausnahme von Art. 8 Abs. 4 EMAS-VO nicht vorgesehen und daher kein zentrales Element des EMAS-Systems.

Sinn und Zweck von Art. 8 Abs. 4 EMAS-VO ist es demzufolge, den Vollzugsbehörden als ansonsten nicht direkt am EMAS-System beteiligten Stellen ein Initiativrecht einzuräumen, wenn am Standort derart gegen Umweltvorschriften verstoßen wird, daß ein Unternehmen ordnungsrechtliche Maßnahmen treffen und die Befugnis zur Verwendung der Teilnahmeerklärung dazu im krassen Widerspruch steht. Durch diese würde dann der Anschein erweckt, das Unternehmen setze sich für den Umweltschutz durch interne Prüfungen, Umweltmanagementsysteme und Verbesserungen ein, obschon es sich entgegen den Bestimmungen des Umweltrechts verhält.

Art. 8 Abs. 4 EMAS-VO ist somit dahingehend zu verstehen, daß im Interesse einer einheitlichen Verwaltungspraxis Rechtsverstöße im Ordnungsrecht als auch im EMAS-System gleichermaßen behandelt werden sollen.

gg. Keine Herleitung eines allgemeinen Grundsatzes aus einer Spezialvorschrift

Weiterhin spricht gegen die Annahme, daß sich aus Abs. 4 ergebe, die Verordnung verlange grundsätzlich die Einhaltung des Rechts, der Charakter dieses Absatzes als Spezialnorm.

Aus einer Spezialvorschrift läßt sich kein allgemeiner Grundsatz entnehmen. Wesen einer solchen Vorschrift ist, daß sie nur in den ihr vorgesehen Fällen zur Anwendung gelangt und gerade die Ausnahme zu einem allgemeinen Grundsatz bildet. Der allgemeine Grundsatz ergibt sich aus Art. 8 Abs. 1 EMAS-VO, nachdem der Standort die Eintragungsvoraussetzungen Validierung, Glaubhaftmachung und Zahlung der Eintragungsgebühr erfüllt. Von der Einhaltung des Rechts ist nicht die Rede. Art. 8 Abs. 4 EMAS-VO läßt sich daher aus dem systematischen Zusammenhang heraus gerade nicht der allgemeine Grundsatz entnehmen, die Verordnung verlange die vom Gutachter umfassend zu überprüfende generelle Rechtskonformität am Standort.

hh. Ergebnis

Die Auslegung des Art. 8 Abs. 4 EMAS-VO ergibt daher, daß er sowohl aufgrund seiner systematischen Stellung als auch nach seinem Sinn und Zweck keine Argumentationsgrundlage für, sondern gegen eine Einbeziehung der Feststellung der tatsächlichen Rechtskonformität in ein Element des EMAS-Systems und eine daraus folgende Kontrollpflicht des Umweltgutachters darstellt. Er ist daher auf die Intervention durch die Vollzugsbehörde beschränkt.

b. Beschreibung der gesamten Tätigkeit - Arbeitsteilungsargument

Aus der Beschreibung der Tätigkeit des Gutachters im Verhältnis zu derjenigen der Vollzugsbehörden[485] ergibt sich ebensowenig eine generelle Prüfungspflicht des Gutachters.

Die Formulierung "unbeschadet"[486] verdeutlicht, daß beide Instanzen unabhängig voneinander agieren und ihre Kontrolltätigkeit auch unterschiedlich ist. Während der Gutachter den Prüfungskatalog der EMAS-VO zu beachten hat, steht den Vollzugsbehörden das Umwelt(ordnungs)recht als Handlungsgrundlage und Instrumentarium zur Verfügung.

Der Gutachter prüft, ob die Rechtskonformität als Zielvorgabe der Umweltpolitik festgelegt, als Ziel des Betriebsprüfungsprogramms erkannt und der Grad der Übereinstimmung mit den Vorschriften festgestellt wurde. Weiterhin unterliegt seiner Kontrolle, ob der Stand der Einhaltung der Vorschriften in der Umwelterklärung zutreffend dargestellt wurde und das Umweltmanagementsystem Vorkehrungen getroffen hat, um Rechtsverstöße abzustellen. Nur insoweit können sich Überschneidungen mit der Tätigkeit der Vollzugsbehörden ergeben, die allerdings keinen Einfluß auf die behördliche Überprüfung haben. Daß beide Tätigkeiten hinsichtlich der Einhaltung des Rechts identisch sein sollen, ergibt sich aus der Formulierung "unbeschadet" gerade nicht. Die Vollzugsbehör-

[485] Art. 5 und Anhang III B 1 S. 2 EMAS-VO.
[486] Art. 4 Abs. 5 EMAS-VO.

den sind die zuständigen Kontrollorgane für die tatsächliche materielle Konformität mit den einschlägigen Umweltvorschriften.

Die von den Umweltbehörden unabhängige Tätigkeit des Umweltgutachters läßt daher nicht auf eine allgemeine Prüfungspflicht hinsichtlich der tatsächlichen Einhaltung des Rechts am Standort schließen.

c. Sinn und Zweck der Umweltpolitik

Für eine allumfassende Prüfpflicht läßt sich auch nicht anführen, daß ansonsten die Zielvorgaben in der Umweltpolitik überflüssig seien.

Ihren Sinn und Zweck erhält die Zielsetzung, das Umweltrecht einzuhalten, nicht erst durch eine Überprüfung des Erreichens der Ziele durch den Umweltgutachter sondern durch die Umsetzung im Umweltprogramm und Umweltmanagementsystem, die interne Betriebsprüfung, und vor allem durch die öffentliche Kontrolle. Indem die Umweltpolitik der Öffentlichkeit zugänglich gemacht und in ihren wesentlichen Bestandteilen in der Umwelterklärung dargestellt werden muß, ergibt sich ein faktischer Zwang, diese Politik auch durchzusetzen. Es würde für die Unternehmen einen bedeutenden Imageverlust bedeuten, wenn sich spätestens nach mehreren Durchläufen herausstellte, daß die der Öffentlichkeit bekannten Zielvorgaben, insbesondere die Rechtskonformität, nicht erreicht würden. Ein Unternehmen, daß Versprechungen macht, diese aber nicht einhält, verliert seine Glaubwürdigkeit, das Vertrauen der Bevölkerung und seiner Geschäftspartner und büßt damit erhebliche Marktchancen ein. Dementsprechend ist das Konzept der EMAS-VO auch auf "Eigenverantwortung für die Bewältigung" der Tätigkeiten der Unternehmen ausgerichtet.[487]

Es widerspricht damit nicht dem Sinn und Zweck der Umweltpolitik, wenn nur die Zielvorgabe für das Unternehmen, das Recht einzuhalten, Bestandteil der Umweltpolitik ist und vom Umweltgutachter nicht auf ihre tatsächliche Einhaltung umfassend hin zu kontrollieren ist.

Da die Öffentlichkeit ein wesentliches Kontrollorgan ist, ist es ihre Aufgabe, anhand der ihr zur Verfügung gestellten Informationen, die Einhaltung der Verpflichtungen aus der Umweltpolitik zu kontrollieren. Im übrigen sind die Umweltmanagementsysteme und die Umweltbetriebsprüfung die von der EMAS-

[487] Einleitung EMAS-VO.

VO geforderten internen Instrumente, die gerade die Einhaltung des Rechts am Standort sicherstellen sollen. Ob sie allerdings auch eine umfassende externe Prüfung durch den Gutachter bedingen, wird im folgenden zu untersuchen sein.

d. Überprüfung der Umweltmanagementsysteme

Auch systematische Überlegungen hinsichtlich der Beschreibung der Umweltmanagementsysteme sprechen gegen eine eigenständige Pflicht des Umweltgutachters die tatsächliche Einhaltung der Umweltvorschriften zu kontrollieren.

aa. Beschreibung der Umweltmanagementsysteme

Es ist nicht zutreffend, daß der Gutachter die Einhaltung der Vorschriften am Standort zu kontrollieren hat, weil er die Funktionsfähigkeit des Umweltmanagementsystems überprüfen muß. Denn ein Verstoß gegen Umweltvorschriften bedeutet nicht zwangsläufig, daß das Umweltmanagementsystem nicht funktioniert.

Das Managementsystem muß als geeignete Instrumente das Vorschriftenverzeichnis und Korrekturmaßnahmen und -mechanismen bei Rechtsverstößen bereitstellen. Zwar ist ein Vorschriftenverzeichnis nur dann sinnvoll, wenn die darin enthaltenen Vorschriften auch beachtet werden. Die Pflicht zur Aufstellung dieses Verzeichnisses allein trifft allerdings keine Aussage darüber, ob der Gutachter über die Anlegung des Verzeichnisses hinaus auch die Überprüfung der Einhaltung zu kontrollieren hat. Gegenstand seiner Überprüfung ist nur, ob dieses Verzeichnis als ein Instrument zur Erreichung des Ziels der Rechtskonformität besteht.

Als Maßnahmen, die die Einhaltung des Rechts gewährleisten sollen, sind nicht die notwendigen Maßnahmen zur Vermeidung von Umweltbelastungen[488] vorgesehen, sondern diejenigen, die für die Fälle ergriffen werden, in denen die Nichteinhaltung der Umweltpolitik festgestellt wird.[489] Da sich letztgenannte Maßnahmen konkret auf die gesamte Umweltpolitik und damit auch auf die Verpflichtung zur Einhaltung der einschlägigen Vorschriften erstrecken, stellen sie das von der EMAS-VO vorgesehene speziellere Instrument zur Bewältigung

[488] Anhang I D 4 EMAS-VO.
[489] Anhang I D 7 EMAS-VO.

von Rechtsverstößen dar und nicht die oben genannten allgemeinen Maßnahmen zur Vermeidung von Umweltbelastungen. Die Feststellung, daß die Umweltpolitik nicht eingehalten wird, läßt darauf schließen, daß die EMAS-VO davon ausgeht, daß die in der Umweltpolitik übernommenen Verpflichtungen, und damit auch diejenige zur Rechtskonformität, nicht ständig eingehalten werden, und sieht für diesen Fall Korrekturmaßnahmen vor. Da mit diesen Maßnahmen an das Nichterreichen der Ziele der Umweltpolitik angeknüpft wird, sind diese zu den sonstigen die Umweltbelastungen vermeidende Maßnahmen spezieller. Bei Nichteinhaltung von Umweltvorschriften muß daher lediglich sichergestellt sein, daß das Nichterreichen der Zielsetzungen der Umweltpolitik, und damit auch der Verstoß gegen die Vorschriften, erkannt wird und korrigiert werden kann. Erst wenn der Rechtsverstoß auf lange Sicht nicht behoben wird, haben diese Korrekturmechanismen versagt.
Es spricht auch gegen den Sinn und Zweck der EMAS-VO, wenn verlangt wird, daß das Umweltmanagementsystem nur dann mit den Bestimmungen der Verordnung übereinstimmt, wenn es alle notwendigen Maßnahmen zur Einhaltung aller umweltrechtlichen Vorschriften getroffen hat, deren Ergebnis die tatsächliche Rechtskonformität ist. Diese Ansicht verkennt die Korrekturfunktion eines funktionierenden Umweltmanagementsystems. In diesem werden nämlich eventuell festgestellte Verstöße erkannt und mittels der erforderlichen Verfahren behandelt. Stößt demnach der Umweltgutachter während seiner Überprüfungen auf eine solche Abweichung, die noch nicht behoben ist, wird es seine Aufgabe sein zu prüfen, wie das System solche Abweichungen generell behandelt und wie in der konkreten Situation das Unternehmen solche Abweichungen untersucht und Abhilfe schafft. Er kann dabei auch abgeschlossene Korrekturmaßnahmen in seine Bewertung einbeziehen. Ist er dann der Überzeugung, daß das System in der Lage ist, angemessen auf die Abweichungen zu reagieren, liegt ein funktionstüchtiges Umweltmanagement vor.

Es können allerdings auch Abweichungen festgestellt werden, die so schwerwiegend sind, daß der Gutachter an der Funktionstüchtigkeit des Systems Zweifel haben kann. Dabei muß es sich aber um so gravierende Verstöße handeln, die deutliche Lücken in der Vollständigkeit des Managementsystems aufzeigen. Solche Verstöße könnten z.B. bei gravierenden Emissionsüberschreitungen anzunehmen sein, wenn das Managementsystem nicht in der Lage ist, die regelmäßige Wartung und Überprüfung von Abluftreinigungsanlagen sicherzustellen, etwa weil entsprechende Wartungspläne nicht existieren oder das erforderliche Personal nicht zur Verfügung gestellt wird. Deutliche Mängel könnten auch dadurch zu Tage treten, daß Anlagenänderungen vorgenommen werden, ohne eine Prüfung, ob eine Genehmigung, Änderungsgenehmigung oder Anzeige nach BImSchG erforderlich sein könnte. Nur solche gravierenden Verstöße können gegen ein funktionierendes Umweltmanagementsystem sprechen.

Ebenso kann nach mehreren Audit-Durchläufen festgestellt werden, daß das System nicht funktioniert, da es nicht imstande ist, die Rechtsverstöße dauerhaft abzustellen. Insofern können dann mehrmalige bzw. dauerhafte Verstöße die Funktionsunfähigkeit des Umweltmanagementsystems indizieren. Allenfalls derartigen Anhaltspunkten hat der Gutachter nachzugehen, da er das Funktionieren des Umweltmanagementsystems zu überprüfen hat.[490]

Die generelle Behauptung jede Nichteinhaltung der Umweltvorschriften stelle bereits das Funktionieren des Managementsystems in Frage, geht an dem Wortlaut und dem Zweck der EMAS-VO vorbei. Dem Umweltgutachter kann man daher allenfalls eine Kontrolle der Einhaltung der Vorschriften am Standort auferlegen, wenn er Zweifel an der Funktionsfähigkeit des Umweltmanagementsystems hat. Dem aufzustellenden Normenverzeichnis kommt dabei unterstützende Funktion zu, da sich aus ihm ergibt, welche Vorschriften am Standort eingehalten werden sollen.

bb. Ergebnis

Eine grundsätzliche umfassende Prüfungspflicht des Gutachters hinsichtlich der tatsächlichen Einhaltung des Umweltrechts läßt sich damit auch nicht aus der Beschreibung der Umweltmanagementsysteme herleiten. Nur wenn er Zweifel an der Funktionsfähigkeit des Managementsystems aufgrund von Anhaltspunkten für Rechtsverstöße hat, hat er eine Sachprüfung der Einhaltung des Rechts gegebenenfalls durch Stichproben vorzunehmen.

---

[490] Art. 3 g, Art. 4 Abs. 3 und Abs. 5 b EMAS-VO.

e. Überprüfung der Umweltbetriebsprüfung

Auch die vom Umweltgutachter vorzunehmende Überprüfung der Umweltbetriebsprüfung am Standort spricht gegen eine generelle Pflicht des Gutachters, die tatsächliche Einhaltung der Umweltvorschriften am Standort umfassend zu kontrollieren.

Der Gutachter hat insbesondere festzustellen, ob die Umweltbetriebsprüfung technisch geeignet ist.[491] Eine Betriebsprüfung ist dann technisch geeignet, wenn sie die Anforderungen des Anhangs II der Verordnung erfüllt. Zu denen in Anhang II genannten Zielen dieser Prüfung gehört auch die Übereinstimmung der einschlägigen Umweltvorschriften am Standort.[492] Der Umweltbetriebsprüfer hat zu ermitteln, ob der Standort den geltenden Normen entspricht.[493] Durch die Umweltbetriebsprüfung wird nur der "Grad der Übereinstimmung" mit den Umweltrechtsvorschriften festgestellt und dieses Ergebnis soll im Bericht des Umweltprüfers an die Unternehmensleitung eingehen.

Eines der Kernelemente der Betriebsprüfung ist also die sog. "Compliance"-Prüfung durch den Betriebsprüfer des Unternehmens. "Compliance"-Prüfung bedeutet die Kontrolle der Übereinstimmung mit den gesetzlichen Anforderungen.[494] Der Umweltgutachter hat demnach zu überprüfen, ob diese "Compliance"-Prüfung überhaupt als Ziel des internen Audits erkannt und durchgeführt wurde und ob das angewandte Betriebsprüfungssystem technisch in der Lage ist, die Einhaltung der einschlägigen Umweltvorschriften zu überprüfen. Er prüft in erster Linie, ob das Betriebsprüfungsverfahren ordnungsgemäß angewandt[495] und die Betriebsprüfung ordnungsgemäß durchgeführt wurde[496]. Die Betriebsprüfungsmethode ist ebenfalls Gegenstand seiner Kontrolle.[497] Der Umweltgutachter kann seine Überprüfung z.B. anhand der vom Unternehmen verwendeten Checklisten, der Qualifikation der Betriebsprüfer und der Betriebsprüfungsberichte vornehmen. Das bedeutet aber nicht, daß der Gutachter

---

[491] Anhang III B 1 und B 4 EMAS-VO.
[492] Anhang II A EMAS-VO.
[493] Anhang II E EMAS-VO.
[494] Bartsch, Erfahrungen, ZUR 1995, S. 15; Feldhaus in: Rengeling, EUDUR, 1998, Bd. I, § 36 Rn. 51.
[495] Art. 4 Abs. 3 EMAS-VO.
[496] Art. 4 Abs. 5 c EMAS-VO.
[497] Anhang III B 3 b EMAS-VO.

selbst eine "Compliance"-Prüfung vorzunehmen und ob deren Ergebnis positiv auszufallen hat.

Wurden durch die Betriebsprüfung Abweichungen von gesetzlichen Vorschriften festgestellt, so ist dies kein Mangel des Betriebsprüfungssystems, sondern zeigt gerade die Wirksamkeit des internen Audits. Gerade solche Abweichungen erkennen zu können, ist einer der Zwecke des Betriebsprüfungssystems.

Nur wenn der Umweltgutachter festgestellt hat, daß das Betriebsprüfungssystem nicht funktioniert, d.h. solche Abweichungen aufzudecken nicht imstande ist, kann er die Gültigerklärung verweigern. Die Funktionsfähigkeit des Betriebsprüfungssystems läßt sich anhand der Unterlagen oder durch Stichproben erkennen. Der Nichteinhaltung gesetzlicher Vorschriften am Standort kommt insofern nur Indizwirkung zu. Bei Gesetzesverstößen, die nicht aufgedeckt wurden, liegt die Vermutung nahe, daß das Betriebsprüfungssystem nicht funktioniert. Eine originäre Pflicht des Gutachters, die tatsächliche Rechtskonformität am Standort zu kontrollieren, ergibt sich daraus jedoch nicht, sondern nur eine einschränkte Sachprüfung bei Vorliegen von Anhaltspunkten.

Im übrigen hat der Umweltgutachter auf jede "unnötige Doppelarbeit" bei der Überprüfung der Umweltprüfung und - betriebsprüfung zu verzichten.[498] Im englischen Verordnungstext heißt es sogar, daß der Gutachter die Verfahren nicht unnötigerweise nochmals durchzuführen habe ("without unnecessarily duplicating those procedures"). Daraus läßt sich schließen, daß der Gutachter nicht die Prüfung des Auditors zu wiederholen hat. Eine Wiederholung wäre es aber, wenn er die Einhaltung der Rechtsvorschriften am Standort umfassend kontrollieren müßte, da dies bereits ein Prüfungsgegenstand des Auditors ist. Daher reichen Stichprobenkontrollen aus.

Der Umweltgutachter ist allerdings nur berechtigt, nicht aber verpflichtet, eigene Messungen durchzuführen. Es liegt in seinem Ermessensspielraum, inwieweit er eigene Kontrollen veranlaßt. Er ist daher nicht verpflichtet, eigene Messungen durchzuführen, um die Einhaltung des Rechts wirksam kontrollieren können. Ihm steht es jedoch frei, solche Messungen vorzunehmen, wenn

[498] Anhang III B 1 EMAS-VO.

sich für ihn Anhaltspunkte der fehlenden Rechtskonformität und damit einer möglichen fehlerhaften Umweltbetriebsprüfung ergeben.

Aus der Überprüfung der Umweltbetriebsprüfung ergibt sich daher keine generelle Pflicht des Umweltgutachters umfassend zu kontrollieren, ob am Standort alle einschlägigen Umweltvorschriften eingehalten wurden. Er ist lediglich verpflichtet, die ordnungsgemäße Durchführung des Umweltbetriebsprüfungsverfahrens und die Betriebsprüfungsmethode zu überprüfen und bei Anhaltspunkten für die Fehlerhaftigkeit aufgrund eines möglichen Rechtsverstoßes diesem nachzugehen. Dabei ist er berechtigt, auch eigenen Messungen vorzunehmen. Eine eingeschränkte Sachprüfung ist daher auch bei der Überprüfung der Umweltbetriebsprüfung vorgesehen.

f. Umweltprogramm

Die Überprüfung der im Umweltprogramm angesprochenen "bedeutsamen Fragestellungen" bezieht sich nicht unmittelbar auf die Einhaltung der gesetzlichen Vorschriften. Diese können mittelbar nur dann eine Rolle spielen, wenn markante Abweichungen von Vorschriften zu Maßnahmen führen, die in dem Umweltprogramm beschrieben sind.

g. Umwelterklärung

Aus der Beschreibung des notwendigen Inhalts der Umwelterklärung ergibt sich nicht, daß das Unternehmen die Rechtskonformität am Standort positiv in der Erklärung festzustellen hat und daher die Feststellung der tatsächlichen Einhaltung des Rechts vom Gutachter zu überprüfen ist. Es ist allerdings der Stand der Konformität, d.h. der Grad der Übereinstimmung mit den Vorschriften, in die Erklärung mit aufzunehmen. Denn die Erklärung hat alle wichtigen Umweltfragen, die für den Standort von Bedeutung sind, in angemessener Weise zu berücksichtigen.[499] Die Tatsache, inwieweit das Unternehmen die Vorschriften einhält, ist eine solche wichtige Umweltfrage.

Ansonsten ist für die Öffentlichkeit nicht nachvollziehbar, inwieweit das Unternehmen seine Ziele nach einem Audit-Durchlauf verwirklicht hat und eine wirksame öffentliche Kontrolle nicht möglich.

---

[499] Art. 4 Abs. 5 d, Art. 5 Abs. 3 b EMAS-VO.

Da der Umweltgutachter verpflichtet ist, die Zuverlässigkeit der Angaben in der Umwelterklärung und die angemessene Berücksichtigung aller wichtigen Umweltfragen zu kontrollieren,[500] muß er auch diese Angabe des Unternehmens auf ihre Richtigkeit hin überprüfen.

Da in der EMAS-VO die einschlägigen Rechtsvorschriften an unterschiedlicher Stelle ausdrücklich genannt werden, hätte der Verordnungsgeber die tatsächliche Einhaltung der Vorschriften am Standort als notwendigen Inhalt der Erklärung in den Verordnungstext mit aufnehmen müssen. Da er dies nicht getan hat, ist die tatsächliche Einhaltung der einschlägigen Umweltvorschriften nicht notwendiger Bestandteil der Umwelterklärung, sondern nur der Grad der Übereinstimmung mit den Vorschriften als wichtige Umweltfrage.

Daher ergibt sich auch nicht aus der Umwelterklärung eine Pflicht des Gutachters, die tatsächliche Einhaltung der Vorschriften zu überprüfen, sondern lediglich, ob das Unternehmen eine Kontrolle der Rechtskonformität vorgenommen und unabhängig vom Ergebnis dies zutreffend dargestellt hat. Zur Überprüfung wird eine Plausibilitätsprüfung nicht ausreichen, wenn im Zusammenhang mit der Kontrolle der übrigen Systemelemente Widersprüche auftreten. Es sind daher Stichprobenkontrollen angebracht.

Die entgegenstehende Meinung, die eine Pflicht zur Veröffentlichung der Feststellung, daß das Unternehmen in Bezug auf den Standort alle umweltrechtlichen Vorschriften einhalte, aus Art. 8 Abs. 4 EMAS-VO herleitet, ist abzulehnen. Sie beruht auf einer Auslegung des Art. 8 Abs. 4 EMAS-VO, der - wie bereits dargestellt - nicht gefolgt wird.

h. Abschlußbericht des Gutachters

Die Beschreibung des Inhalts des für die Unternehmensleitung zu fertigenden Abschlußbericht des Gutachters[501] läßt ebensowenig auf eine Pflicht, die Einhaltung der Umweltvorschriften zu prüfen und dementsprechend zu monieren, schließen. Die EMAS-VO hebt hervor, daß ganz allgemein festgestellte Verstöße gegen die Verordnung[502] und insbesondere die technischen Mängel in den Bericht aufzunehmen seien. "Rechtsmängel" sind ausdrücklich nicht erwähnt.

---

[500] Art. 4 Abs. 5 d EMAS-VO.
[501] Anhang III B 3 EMAS-VO.

Es steht bei der Überprüfung durch den Umweltgutachter und seinen Korrekturvorschlägen die technische und nicht die rechtliche Seite im Vordergrund.

i. Ergebnis

Aus systematischen Gründen ergibt sich danach keine Kontrollpflicht des Gutachters, die tatsächliche Einhaltung aller einschlägigen Umweltvorschriften am Standort umfassend zu überprüfen.

Der Verstoß gegen Umweltvorschriften führt nicht per se zur Verweigerung der Validierung, wenn die Prüfung ergeben hat, daß das Unternehmen in der Lage ist, diesen Verstoß abzustellen. Es erscheinen allenfalls Stichprobenkontrollen erforderlich, bei denen die Feststellung eines Rechtsverstoßes zu dem Ergebnis führen kann aber nicht muß, daß ein EMAS-Systemelement nicht mit den Bedingungen der Verordnung übereinstimmt.

3. Weitere Argumente

Die weiterhin vorgetragenen Argumente für eine Prüfungspflicht sind ebenfalls nicht überzeugend.

a. Sinn und Zweck des EMAS-Systems

Es widerspricht nicht dem Sinn und Zweck des EMAS-Systems, wenn der Gutachter nicht generell und umfassend die Einhaltung des Rechts zu kontrollieren hat. Zwar macht die Verbesserung des Umweltschutzes über die Einhaltung des Rechts hinaus wenig Sinn, wenn noch nicht einmal die Rechtskonformität gewährleistet werden könnte. Die Einhaltung des Rechts wird aber bereits im Rahmen der Umweltbetriebsprüfung vom Auditor geprüft. Dieser übernimmt auch die Bewertung, inwieweit die in der Umweltpolitik formulierten Ziele - und somit auch die Rechtskonformität - erreicht und Fortschritte erzielt wurden. Wie bereits bei den Umweltmanagementsystemen festgestellt, stellen Rechtsverstöße die Verbesserung des Umweltschutzes und damit die Wirksamkeit des EMAS-Systems nur dann in Frage, wenn sie langfristig nicht abgestellt werden.

Im übrigen soll die Verbesserung des Umweltschutzes durch die Kontrolle durch die Öffentlichkeit gewährleistet werden. Dem Umweltgutachter kommt

---

[502] Anhang III B 3 a EMAS-VO.

dabei die Aufgabe zu, daß die Öffentlichkeit zum einen zuverlässige Angaben in der Umwelterklärung erhält und zum anderen durch ihn gewährleistet ist, daß an den Standorten vor allem die System-Vorgaben der EMAS-VO eingehalten werden. Eine eigenständige Bewertung der Qualität der Umweltschutzverbesserung durch den Umweltgutachter ist nicht vorgesehen. Eine endgültige Bewertung übernimmt die Öffentlichkeit, wobei es ihr überlassen bleibt zu beurteilen, ob ein Unternehmen noch dann den Umweltschutz gewährleistet, wenn es am Standort gegen Umweltvorschriften verstößt. Der Gutachter steht also für die Wahrhaftigkeit der Angaben des Unternehmens und der Implementierung von Umweltpolitik, Umweltprogramm, Umweltprüfung- und betriebsprüfung und vor allem der Umweltmanagementsysteme.

Es verlangt daher auch nicht Rechtsgedanke der Verordnung die umfassende Kontrolle der Einhaltung des Rechts durch den Umweltgutachter. Vielmehr ist ihr Rechtsgedanke, daß die Unternehmen sich selbst auf die Rechtskonformität und die Verbesserung des Umweltschutzes hin überprüfen sollen und die Wahrhaftigkeit des Ergebnisses dieser Prüfung durch den Umweltgutachter gewährleistet werden und von der Öffentlichkeit kontrolliert werden soll. Nur wenn dem Gutachter Anhaltspunkte für die fehlende Übereinstimmung eines Systemelements mit den Bedingungen der EMAS-VO aufgrund eines Rechtsverstoßes vorliegen, ist er im Einzelfall befugt und berechtigt, die Einhaltung des Rechts zu kontrollieren.

b. Rechtskenntnis des Gutachters

Das von der EMAS-VO geforderte ausreichende Fachwissen in rechtlichen Fragen des Gutachters[503] ist ebenfalls kein zwingendes Argument für eine umfassende Prüfungspflicht des Umweltgutachters. Seine Rechtskenntnisse sind von der EMAS-VO nicht deswegen gefordert, damit er sie bei der Überprüfung der tatsächlichen Einhaltung der Vorschriften anwendet, sondern schon deshalb unerläßlich, da kontrolliert werden muß, ob die Umweltpolitik die Einhaltung des Rechts vorsieht, die Einhaltung der Vorschriften als Ziel des Betriebsprüfungsprogramms erkannt und der Grad der Übereinstimmung festgestellt wurde,

[503] Anhang III A 2 EMAS-VO.

ein Vorschriftenverzeichnis besteht und Korrekturmaßnahmen zur Einhaltung des Rechts vorgesehen sind und angewandt werden.

Es kann sich also eine Prüfung der Rechtsvorschriften ergeben, wenn Anhaltspunkte bestehen, daß die Umweltprüfung bzw. -betriebsprüfung nicht ordnungsgemäß durchgeführt wurde oder das Umweltmanagementsystem nicht funktioniert. Ohne Rechtskenntnisse kann der Gutachter all diese Überprüfungen nicht durchführen. Schon allein aus diesem Grund bedingt die EMAS-VO ausreichendes Fachwissen in rechtlichen Fragen. Eine umfassende Prüfungspflicht hinsichtlich der tatsächlichen Rechtskonformität ist ihm deshalb nicht aufzuerlegen.

c. Haftungsrechtliches Risiko

Eine Prüfungspflicht läßt sich auch nicht aus seiner möglichen Haftung herleiten.

Ein haftungsrechtliches Risiko besteht nur dann, wenn der Gutachter eine Prüfungspflicht hat und diese verletzt. Die Haftung bedingt nicht die Pflicht, sondern setzt sie voraus. Insofern ist der Verweis auf ein mögliches haftungsrechtliches Risiko ein Zirkelschluß.

Das mögliche Haftungsrisiko für den Gutachter ist daher kein taugliches Argument für eine Prüfungspflicht.

d. Deregulierung

Die erwartete Deregulierung bei Prüfung der tatsächlichen Einhaltung der Vorschriften am Standort vermag ebenfalls nicht eine Prüfungspflicht überzeugend begründen. Diese Ansicht verkennt, daß es erst zu einem Vollzugsabbau kommen kann, wenn feststeht, daß eine Kontrollpflicht besteht und nicht umgekehrt. Zu einem Vorschriftenabbau kann es erst recht nicht kommen, da diese Vorschriften der Prüfungspflicht des Gutachters unterliegen sollen. Wenn nun diese Normen abgeschafft werden, muß der Umweltgutachter ihre Einhaltung auch nicht mehr überprüfen. Ein Vorschriftenabbau führt zu einer Verringerung der Prüfungsdichte anstatt die Umweltverwaltung in ihrer Prüfung zu entlasten, daß hohe Umweltschutzstandards eingehalten werden.[504] Im übrigen geht die

[504] so auch Lübbe-Wolff, Öko-Audit, ZUR 1996, S. 173 (174).

EMAS-VO selbst nicht von einer Deregulierung aus, da bestehende gemeinschaftliche oder einzelstaatliche Rechtsvorschriften vom EMAS-System unberührt bleiben sollen[505]. Das Argument des Vorschriftenabbaus greift somit nicht. Ein Vollzugsabbau ist im übrigen auch wegen der oben aufgeführten Arbeitsteilung abzulehnen. Den Vollzugsbehörden bleibt es nach wie vor uneingeschränkt vorbehalten, die Einhaltung des Rechts zu kontrollieren.

e. Schwierigkeiten bei der Einordnung der Prüfungstiefe

Auch läßt sich die Schwierigkeit, die Prüfungstiefe der vom Gutachter zu prüfenden Vorschriften zu bestimmen, gegen seine Prüfungspflicht anführen. Da schon in der rechtswissenschaftlichen Literatur Uneinigkeit darüber herrscht, welche Vorschriften wie weit vom Gutachter zu prüfen sind,[506] kann es dem Umweltgutachter, der nicht zwingend Jurist zu sein braucht, nicht auferlegt sein, beurteilen zu können, welche Vorschriften einschlägig sind und daher einzuhalten sind und welche nicht. Zumindest der Einzelgutachter dürfte damit überfordert sein.

f. Irreführende Werbung

Es verstößt auch nicht gegen §§ 1, 3 UWG, wenn trotz Rechtsverstößen validiert wird. Eine Irreführung im Sinne dieser Vorschriften kommt nur dann in Betracht, wenn die tatsächliche Rechtskonformität in der Umwelterklärung festgestellt werden müßte. Ähnlich wie bei der Argumentation hinsichtlich der Deregulierung setzt die Argumentation die Prüfungspflicht voraus, anstatt sie zu begründen.

4. Entstehungsgeschichte der Verordnung

Auch die Streichung der Untersagung der Verwendung der Teilnahmeerklärung bei Verstoß gegen Umweltrechtsvorschriften aus dem Verordnungstext spricht dafür, dem Gutachter keine generelle Prüfungspflicht über die Rechtskonformität aufzuerlegen. Im Titel der EMAS-VO wurde seit Dezember 1992 übrigens das Umweltmanagementsystem als zentrales Element neben der Um-

---

[505] Art. 1 Abs. 3 EMAS-VO.

weltbetriebsprüfung stärker betont.[507] Dadurch hat der Verordnungsgeber zum Ausdruck gebracht, daß es schwerpunktmäßig darauf ankommt, die Verfahren und die innerbetriebliche Organisation zur Verbesserung des Umweltschutzes zu implementieren. Die in der Umweltbetriebsprüfung vorgesehene Kontrolle der Rechtskonformität tritt damit in den Hintergrund. Auch dies spricht dafür, den Gutachter über die Einhaltung der Verfahrensschritte und des Aufbaus der Organisation hinaus nicht auch noch umfassend die Rechtskonformität prüfen zu lassen.

5. Verstoß gegen gemeinschaftsrechtliche Umweltschutzprinzipien

Es verstößt auch nicht gegen die Umweltschutzprinzipien des EG-Vertrages, wenn eine eigenständige Prüfung der Rechtskonformität nicht zu den Pflichten des Umweltgutachters gehört. Die EMAS-VO ist in ihrer Gesamtkonzeption auf eine anhaltende Entwicklung ausgerichtet, die nicht durch einmalige Rechtsverstöße ernsthaft gefährdet wird, da die Unternehmen als Teilnehmer des EMAS-Systems dokumentieren müssen, daß sie den betrieblichen Umweltschutz auf lange Sicht verbessern. Nur eine wiederholte Mißachtung der Umweltrechtsvorschriften würde eine solche Verbesserung gefährden. Solche Verstöße führen dann auch dazu, daß vom Gutachter festgestellt wird, daß das Umweltmanagementsystem mit seinen Kontrollmechanismen nicht funktioniert und das Betriebsprüfungsverfahren nicht ausreichend angewandt wird. Durch die kontinuierliche Verbesserung des betrieblichen Umweltschutzes wird auch ein hohes Schutzniveau gewährleistet, das auch bei gelegentlichen Rechtsverstößen nicht beeinträchtigt ist.

Da Emissionen, Abfallaufkommen und Energieverbrauch dokumentiert werden und dies der Öffentlichkeit bekannt gemacht wird, wird auch ausreichend dem Verursacher- und Vorsorgeprinzip Rechnung getragen.

---

[506] Lübbe-Wolff, EU-Verordnung, DVBl. 1994, S. 361; Kothe, UmweltauditR, 1997, Rn. 285 ff; näher dazu im 6. Kapitel.

C. Ergebnis

Die Unternehmen haben nach der EMAS-VO keine durch den Gutachter umfassend zu prüfende gesonderte Pflicht, das Umweltrecht auch tatsächlich einzuhalten.

Nach der systematischen Auslegung der EMAS-VO ist der Umweltgutachter gehalten, sich nicht auf eine reine Systemprüfung zu beschränken, da die EMAS-VO ihm auch Mittel zur Verfügung stellt, eine Sachprüfung vorzunehmen. Im übrigen wäre bei einer reinen Schlüssigkeitskontrolle der Hinweis auf die unnötige Doppelarbeit überflüssig.

Diese Sachprüfungspflicht begründet jedoch keine eigenständige Pflicht des Gutachters, die tatsächliche Einhaltung der einschlägigen Umweltvorschriften am Standort zu überprüfen.

Aus systematischen Gründen ergibt sich weder, daß die tatsächliche Einhaltung des Rechts Bestandteil der Umweltpolitik ist, noch irgendeines anderen Prüfungsgegenstandes. Die Rechtskonformität muß lediglich durch geeignete Managementinstrumente gewährleistet werden können. Inwieweit die Vorschriften eingehalten werden, ist in der Umweltbetriebsprüfung festzustellen. Nur die Eignung der Managementinstrumente und der Betriebsprüfung zur Aufdeckung von Rechtsverstößen unterliegen einer Prüfung durch den Gutachter. Soweit Defizite dieser Instrumente aufgrund von Rechtsverstößen vorliegen können, hat der Umweltgutachter diesen nachzugehen.[508] Den Rechtsverstößen kommt insoweit Indizwirkung zu.

Zu diesem Zweck kann der Gutachter Stichprobenkontrollen vornehmen, er muß es jedoch nicht.

Sollten die Unternehmen der angesprochenen Empfehlung nachkommen, die Konformität in ihre Umwelterklärung aufzunehmen, so besteht allerdings eine Prüfungspflicht des Gutachters hinsichtlich der Zuverlässigkeit dieser Angabe.

Zusammengefaßt bedeutet dies, daß keine eigenständige Pflicht des Gutachters besteht, die Rechtskonformität am Standort umfassend zu kontrollieren. Er hat keine eigene umfangreiche "Compliance"-Prüfung vorzunehmen. Eine Kon-

---

[507] Waskow in: Feldhaus, BImSchR, 1997, Bd. 7 M 1 Rn. 24.

[508] im Ergebnis ebenso: Köck, Pflichten- und Kontrollsystem, VerwA 1996, S. 644 (666).

trolle ist im Einzelfall von den jeweiligen Umweltmanagementsystemen, Umweltbetriebsprüfungen und Umwelterklärungen abhängig.

Aus der Regelung, daß bei Unterrichtung durch die Vollzugsbehörde über einen Rechtsverstoß eine Eintragung abzulehnen bzw. aufzuheben ist, folgt nicht, daß die tatsächliche Einhaltung des Rechts am Standort grundsätzlich Eintragungsvoraussetzung ist und diese vom Umweltgutachter umfassend zu überprüfen ist.

Im Rahmen der Umweltpolitik reicht daher das Vorliegen einer Erklärung aus, daß das Unternehmen sich verpflichte, die einschlägigen Umweltvorschriften einzuhalten. Das Vorliegen dieser Erklärung wird vom Umweltgutachter kontrolliert. Im Rahmen der Umweltbetriebsprüfung und in der Umwelterklärung ist nur der Status der Einhaltung der Vorschriften festzustellen. Die Zuverlässigkeit dieser Angaben hat der Gutachter zu prüfen und ob das Umweltmanagementsystem generell in der Lage ist, die Verstöße auf Dauer abzustellen.

Dies bedeutet für den Aussagegehalt der Validierung, daß sie die Übereinstimmung mit den Vorgaben der Verordnung, nicht aber notwendigerweise die Übereinstimmung mit allen einschlägigen Umweltvorschriften am Standort belegt.

Daraus ergibt sich für den Vollzug der gemeinschaftsrechtlichen bzw. nationalen Umweltvorschriften, daß der Umweltgutachter und die Validierung diesen Vollzug nicht vollständig und auch nur sehr begrenzt ersetzen können. Sie sind aber geeignete Mittel zur Ergänzung des Vollzugs und zum Vollzug der EMAS-VO selbst und dienen damit auch der Verbesserung des Umweltschutzes.

D. Keine Prüfungspflicht durch das UAG

Eine Pflicht des Gutachters, die Einhaltung aller einschlägigen Rechtsvorschriften umfassend zu kontrollieren, ergibt sich auch nicht aus den §§ 15 Abs. 2 Nr. 5 und 16 Abs. 2 Nr. 1 UAG.

Die Pflicht des Gutachters, bei seiner Standortkontrolle die einschlägigen Rechts- und Verwaltungsvorschriften des Bundes und der Länder zu berücksichtigen,[509] führt nicht zu einer Pflicht, die Einhaltung dieser Vorschriften am Standort umfassend zu kontrollieren.

Da sich im Gesetzgebungsverfahren die Ansicht des Bundesrates nicht durchgesetzt hat, die Pflicht des Umweltgutachters, die einschlägigen Rechts- und Verwaltungsvorschriften zu beachten und damit deren Einhaltung zu prüfen, in das UAG aufzunehmen, kann aus der abgeschwächten Formulierung "berücksichtigen" keine umfassende Prüfungspflicht des Gutachters hergeleitet werden. Der Begriff "berücksichtigen" ist dahingehend zu auszulegen, daß der Umweltgutachter, soweit er Anhaltspunkte für die Fehlerhaftigkeit eines EMAS-Systemelements hat, bei seiner Prüfung auf die Rechts- und Verwaltungsvorschriften zurückgreifen kann.

Eine weitergehende Auslegung, nach der die Pflicht zum "Berücksichtigen" der Vorschriften eine Pflicht zur Prüfung der Umweltvorschriften beinhaltet, verbietet sich auch deshalb, da es für eine eigenständige Kontrollpflicht des Umweltgutachters an einem direkten oder indirekten Regelungsauftrag in der EMAS-VO fehlt.

Ein direkter Regelungsauftrag findet sich in der Verordnung nur hinsichtlich der Zulassung und Aufsicht, nicht aber hinsichtlich der Aufgaben des Gutachters. Hinsichtlich dieser ist die Verordnung abschließend.[510] Nach der EMAS-VO ist festgelegt, daß der Umweltgutachter nur die Zielsetzung "Einhaltung der einschlägigen Umweltvorschriften", deren Festlegung als Ziel des Betriebsprüfungsprogramms, die Feststellung des Status der Rechtskonformität und die Wahrhaftigkeit der Angaben in der Umwelterklärung zu kontrollieren hat. Eine darüber hinaus gehende eigenständige Prüfung der Rechtskonformität ist nicht vorgesehen und durfte wegen der abschließend geregelten Aufgaben nicht vom nationalen Gesetzgeber zusätzlich bestimmt werden.

Es besteht auch kein indirekter Regelungsauftrag, weil die EMAS-VO Vorgaben macht, die einer gewissen Interpretation bedürfen. Zwar besteht das Problem, daß die Vorgaben der Verordnung teilweise nur schwer interpretierbar sind, diese Vorgaben aber vom Gutachter zu überprüfen sind. Da nur ein Unternehmen, das den Bewertungsmaßstäben der Verordnung, also auch den Anfor-

---

[509] § 15 Abs. 2 Nr. 5 UAG.

derungen an die Umweltpolitik, entspricht, die Befugnis zur Verwendung der Teilnahmeerklärung erhalten soll, ist es nach dem sich aus Art. 5 EG-Vertrag (jetzt Art. 10 EG) ergebenden indirekten Regelungsauftrag grundsätzlich zulässig, auch unklare Vorgaben der Verordnung wie z.B. an die Umweltpolitik gestellten für die Anwendung der Verordnung operabel zu machen.[511] Solche Vorgaben sind ausfüllungsbedürftig.[512]

Der Bundesgesetzgeber hatte danach grundsätzlich auch die Kompetenz, ausfüllungsbedürftige Begriffe zu konkretisieren, allerdings nicht neue Aufgaben festzulegen. Da sich eine Prüfungspflicht nicht aus der EMAS-VO ergibt, würde es sich bei einer im UAG geregelten Prüfungspflicht um eine neue Aufgabe handeln. Insofern handelt es sich bei der Berücksichtigungsverpflichtung nicht um die Regelung der Pflicht, die Einhaltung der Umweltvorschriften umfassend zu prüfen.

Eine Verpflichtung zur umfassenden Kontrolle der Rechts- und Verwaltungsvorschriften durch den Gutachter ist auch nicht durch den direkten Regelungsauftrag für die Aufsicht[513] gedeckt.

§ 15 UAG gehört zwar zu den Regelungen über die Aufsicht. Doch die Überprüfung der Einhaltung der Rechts- und Verwaltungsvorschriften ist eine Aufgabe des Gutachters und insofern in den Regelungen zur Aufsicht deplaziert und nicht vom Regelungsauftrag für die Aufsicht erfaßt.

Damit stellt sich die Frage, ob es zulässig ist, im Rahmen von Normen, für die ein direkter Regelungsauftrag besteht, Gegenstände geregelt werden dürfen, für die weder ein direkter noch ein indirekter Regelungsauftrag existiert, sondern die Verordnung grundsätzlich abschließend ist.

Anders formuliert besteht bei der EMAS-VO und dem UAG das Problem, ob der nationale Gesetzgeber eine über die EMAS-VO hinausgehende strengere Regelung hinsichtlich der Aufgaben hätte erlassen dürfen und ob deren Plazierung innerhalb der Regeln zur Aufsicht zulässig war. Nach einer Ansicht[514]

---

[510] so auch die überwiegende Ansicht des Gesetzgebers in BT-Drs. 13/1755 S. 32; zustimmend: Ewer in: Ewer/Lechelt/Theuer, Hdb. Umweltaudit, 1998, Teil E Rn. 1.
[511] Waskow, Betriebliches Umweltmanagement, 2. Aufl. 1997, S. 57.
[512] so der Bundesgesetzgeber für die materiellen Zulassungskriterien in: BT-Drs. 13/1687 S. 17.
[513] Art. 6 EMAS-VO.
[514] Roßnagel, Europarecht, NVwZ 1997, S. 122 (126).

braucht bei Richtlinien der Erlaß strengerer Regelungen dem nationalen Gesetzgeber nicht ausdrücklich gestattet zu werden. Es reiche aus, wenn die Regelungen der Richtlinien als verbindliche Mindestanforderungen zu interpretieren seien und daher "implizite Schutzverstärkungsklauseln" enthielten. Dem deutschen Gesetzgeber wäre es nach dieser Auffassung erlaubt gewesen, strengere Anforderungen hinsichtlich des "Richtlinienteils" der Verordnung gesetzlich festzulegen. Er hätte daher strengere Auflagen an die Zulassung und die Aufsicht regeln können.

Wegen der unmittelbaren Geltung des Verordnungsteils kann dies allerdings nicht für die von diesem Teil umfaßten Regelungen, insbesondere nicht die festgelegten Aufgaben des Umweltgutachters, gelten. Die Regelung einer eigenständigen Pflicht zur Kontrolle der tatsächlichen Einhaltung des Rechts verbietet sich deshalb.

Es ergab sich daher ein Umgehungsverbot für den nationalen Gesetzgeber. Er durfte die verbindlichen und unmittelbar geltenden Bestimmungen der Verordnung nicht dadurch umgehen, daß er im Rahmen der Umsetzung des Richtlinienteils diese Bestimmungen abänderte. Hinsichtlich des Prüfungsumfangs ist die Verordnung abschließend. Da die eigenständige Prüfung der Rechtskonformität nicht zu den Aufgaben des Umweltgutachters nach der EMAS-VO gehört, hätte sie auch nicht im Rahmen der Aufsicht geregelt werden dürfen.

Berücksichtigen im Sinne von § 15 UAG begründet daher keine Prüfungspflicht des Umweltgutachters, da für die Regelung einer solche Pflicht weder ein direkter noch ein indirekter Regelungsauftrag der EMAS-VO besteht.

Daher kann sich auch nicht § 16 Abs. 2 Nr. 1 UAG eine eigenständige Prüfpflicht des Gutachters ergeben. Diese Vorschrift sieht eine völlige oder teilweise vorläufige Untersagung der gutachterlichen Tätigkeit vor, wenn er unter Verstoß der Pflicht zur Prüfung und Validierung eine Umwelterklärung mit unzutreffenden Angaben und Beurteilungen, insbesondere hinsichtlich der Einhaltung der einschlägigen Umweltvorschriften am Standort, für gültig erklärt haben. Zwar ist die dieser Bestimmung zugrundeliegende Auslegung der EMAS-VO, daß die Rechtskonformität zu den wichtigen Umweltfragen gehört, die in der Umwelterklärung zu dokumentieren sind, zutreffend. Allerdings kann diese Norm ebenso wie § 15 UAG auch nur die Prüfpflicht soweit berücksichtigen, wie sie von der EMAS-VO vorgegeben ist. Nach bisher gesagtem ergibt sich keine Pflicht der Unternehmen, die tatsächliche Rechtskonformität sondern lediglich deren Stand in der Umwelterklärung festzustellen. Der Umweltgutachter hat nur die Zuverlässigkeit dieser Angabe zu kontrollieren. Eine darüber hinaus gehende Pflicht kann wegen des fehlenden Regelungsauftrages § 16 Abs. 2 Nr. 1 UAG nicht begründen. Die Regelung des § 16 Abs. 2 Nr. 1 UAG ist damit verordnungskonform dahingehend auszulegen, daß die Fortführung gutachterlicher Tätigkeit dann untersagt werden darf, wenn der Gutachter eine Validierung vorgenommen hat, obschon die Umwelterklärung falsche und damit unzuverlässige Angaben hinsichtlich des Standes der Einhaltung des Rechts beinhaltet. Nur insofern ist § 16 Abs. 2 Nr. 1 UAG als Folge des Rechtsgedanken der Verordnung zu verstehen, daß der Gutachter befugt und im Einzelfall berechtigt ist, die Einhaltung der Vorschriften zu kontrollieren.

Aus § 16 Abs. 2 Nr. 1 UAG ergibt sich somit keine gesonderte Pflicht des Gutachters, die tatsächliche Rechtskonformität am Standort umfassend zu kontrollieren.

Die Regelungen des UAG statuieren daher ebenfalls keine eigenständige Pflicht zur umfassenden Kontrolle der Einhaltung der einschlägigen Umweltvorschriften am Standort.

E. Prüfungspflicht nach der Revision der EMAS-VO

Auch durch die Revision der EMAS-VO ergibt sich keine Pflicht des Gutachters, die Einhaltung des Rechts durch die Organisation umfassend zu prüfen. Allerdings ist er nunmehr ausdrücklich zu einer Stichprobenkontrolle verpflichtet, so daß nach der Revision eine eingeschränkte Prüfpflicht materieller Konformitätsfragen besteht.

Durch die Revision der EMAS-VO wird ein gesonderter Abschnitt[515] eingeführt, der sich mit der Überprüfung der Einhaltung der Rechtsvorschriften durch den Umweltgutachter befaßt. Nach diesen Bestimmungen hat er nicht nur darauf zu achten, daß die Organisation die notwendigen Verfahren zur Überprüfung der Rechtskonformität eingerichtet hat, sondern auch, "daß diese Verfah-

[515] Anhang V 5.4.3. RevE EMAS-VO.

ren ausreichen, um die Einhaltung dieser Vorschriften zu gewährleisten"[516]. Der Gutachter hat demnach zu kontrollieren, ob die implementierten Verfahren auch zum Erfolg, der Einhaltung des einschlägigen gemeinschaftlichen oder einzelstaatlichen Rechts, führt. Dies ist nur möglich, wenn er zumindest stichprobenartig die Einhaltung kontrolliert. Die Revision der EMAS-VO geht ausdrücklich von einer solchen Stichprobenkontrolle aus.[517] Im übrigen hat der Umweltgutachter auch stichprobenartig die Zuverlässigkeit der Ergebnisse der internen Betriebsprüfung zu prüfen.[518] Zu diesen Ergebnissen gehört auch der Nachweis, daß dank der geschaffenen Verfahren die Einhaltung von Rechtsvorschriften sichergestellt werden kann.[519] Die Revision der EMAS-VO sagt damit ausdrücklich, daß der Gutachter stichprobenartig die Einhaltung des Rechts zu überprüfen hat. Sie stellt auch klar, daß der Gutachter die Validierung verweigern muß, wenn er feststellt, daß die Organisation Rechtsvorschriften nicht einhält.[520] Allerdings verpflichtet sie ihn nicht zu einer umfassenden Überprüfung der Rechtskonformität.

Mit der Revision ist damit klargestellt, daß weder eine reine Systemprüfung, noch eine umfassende Sachprüfung von der Verordnung verlangt werden. Der Umweltgutachter ist aber nunmehr verpflichtet, zumindest durch Stichproben, die Einhaltung der einschlägigen Umweltrechtsvorschriften zu kontrollieren und eine Validierung bei Feststellung von Verstößen abzulehnen.

Danach ändert sich nach der Revision der Aussagegehalt der Validierung im Vergleich zur bisherigen Rechtslage nur geringfügig. Die Gültigerklärung dokumentiert nach wie vor, daß die Organisation alle Bedingungen der EMAS-VO einhält, nicht aber, daß alle einschlägigen Rechtsvorschriften eingehalten werden. Sie ist wegen der nunmehr ausdrücklich geregelten Verpflichtung zur stichprobenartigen Kontrolle der Einhaltung des Rechts jedoch ein Indiz dafür, daß der Umweltgutachter keine Verstöße geahndet hat, d.h. soweit er die Organisation überprüft hat, keine Verstöße vorliegen. Sie schließt aber nicht aus, daß dennoch Rechtsvorschriften nicht eingehalten wurden.

---

[516] Anhang V 5.4.3. Abs. 1 Satz 1 RevE EMAS-VO.
[517] Anhang V 5.4.3. Abs. 2 RevE EMAS-VO.
[518] Anhang V 5.4.2. Abs. 2 RevE EMAS-VO.
[519] Anhang V 5.4.3. Abs. 1 Satz 2 RevE EMAS-VO.
[520] Anhang V 5.4.3. Abs. 2 RevE EMAS-VO.

F. Gesamtergebnis

Damit bleibt es auch bei dem Ergebnis, daß der Umweltgutachter nicht umfassend die tatsächliche Einhaltung des Rechts am Standort bzw. bei der Organisation zu prüfen hat. Seine Kontrolle durch den Umweltgutachter kann den ordnungsbehördlichen Vollzug daher nicht vollständig ersetzen, sondern allenfalls ergänzen. Die Validierung ist aber ein zusätzliches Mittel, um die Unternehmen zur Rechtskonformität anzuhalten und ein geeignetes Mittel zum Vollzug der EMAS-VO selbst und damit ein wirksames Instrument zur Verbesserung des Umweltschutzes.

6. Kapitel: Umfang der Vorschriften

Weiterhin bedarf es einer Klärung, welche einschlägigen Umweltvorschriften die vom Gutachter zu kontrollierende Absichtserklärung in der Umweltpolitik umfassen muß, zu den Zielsetzungen des Umweltbetriebsprüfungsprogramms gehören und nach der Revision der EMAS-VO Gegenstand der Stichprobenkontrolle des Umweltgutachters sind. Darüber hinaus ist zu untersuchen, welche Rechts- und Verwaltungsvorschriften das Vorschriftenverzeichnis enthalten muß.

A. Begriff der Umweltvorschriften

Zunächst ist der Begriff der "Umweltvorschriften" zu erläutern, d.h., ob unter ihn nur Rechts- oder auch Verwaltungsvorschriften oder sogar technische Regelwerke fallen, die den Umweltschutz betreffen.

I. Wortlaut der Verordnung

Die EMAS-VO und das UAG definieren die Begriffe der "einschlägigen Umweltvorschriften" nicht; sie setzen sie an unterschiedlicher Stelle voraus.[521]
Aus dem Wortlaut der EMAS-VO ergibt sich daher nicht, was unter "Umweltvorschriften" zu verstehen ist. Es ist daher auf die allgemeinen Auslegungsgrundsätze zurückzugreifen.

[521] Einleitung, Art. 2a, Art. 3a, Anhang I A 3, II A EMAS-VO, § 15 Abs. 2 Nr. 5 UAG.

II. Europarechtlicher Vorschriftenbegriff

Es gibt keinen gemeinschaftsrechtlichen Vorschriftenbegriff, der der EMAS-VO zugrunde liegt.

Damit die Gemeinschaftsrechtsordnung einheitlich in allen Mitgliedstaaten gelten kann, bedarf es einer eigenen, gemeinschaftsrechtlichen Begriffsbildung, welche dem EuGH obliegt.[522] Bisher ist keine Entscheidung über die EMAS-VO und damit auch nicht über die gemeinschaftsrechtliche Begriffsbildung für "Umweltvorschriften" im Sinne der Verordnung ergangen.

Sofern der EuGH - wie im Fall der EMAS-VO - noch keinen gemeinschaftsrechtlichen Begriff gebildet hat, können unter Umständen für eine solche einheitliche Begriffsbildung allgemein anerkannte Rechtsgrundsätze der mitgliedstaatlichen Rechtsordnungen herangezogen werden, allerdings nur im Wege der Rezeption als Erkenntnisquellen, um eigene gemeinschaftsrechtliche Begriffe zu entwickeln.[523] Es ist daher danach zu fragen, ob die deutsche Rechtsordnung eine Rezeptionsmöglichkeit bietet.

III. Deutscher Vorschriftenbegriff

1. Allgemeiner Vorschriftenbegriff

Nach deutschem Rechtsverständnis sind Normen bzw. Vorschriften sowohl Gesetze im formellen Sinn, d.h. in einem förmlichen Verfahren vom parlamentarischen Gesetzgeber erlassene Regelungen als auch Gesetze im materiellen Sinn, d.h. allgemein-verbindliche Regelungen, denen eine Außenwirkung zukommt.[524] Unter "Umweltvorschriften" sind daher das unmittelbar geltende Gemeinschaftsrecht und - was die Bundesrepublik Deutschland betrifft - in Betracht kommende Gesetze, Verordnungen und Satzungen des Umweltrechts zu verstehen.[525] Verwaltungsvorschriften fallen nicht unter diesen Vorschriftenbegriff. Ihnen fehlt es an einer unmittelbaren Außenwirkung. [526] Ebensowenig sind vom Vorschriftenbegriff technische Regelwerke erfaßt, da sie nicht auf staatlicher Gesetz- sondern privater Normgebung beruhen.

---

[522] Streinz, EuropaR, 1999, Rn. 500.
[523] Streinz, EuropaR, 1999, Rn. 500.
[524] Degenhardt, StaatsR I, 1999, Rn. 231.
[525] Schmitdt-Preuß, Umweltschutz ohne Zwang in FS für Kriele, S. 1157 (1163).
[526] Maurer, Allg. VerwR, 1999, § 24 Rn. 20 f. (Rn. 26).

2. Vorschriftenbegriff des UAG

Von dieser Definition geht auch das UAG aus, das die Verwaltungsvorschriften nicht dem Begriff der "einschlägigen Rechtsvorschriften" zuordnet.[527]

Denn die Verwaltungsvorschriften werden auch nicht über § 15 Abs. 2 Nr. 5 UAG in die Umweltvorschriften miteinbezogen, da sich aus dieser Vorschrift keine Pflicht zur Überprüfung der Verwaltungsvorschriften herleiten läßt. Der Umweltgutachter wird nach dieser Vorschrift verpflichtet, bei der Standortkontrolle neben den Rechtsvorschriften auch die hierzu ergangenen amtlich veröffentlichten Verwaltungsvorschriften des Bundes und der Länder zu berücksichtigen.

Der Bundesrat hatte im Gesetzgebungsverfahren noch gefordert, daß der Gutachter die Rechts- und Verwaltungsvorschriften zu beachten und damit deren Einhaltung wie die Umweltverwaltung zu prüfen habe.[528] Denn nach Ansicht des Bundesrates gehörten zu den einschlägigen Umweltvorschriften sowohl Rechts- als auch Verwaltungsvorschriften.[529]

Die Forderung der Länder wurde nur modifiziert angenommen,[530] und zwar, daß der Gutachter die Rechts- und Verwaltungsvorschriften nur zu berücksichtigen[531] hat. Vor allem die verpflichtende Einbeziehung der Verwaltungsvorschriften in die Standortkontrolle führten zur ablehnenden Haltung der damaligen Bundesregierung und des Vermittlungsausschusses und damit zur geltenden Rechtslage.

Nach der Auffassung der Bundesregierung kam eine - zudem bußgeldbewehrte (§ 37 UAG) - rechtliche Bindungswirkung von Verwaltungsvorschriften für Umweltgutachter nicht in Betracht, weil diese nicht Vollzugsorgane der öffentlichen Verwaltung seien.[532]

---

[527] § 15 Abs. 2 Nr. 5 UAG.

[528] so noch im Änderungsvorschlag des Bundesrates in: BT-Drs. 13/1687 S. 5 Nr. 22; BT-Drs. 13/2004 S. 2 Nr. 3.

[529] BT-Drs. 13/1687 S. 4 Nr. 14.

[530] BT-Drs. 13/1687 S. 5; BT-Drs. 13/2383; BR-Drs. 602/95.

[531] geändert im Vorschlag des Vermittlungsausschusses in: BT-Drs. 13/2383.

[532] BT-Drs. 13/1687 S. 12.

Insbesondere wegen der rechtstechnischen Unterscheidung zwischen Rechtsverordnung und Verwaltungsvorschrift teilte die Mehrheit im Vermittlungsausschuß die Auffassung des Bundesrates nicht.[533]

§ 15 Abs. 2 UAG bringt mit der Formulierung "berücksichtigen" daher lediglich zum Ausdruck, daß auf die Verwaltungsvorschriften zurückgegriffen werden kann. Durch diese Formulierung kommt den Verwaltungsvorschriften über die Beaufsichtigung keine Außenwirkung zu.[534] Die Verwaltungsvorschriften haben keine normative Wirkung und haben auch in ihrer "normkonkretisierenden Variante" (nur) die Funktion einer Auslegungsofferte. Sie können daher den Gutachter, in keiner Weise - auch nicht über eine Berücksichtigungsnorm - binden.[535] Sie können daher auch nicht das Unternehmen mittelbar verpflichten. § 15 Abs. 2 UAG verpflichtet deshalb den Gutachter auch nur zur Berücksichtigung der Verwaltungsvorschriften, d.h. daß er bei seiner Begutachtung auf sie als Beurteilungsmaßstab zurückgreifen kann. Im übrigen hat er sich auch deswegen zu berücksichtigen, da sie Bestandteil des Vorschriftenverzeichnisses am Standort[536] sind.

Eine Verpflichtung zur Beachtung der Verwaltungsvorschriften dagegen würde den zugelassenen Gutachter auch überfordern. Es war dem Bundesgesetzgeber sogar untersagt, dem Gutachter auch die Überprüfung der Verwaltungsvorschriften aufzuerlegen. Dafür fehlte es an einem direkten oder indirekten Regelungsauftrag.

Da die Überprüfung der Verwaltungsvorschriften erkennbar zu den Aufgaben des Gutachters gehört und diese abschließend in der EMAS-VO geregelt sind, besteht kein direkter Regelungsauftrag.

Ebenso wenig besteht ein indirekter Regelungsauftrag aufgrund der Konkretisierung ausfüllungsbedürftiger unklarer Vorgaben der EMAS-VO. Der Bundesgesetzgeber hatte zwar grundsätzlich auch die Kompetenz, den ausfüllungsbedürftigen Begriff der Umweltvorschriften näher zu konkretisieren, da dieser von der EMAS-VO nicht definiert, sondern vorausgesetzt wird. Eine Konkretisie-

---

533 BT-Drs. 13/1755 S. 31.

534 Lütkes; Umweltauditgesetz, NVwZ 1996, S. 230 (234); Kothe, UmweltauditR, 1997, Rn. 413.

535 Schmidt-Preuß, Umweltschutz ohne Zwang in FS für Kriele, S. 1157 (1175).

536 Anhang I B 3 EMAS-VO.

rung in diesem Sinne ist jedoch weder dem Entwurf des Bundesrates noch der endgültigen Fassung zu entnehmen.

Denn in beiden Fassungen wurde dieser Spielraum so ausgefüllt, daß die Verwaltungsvorschriften nicht zu den einschlägigen Rechtsvorschriften gehören, sondern "neben"[537] diesen zu beachten bzw. berücksichtigen sind. Auch wenn der Bundesrat den Umweltgutachter verpflichten wollte, die Verwaltungsvorschriften zu beachten, gehen sein Entwurf wie auch das UAG eindeutig davon aus, daß die Verwaltungsvorschriften nicht als "einschlägige Rechtsvorschriften" zu verstehen sind, sondern andere Normqualität haben. Daher bleibt es bei der zuvor vorgenommenen Auslegung, daß Verwaltungsvorschriften keine Umweltvorschriften im Sinne der EMAS-VO darstellen.

Der Gesetzgeber hat mit der Verpflichtung zur Berücksichtigung der Verwaltungsvorschriften im Rahmen der Regelungen zur Aufsicht auch nicht die abschließend in der EMAS-VO geregelten Aufgaben umgangen. Denn er hat nicht den Begriff der "einschlägigen Umweltvorschriften" sondern nur die Verpflichtung zur angemessenen kontinuierlichen Verbesserung des betrieblichen Umweltschutzes mit der wirtschaftlich vertretbaren Anwendung der besten verfügbaren Technik konkretisiert. Im Rahmen der Überprüfung dieser Technik als Zielsetzung sind die Verwaltungsvorschriften wie z.B. die Abwasserverwaltungsvorschriften (Anhang), die TA Luft, TA Abfall, TA Siedlungsabfall und die TA Lärm zu berücksichtigen. Denn deren Anforderungen können Richtschnur für das wirtschaftlich und technisch Machbare sein.[538] Außerdem obliegt dem Gutachter die Kontrolle der Anlegung des Vorschriftenverzeichnisses, so daß er schon nach der EMAS-VO in diesem Rahmen berücksichtigen muß, ob die Verwaltungsvorschriften mit aufgenommen wurden. Insofern hat § 15 Abs. 2 Nr. 5 UAG klarstellenden Charakter.

Verwaltungsvorschriften gehören daher nach dem UAG nicht zu den einschlägigen Umweltvorschriften.

---

[537] § 15 Abs. 2 Nr. 5 UAG.

[538] Müggenborg, Prüfungsumfang, DB 1996, S. 125 (127).

3. Ergebnis

Die deutsche Rechtsordnung bietet daher eine eindeutige Definition des Begriffs der "Umweltvorschriften". Auf sie kann daher als Erkenntnisquelle zurückgegriffen werden.

Zu den "Umweltvorschriften" gehören daher weder Verwaltungsvorschriften noch technische Regelwerke. Der Umweltgutachter braucht somit grundsätzlich nicht die Berücksichtigung der Verwaltungsvorschriften und technischer Normen bei der Verpflichtung zur Einhaltung der "einschlägigen Umweltvorschriften" innerhalb der Umweltpolitik zu kontrollieren. Ebensowenig unterliegt es seiner Überprüfung, ob Verwaltungsvorschriften oder technische Regelwerke Zielsetzung der Rechtskonformität im Rahmen des Umweltbetriebsprüfungsprogramms sind.

IV. Systematik der EMAS-VO

Auch die systematische Auslegung der EMAS-VO ergibt, daß Verwaltungsvorschriften keine "Umweltvorschriften" im Sinne der Verordnung darstellen.

Zwar könnte die Nennung von "Rechts- und Verwaltungsvorschriften" bei Anlegung des Verzeichnisses[539] den Schluß nahelegen, daß unter Vorschriften sowohl Rechts- als auch Verwaltungsvorschriften zu verstehen sind. Sie sollen neben "sonstigen umweltpolitischen Anforderungen" registriert werden. Da die Umweltpolitik die Einhaltung aller einschlägigen Vorschriften und die kontinuierliche Verbesserung des Umweltschutzes bezweckt, könnte man die Rechts- und Verwaltungsvorschriften den einschlägigen Vorschriften, alle sonstigen Anforderungen der Verbesserung des Umweltschutzes unterordnen. Unter "Vorschriften" wären dann "Rechts- und Verwaltungsvorschriften" zu verstehen.

Doch die Differenzierung von "Rechts- und Verwaltungsvorschriften" bei Anlegen des Verzeichnisses zeigt, daß mit dem Begriff "Vorschriften" im Sinne der anderen Normen der EMAS-VO nur Rechts- und nicht Verwaltungsvorschriften gemeint sind, und die Differenzierung erfolgt ist, um klarzustellen, daß nicht nur Vorschriften im sonst der EMAS-VO zugrundeliegenden Sinne in

[539] Anhang I B 3 EMAS-VO.

ein Verzeichnis aufgenommen werden sollen, sondern darüber hinaus auch Verwaltungsvorschriften.

Würden diese bereits unter den Begriff "Vorschriften" fallen, wäre eine Differenzierung zwischen Rechts- und Verwaltungsvorschriften an dieser Stelle überflüssig. Verwaltungsvorschriften werden nur bei Anlegung des Verzeichnisses erwähnt. In allen übrigen Formulierungen in der EMAS-VO, die sich auf die Umweltpolitik[540] und die Umweltbetriebsprüfung[541] beziehen, ist ausschließlich von den einschlägigen Umweltvorschriften die Rede, deren Einhaltung anzustreben ist. Es ist aber nur diejenige Norm einzuhalten, die unmittelbar für das Unternehmen gilt. Insofern stellt das Ziel der Einhaltung auf eine unmittelbare Außenwirkung bei den beteiligten Unternehmen ab und schließt Verwaltungsvorschriften von den einschlägigen Umweltvorschriften aus. Die Pflicht zur Aufstellung des Verzeichnisses ist auch ohne Einbeziehung der Verwaltungsvorschriften in die Umweltvorschriften sinnvoll, wenn man berücksichtigt, daß sich die Unternehmen in der Praxis auch an den Verwaltungsvorschriften orientieren, da diese das Ermessen der Behörde beim Vollzug des Umweltrechts bestimmen. Die Registrierung der Verwaltungsvorschriften kann somit der Realisierung der umweltpolitischen Anforderung der kontinuierlichen Verbesserung des Umweltschutzes dienen, da diese aufzeigen, welche Anforderungen an den Umweltschutz durch die Verwaltung gestellt werden können. Da diese Verwaltungsvorschriften keine bindende Außenwirkung haben, müssen sie im Gegensatz zu Rechtsvorschriften nicht von den Unternehmen eingehalten werden, dienen aber gleichzeitig als Leitlinie.

Die Aufnahme sowohl von Rechts- als auch und Verwaltungsvorschriften in das Verzeichnis bedeutet daher nicht, daß die Verwaltungsvorschriften vom "Vorschriften"-Begriff im Sinne der EMAS-VO erfaßt sind. Durch die Differenzierung kommt vielmehr zum Ausdruck, daß die Verwaltungsvorschriften nicht unter die einschlägigen Umweltvorschriften fallen und deren Einhaltung vom Umweltgutachter daher nicht zu kontrollieren ist.

---

540 Einleitung, Art. 2 a, Art. 3 a, Anhang I A 3 EMAS-VO.
541 Anhang II A EMAS-VO EMAS-VO.

V. Andere Ansichten

Eine weitergehende Auffassung entnimmt Anhang I A 3 EMAS-VO, daß unter "Vorschriften" nicht nur Gesetze im formellen Sinn sondern auch Verwaltungsvorschriften bis hin zu technischen Regeln wie DIN-Normen und Normen anderer privater Normungsorganisationen fallen.[542]

Nach einer anderen Ansicht[543] sind unter Vorschriften auch die sog. "normkonkretisierenden Verwaltungsvorschriften" wie TA Luft, TA Lärm, TA Abfall und die Abwasserverwaltungsvorschriften gem. § 7a WHG zu verstehen, da ihnen einen gewisse Außenrechtswirkung zukomme.

Diese Ansichten vermögen nicht zu überzeugen. Verwaltungsvorschriften sind keine "Umweltvorschriften" im Sinn der EMAS-VO. Der Begriff "Umweltvorschriften" setzt eine unmittelbare verpflichtende Wirkung auf das Verhalten privater Unternehmen voraus und bezieht sich damit nur auf Außenrecht.[544] Die o.g. Verwaltungsvorschriften stellen jedoch kein Außenrecht dar. Der Begriff der "Vorschriften" schließt bei Heranziehung des deutschen Rechts als Erkenntnisquelle, der Systematik der Verordnung, sowie dem UAG daher nicht die Verwaltungsvorschriften ein.

Technische Regelwerke wie Normen privater Normungsorganisationen stellen schon nach der EMAS-VO keine Vorschriften dar, da zwischen "Rechtsvorschriften und Normen"[545] differenziert wird.

VI. Ergebnis

Damit steht als Ergebnis fest, daß der Umweltgutachter die Verpflichtung im Rahmen der Umweltpolitik nur bezüglich aller Außenrechtsnormen des nationalen und europäischen Umweltrechts, die für das betreffende Unternehmen gelten, zu kontrollieren hat. Bei der Umweltbetriebsprüfung hat er zu überprüfen, ob diese Vorschriften als Ziel des Betriebsprüfungsprogramms erkannt wurden. Nach der Revision der EMAS-VO sind diese Vorschriften Bestandteil seiner stichprobenartigen Überprüfung.

542 Müggenborg, Prüfungsumfang, DB 1996, S. 125 (127).
543 Köck, Pflichten- und Kontrollsystem, VerwA 1996, S. 644 (654).
544 Schmidt-Preuß, Umweltschutz ohne Zwang in FS für Kriele, S. 1157 (1163).
545 Art. 1 Abs. 3 EMAS-VO.

B. Zugehörigkeit zum Umweltrecht

Es ist allerdings nicht geklärt, welche Vorschriften zum Umweltrecht gehören und damit als **Umwelt**vorschriften gelten. Bestimmungen des Immissionsschutz, Wasser-, Gefahrstoff-, Abfall-, Naturschutz-, Bodenschutz-, Atom- und Strahlenschutzrechts dürften unproblematisch dazu zu rechnen sein.[546] Inwieweit andere Rechtsbereiche, die nicht nur einem einzigen Rechtsbereich zugeordnet werden können, wie z.B. Gentechnikrecht oder technisches Arbeitsschutzrecht, als zum Umweltrecht gehörig betrachtet werden können, ist unklar. Sofern nicht eindeutig zu klären ist, ob konkrete Vorschriften aus diesem Bereich einen Umweltbezug aufweisen, sollten sie im Interesse der Rechtssicherheit nicht als Umweltvorschriften eingestuft werden. Ansonsten besteht die Gefahr, daß Unternehmen, Umweltgutachter, Eintragungsstelle und Vollzugsbehörden zu unterschiedlichen Einschätzungen kommen und es insbesondere vom Ermessen der Eintragungsstelle und Vollzugsbehörden abhängt, ob eine Eintragung wegen Verstoßes gegen eine derartige Vorschrift erfolgt.

C. Einschlägigkeit der Umweltvorschriften

Einschlägig sind die Umweltvorschriften, soweit das Unternehmen sie zu beachten hat und auf sie anzuwenden sind. Kurzum: Es sind hier alle Rechtsnormen gemeint, die nach europäischem und nationalen Umweltrecht für das betreffende Unternehmen gelten.[547]

Da aber nicht immer die allgemeinen Vorschriften sondern häufig erst konkrete Verwaltungsakte die Rechtspflichten der Unternehmen bestimmen, ist bei der Einschlägigkeit der Umweltvorschriften zu differenzieren zwischen genehmigungsbedürftigen und nicht genehmigungsbedürftigen Aktivitäten, sowie bei den Tätigkeiten, die einer Genehmigung bedürfen, ob ein Genehmigungsbescheid oder nur Generalklauseln vorliegen, die noch nicht konkretisiert worden sind.

---

[546] ebenso: Waskow, Betriebliches Umweltmanagement, 2. Aufl. 1997, S. 30.

I. Generalklauseln bei genehmigungsbedürftigen Vorhaben

Bei genehmigungsbedürfigen Vorhaben ist umstritten, ob unter die einschlägigen Rechtsvorschriften auch unbestimmte, generalklauselartige Vorschriften fallen, für die operationalisierende Ausführungsvorschriften oder Konkretisierungen durch Verwaltungsakt (noch) fehlen.

Beispielhaft zu nennen sind die Grundpflichten des § 5 BImSchG oder der §§ 5, 11 KrW-/AbfG, beispielsweise die Pflichten zur Vermeidung von Abfällen nach § 5 Abs. 1 KrW-/AbfG, solange Rechtsverordnungen nach §§ 23, 24 KrW-/AbfG noch ausstehen.

1. Konkretisierte Pflichten

Nach einer Ansicht sind diese Vorschriften nicht Gegenstand der Selbstverpflichtung des Unternehmens, da der Gemeinschaftsgesetzgeber nur solche Vorschriften gemeint haben könne, die durch bestehende Detailanweisungen unmittelbar vollzugsfähig sind.[548] Es müsse sich um inhaltlich bestimmte oder doch im Wege der Auslegung bestimmbare normative Anforderungen handeln, da andernfalls den privaten Unternehmen eine - substantielle - Selbstverpflichtung nicht möglich sei.[549] Der Rat der EU habe auf vollzugs- und sanktionsfähige Umweltvorschriften abgestellt, nicht aber auf unbestimmte Anforderungen, die noch der Konkretisierung bedürften.[550] Die Konkretisierung falle nicht dem Unternehmer sondern den staatlichen Vollzugsbehörden zu, so daß die fehlende untergesetzliche Präzisierung nicht durch eigenverantwortlichen Selbstvollzug des Unternehmens ersetzt werden könne.[551] Insbesondere die Betreiberpflichten nach § 5 Abs. 1 Nr. 2 BImSchG würden erst durch nachträgliche Anordnungen nach § 17 Abs. 1 BImSchG festgelegt, so daß von einem Verstoß gegen Rechtsvorschriften im Zeitpunkt der Validierung nicht gesprochen werden könne.[552]

---

[547] so wohl auch Dyllick, EU-Verordnung, ZfU 1995, S. 299 (310): "alle regionalen, nationalen und europäischen Vorschriften".
[548] Feldhaus, Umwelt-Audit, in: Kormann, Umwelthaftung und Umweltmanagement, 1994, S. 9 (22).
[549] Schmidt-Preuß, Umweltschutz ohne Zwang in: FS für Kriele, S. 1157 (1163).
[550] Kothe, UmweltauditR 1997, Rn. 286f.
[551] Kothe, UmweltauditR 1997, Rn. 286.
[552] Waskow, Betriebliches Umweltmanagement, 2. Aufl. 1997, S. 29.

2. Generelle Pflichten

Nach einer anderen Auffassung ist jede Umweltrechtsvorschrift, die eine unmittelbare Geltung hat (und insofern im Einzelfall von einer Vollzugsbehörde konkretisiert und präventiv eingefordert bzw. im Verletzungsfalle mit Bußgeld sanktioniert werden kann), von der Selbstverpflichtung erfaßt.[553]

Dem Wortlaut der EMAS-VO sei wegen der fehlenden Erklärung, was einschlägige Umweltvorschriften sind, nicht zu entnehmen, daß derartige Normen ausgenommen seien. Es werde nicht zwischen Generalklauseln und konkreten Bestimmungen differenziert.[554] Es komme danach nur darauf an, ob diese Vorschriften unmittelbar für das Unternehmen gelten.[555] Gegen die entgegengesetzte Interpretation spreche, daß sie sich nicht mit dem Wortlaut vereinbaren lasse und nicht zur Rechtssicherheit beitrage, da sie den unbestimmten Rechtsbegriff der "Unbestimmtheit" gebrauche, sowie einen nicht notwendigen Zusammenhang zwischen Konkretisierungsgrad (bestimmt) und angezieltem ökologischen Niveau, das nur einen Mindeststandard bedinge, herstelle.[556] Begründet wird diese Ansicht weiterhin mit dem Beispiel, daß die im wesentlichen unmittelbar geltenden Betreiberpflichten des § 5 BImSchG[557] vom Betreiber eigenständig umzusetzen seien, ohne daß es einer Konkretisierung durch untergesetzliche Regelwerke bedürfe.[558]

3. Entscheidung

Letztgenannter Auffassung ist nicht zu folgen. Solange keine Konkretisierung durch untergesetzliche Normen oder Verwaltungsakt erfolgt ist, sind die aus der Generalklausel bestehenden Pflichten schwer zu bestimmen. Wenn diese Pflichten vom Unternehmen selbst festzulegen und vom Gutachter zu überprüfen wären, würde dies in letzter Konsequenz dazu führen, daß über die Aufsicht über den Umweltgutachter das Bundesumweltministerium die Pflichten bestimmen

---

553 Lübbe-Wolff, EU-Verordnung, DVBl. 1994, S. 361 (370); Köck, Pflichten- und Kontrollsystem, VerwA 1996, S. 664 (655).

554 so auch Lübbe-Wolff, EU-Verordnung, DVBl. 1994, S. 361 (370).

555 Lübbe-Wolff, EU-Verordnung, DVBl. 1994, S. 361 (370); Köck, Pflichten- und Kontrollsystem, VerwA 1996, S. 644 (655).

556 Lübbe-Wolff, EU-Verordnung, DVBl. 1994, S. 361 (370).

557 allgemeine Ansicht: vgl. statt vieler Jarass, BImSchG, 1999, § 5 Rn. 1.

558 Köck, Pflichten- und Kontrollsystem, VerwA 1996, S. 644 (655).

könnte, ohne die in den einzelnen Umweltgesetzen zu beteiligenden Stellen anzuhören und den Bundesrat an der Konkretisierung zu beteiligen. Es ist nicht Intention der EMAS-VO, die durch bundesdeutsches Ordnungsrecht festgelegten Verfahren zur Bestimmung der Konkretisierung von Generalklauseln zu umgehen. Im übrigen ist eine Nichteinbeziehung solcher Vorschriften in die einschlägigen Umweltvorschriften auch praktisch handhabbarer als die entgegengesetzte Auffassung, da der Umweltgutachter nur darauf zu achten hat, ob konkretisierte Pflichten vorliegen oder nicht. Daran vermag auch nichts der Verweis auf die unmittelbar geltenden Pflichten nach § 5 BImSchG ändern, da die EMAS-VO auf vollzugs- und sanktionsfähige Umweltvorschriften abstellt, wie sich aus Art. 8 Abs. 4 EMAS-VO ergibt. Verstöße nach dieser Vorschrift können sich nur aus konkretisierten Umweltschutzstandards ergeben.

Danach gehören bei genehmigungsbedürftigen Tätigkeiten Generalklauseln, die noch nicht konkretisiert sind, nicht zu den einschlägigen Umweltvorschriften. Insoweit vermag der Umweltgutachter die Umweltbehörden von ihren Aufgaben nicht zu entlasten.

II. Zulassungsbescheid bei genehmigungsbedürftigen Vorhaben

Ansonsten ist bei zulassungsbedürftigen Aktivitäten Rechtsmaßstab der die Rechtspflichten konkretisierende Zulassungsbescheid und nicht zwischenzeitlich festgeschriebene abstrakte normative Standards. Nur insoweit kommt es auf die Einhaltung der einschlägigen Rechtsvorschriften an.[559] Denn nicht die Veränderung der abstrakt-generell normierten Umweltstandards bestimmt die Rechtspflichten des Unternehmens sondern der konkret-individuelle Bescheid. Es ist Aufgabe der Vollzugsbehörden, die Divergenz zwischen geändertem normativem Standard und konkretem Bescheid durch entsprechende Maßnahmen aufzuheben. Solange dies nicht erfolgt, handelt das Unternehmen rechtskonform. Zu mehr braucht es sich nicht zu verpflichten.

---

[559] Lübbe-Wolff, EU-Verordnung, DVBl. 1994, S. 361 (370); Kothe, UmweltauditR, 1997, Rn. 289; ähnlich Müggenborg, Prüfungsumfang, DB 1996, S. 125 (127), der sich allerdings auf strengere Grenzwerte in den Verwaltungsvorschriften wie der TA Luft, TA Lärm und den Abwasser-Verwaltungsvorschriften nach § 7 a WHG als in den Genehmigungen bezieht.

III. Nicht genehmigungsbedürftige Vorhaben

Bei nicht zulassungsbedürftigen Aktivitäten sind Rechtsmaßstab unmittelbar und ausschließlich die einschlägigen abstrakten Vorschriften, wobei die Rechtsanpassung entweder nach den gesetzlich vorgeschriebenen Anpassungszeiträumen oder bei Fehlen solcher Übergangsvorschriften mit Inkrafttreten der Norm und einer einzuräumenden, allerdings unverzüglichen Anpassungsreaktion zu erfolgen hat.[560] Denn in diesen Fällen bedarf es keiner Konkretisierung durch Verwaltungsakt. Das Unternehmen verstößt - auch bei Änderung der Norm - jeweils gegen den aktuellen Stand des Rechts.

IV. Duldung

In den Fällen, in denen die Vollzugsbehörde es unterläßt, gegen ein ihr als rechtswidrig bekanntes Handeln einzuschreiten und dieses daher duldet, wird unterschiedlich beurteilt, ob Rechtsmaßstab im Sinne der EMAS-VO die behördliche Duldung oder der tatsächlich vorliegende Verstoß gegen geltendes Recht ist.

1. Verstoß gegen Rechtsnorm

Nach einer Ansicht ändert die behördliche Duldung eines rechtswidrigen Zustandes nichts an der Einordnung als Rechtsverstoß. Behördliche Einzelfallentscheidungen, die eine explizite oder implizite Duldung rechtswidriger Zustände beinhalten, änderten nichts am Vorliegen eines Rechtsverstoßes, sondern nur an einer ordnungsbehördlichen Verfolgung. Folglich verstoße ein Betrieb trotz Duldungsverfügung gegen geltendes Recht, so daß diese Verfügung nicht als Rechtsmaßstab heranziehen sei.[561]

2. Differenzierung zwischen Duldungstatbeständen

Eine andere Auffassung[562] differenziert aus praktischen Erwägungen, und um Wettbewerbsnachteile zu vermeiden, nach den Gründen für die Duldung.

---

[560] Lübbe-Wolff, EU-Verordnung, DVBl. 1994, S. 361 (370); Kothe, UmweltauditR, 1997, Rn. 290.

[561] Lübbe-Wolff, EU-Verordnung, DVBl. 1994, S. 361 (370).

[562] Kothe, UmweltauditR, 1997, Rn. 317 f. (Rn. 332).

Unternehmen, deren Anlagenbetrieb lediglich aus Gründen der Verhältnismäßigkeit vorübergehend geduldet werde, hielten die einschlägigen Vorschriften nicht ein.

Wenn die Unternehmen aber infolge Untätigkeit der Vollzugsbehörde nicht die Umweltvorschriften einhalten können, soll ihnen die Validierung nicht versagt werden.

Bei gebundenen Genehmigungen, wie z.B. den immissionsschutzrechtlichen Genehmigungen, die dem Charakter präventiver Verbote mit Erlaubnisvorbehalt entsprechen, soll validiert werden dürfen, wenn der Gutachter die Genehmigungsfähigkeit, bereits erfolgte Antragstellung und sichere Indizien für eine behördliche Duldung feststelle, da dann von einer Einhaltung der Vorschriften auszugehen sei.

In Fällen repressiver Verbote mit Befreiungsvorbehalt, wie etwa wasserrechtlichen Erlaubnissen oder Bewilligungen, vermöge eine etwaige Duldung mangels positiver Willensäußerung grundsätzlich nicht die noch ausstehende Ermessensentscheidung zu ersetzen oder auch nur vorzuprägen. Die Duldung lasse in diesen Fällen nicht zwingend auf die Einhaltung der Vorschriften schließen, so daß dem Gutachter empfohlen wird, in derartigen Fällen nicht zu validieren.

Gemeinsam ist den Duldungstatbeständen, die nach dieser Ansicht keinen Verstoß gegen einschlägige Umweltvorschriften im Sinne der EMAS-VO darstellen sollen, daß die Herbeiführung des rechtswidrigen Zustandes gerade nicht auf einem Verhalten der Unternehmen, sondern auf der Untätigkeit der Behörde beruht.

3. Entscheidung

Gegen erstgenannte Auffassung spricht, daß diese den Vollzugsbehörden ermöglichte, entgegen ihrer Duldung des rechtswidrigen Zustandes den Rechtsverstoß der Eintragungsstelle zu melden und eine Eintragung des Standortes vorübergehend abgelehnt oder aufgehoben werden müßte. Die Behörde würde sich in einen krassen Widerspruch zu ihrem ordnungsrechtlichen Verhalten setzen. Auch das Verfahren in § 34 Nr. 2 UAG kann dieses widersprüchliche Verhalten nicht wirksam verhindern, wenn ein geduldeter rechtswidriger Zustand generell den Verstoß gegen einschlägige Umweltvorschriften im Sinne der EMAS-VO bedeutete. Denn nur wenn mit vertretbaren Gründen das Vorliegen eines Verstoßes durch das Unternehmen bestritten werden kann, hat es nach dieser Vorschrift die Möglichkeit bei Glaubhaftmachung eines Nachteils die Streichung oder Aufhebung zu verhindern, sofern noch kein vollziehbarer Verwaltungsakt, kein rechtskräftiger Bußgeldbescheid oder eine rechtskräftige strafgerichtliche Verurteilung vorliegt. Bei der Duldung liegt nach erstgenannter Ansicht jedoch ein Rechtsverstoß vor, der schwer zu bestreiten sein dürfte. Diese Auffassung hätte zur Konsequenz, daß sich das Unternehmen nicht auf die Duldung berufen könnte, um die Streichung oder Aufhebung zu verhindern. Dieses Ergebnis ist nicht im Interesse einer einheitlichen Verwaltungspraxis, nach der Rechtsverstöße im Ordnungsrecht als auch im EMAS-System gleichermaßen behandelt werden. Das generelle Abstellen auf den rechtswidrigen Zustand bei der Duldung kann daher auch nicht Beurteilungsmaßstab für den Umweltgutachter sein.

Es ist daher letztgenannter Auffassung zu folgen. Die dort vorgenommene Differenzierung nach Duldungstatbeständen erscheint auch geboten. Denn in den Fällen, in denen die Aufrechterhaltung des rechtswidrigen Zustandes auf der Untätigkeit der Behörde beruht und das Unternehmen bzw. der Standort alles Erforderliche getan hat, um die Rechtswidrigkeit des Zustandes abzustellen, liefe es den Intentionen des EMAS-Systems zuwider, wenn der Standort aufgrund eines objektiv feststellbaren Rechtsverstoßes nicht validiert und nicht eingetragen werden dürfte. In diesen Fällen dürfte insbesondere das Umweltmanagementsystem funktionieren, da das Verhalten am Standort auf die Abstellung des Rechtsverstoßes gerichtet ist. In den Fällen der vorübergehenden Duldung aus Gründen der Verhältnismäßigkeit bzw. bei repressiven Verboten mit Befreiungsvorbehalt hat das Unternehmen bzw. der Standort selbst den rechtswidrigen Zustand herbeigeführt. Dies dürfte meist ein Indiz für das Nicht-Funktionieren des Umweltmanagementsystems sein. Damit ist bei den Duldungstatbeständen nach den Gründen für die Duldung zu differenzieren.

V. Sanierungsabrede

Bestehen in öffentlichen Vorschriften oder Genehmigungsbescheiden Grenzwerte, die von den Unternehmen nicht eingehalten werden und wird zwischen den Umweltbehörden und den Unternehmen ein Sanierungsplan festgelegt, so hindert die Sanierungsabrede nicht an der Einstufung als Rechtsverstoß.[563] Denn der Sanierungsplan macht den Verstoß gegen die Grenzwerte nicht rechtmäßig, sondern soll dazu führen, daß dieser Verstoß abgestellt wird.

VI. Ergebnis

Damit gehören zu den einschlägigen Umweltvorschriften alle Außenrechtsnormen nach europäischem und nationalem Recht, denen bei zulassungsbedürftiger Aktivität kein widersprechender Zulassungsbescheid entgegensteht und insofern die Bedingungen am Standort ihnen nicht nach einer gesetzlichen oder einzuräumenden Anpassungsfrist angeglichen werden müssen. Bei der Duldung eines rechtswidrigen Zustandes ist zwischen den einzelnen Duldungstatbeständen zu differenzieren. Ein Sanierungsplan hindert die Einstufung als rechtswidrigen Zustand nicht.

Der Umweltgutachter hat demnach zu kontrollieren, ob die Umweltpolitik des Unternehmens darauf abzielt, diese Vorschriften einzuhalten, sie als Ziel des Umweltbetriebsprüfungsprogramms erkannt worden sind, der Grad der Übereinstimmung mit diesen Vorschriften festgestellt wurde, ob das Vorschriftenverzeichnis diese am Standort einzuhaltenden Vorschriften beinhaltet und das Umweltmanagementsystem für ihre Einhaltung geeignete Korrekturmaßnahmen vorsieht und anwendet.

D. Rechts- und Verwaltungsvorschriftenverzeichnis

Beim Anlegen des Verzeichnisses von Rechts- und Verwaltungsvorschriften[564] stellt sich die Frage nicht, ob Verwaltungsvorschriften unter diese Normen fallen, da sie ausdrücklich miteinbezogen sind.

Unter diese Rechts- und Verwaltungsvorschriften fallen alle solchen, die für den Standort bedeutsam sein können, die also für die Vollzugsbehörde Maßstab

---

563 Waskow, Betriebliches Umweltmanagement, 2. Aufl. 1997, S. 29; Feldhaus in: Rengeling, EURDUR, 1998, § 36 Rn. 73.

ihres Handelns sind oder werden können. Maßgeblich ist die Standortrelevanz. Das Verzeichnis dient nur als Orientierungshilfe am Standort, nach welchen Vorschriften die Behörde ihr Handeln ausrichtet.

Daher ist im Gegensatz zu den einschlägigen Umweltvorschriften keine Unterscheidung zwischen Generalklauseln und Konkretisierungen vonnöten, da die Generalklauseln auch unmittelbar für das Unternehmen gelten. Daraus folgt, daß z.B. die Betreiberpflichten nach § 5 BImSchG in dieses Verzeichnis aufgelistet werden müssen, obschon sie - solange noch nicht konkretisiert - am Standort nicht eingehalten werden müssen.

Ebensowenig ist es unschädlich, bei zulassungsbedürftigen Aktivitäten die inzwischen veränderten normativen Standards aufzunehmen. Dadurch kann sich das Unternehmen bereits darauf einstellen, daß aufgrund der veränderten Norm vollzugsbehördliche Maßnahmen zu erwarten sind und sein Verhalten dementsprechend darauf ausrichten, z.B. einer solcher Maßnahme zuvorkommen, indem diese Standards bereits eingehalten werden.

Auch in Fällen der Duldung sind die entsprechenden Rechtsnormen, deren Verstoß geduldet wird, miteinzubeziehen. Durch die Auflistung dieser Normen wird das Bewußtsein des Rechtsverstoßes gestärkt, so daß das Unternehmen entsprechende Maßnahmen einleiten kann, um diesen rechtswidrigen Zustand zu beenden, etwa bei einer beantragten Genehmigung die Behörde nochmals aufzufordern, endlich tätig zu werden und die Genehmigung zu erteilen.

E. Zusammenfassendes Ergebnis

Zusammengefaßt bedeutet dies, daß in die Umweltpolitik und als Ziel des Betriebsprüfungsprogramms nur Rechts- und keine Verwaltungsvorschriften als einschlägige Umweltvorschriften aufzunehmen und nur diese im Rahmen der Stichprobenkontrolle nach der Revision der EMAS-VO Gegenstand der Gutachterkontrolle sind. Ausgenommen sind bei genehmigungsbedürftigen Tätigkeiten die noch nicht konkretisierten Generalklauseln sowie die zwischenzeitlich veränderten normativen Standards, soweit ein zuvor ergangener Zulassungsbescheid diesen noch entgegensteht. Bei behördlichen Duldungen ist zwischen den einzelnen Duldungstatbeständen zu differenzieren. Sanierungsabre-

---

[564] Anhang I B 3 EMAS-VO.

den bei Verstößen gegen gesetzliche oder behördlich aufgestellte Grenzwerte lassen die Beurteilung der Rechtswidrigkeit des Verstoßes unberührt.

Im Rahmen des Umweltmanagementsystems sind sowohl Rechts- als auch Verwaltungsvorschriften in das anzufertigende Verzeichnis aufzunehmen, wobei wegen der fehlenden Verpflichtungswirkung dieser Auflistung keine Ausnahmen wie bei den einschlägigen Umweltvorschriften zu machen sind.

7. Kapitel: Bewertung der gutachterlichen Tätigkeit im Verhältnis zu den Vollzugsbehörden

Damit steht fest, daß die Rechtsprüfung des Umweltgutachters weit hinter derjenigen der Vollzugsbehörden zurückbleibt und seine gesamte Tätigkeit einen anderen Schwerpunkt hat. Die Behörden kontrollieren die tatsächliche Einhaltung der Umweltvorschriften und sind dabei auch verwaltungsintern an Verwaltungsvorschriften bei ihren Ermessensentscheidungen gebunden. Sie sind nicht nur für die Überwachung der Standorte zuständig, sondern auch für die Genehmigungen, die erst ein bestimmtes Tätigwerden am Standort erlauben.

Der Umweltgutachter kann erst nach Aufnahme einer solchen Tätigkeit den Standort überprüfen. Dabei hat er nicht vorrangig die Einhaltung des Rechts zu überwachen, sondern prüft in erster Linie, ob sich die Unternehmen in der Umweltpolitik zu rechtskonformen Handeln verpflichtet und dies auch als Zielsetzung in ihrem Umweltbetriebsprüfungsprogramm festgelegt haben. Wenn Rechtsverstöße Indizien insbesondere für das Nichtfunktionieren des Umweltmanagementsystems sind, hat er eine eingehendere Kontrolle vorzunehmen und bei Funktionsunfähigkeit die Validierung zu verweigern. Nach der Revision der EMAS-VO muß er darüber hinaus stichprobenartig, allerdings nicht umfassend, die Rechtskonformität prüfen. Die Vollzugsbehörden können sich daher nicht darauf verlassen, daß die Rechtsvorschriften hundertprozentig eingehalten werden.

Verwaltungsvorschriften und auch Rechtsvorschriften, soweit sie einer Konkretisierung bedürfen und diese noch nicht erfolgt ist, oder fortgeschriebene normative Standards darstellen, denen ein vorhergehender anderslautender Zulassungsbescheid entgegensteht, sind nicht Beurteilungsmaßstab der Prüfung des

Umweltgutachters. Im Gegensatz dazu sind die Umweltbehörden bei ihrer Überwachung an die Verwaltungsvorschriften gebunden.

Die Überprüfung durch den Umweltgutachter ist vielmehr darauf angelegt, die Verfahrensweisen und Mechanismen am Standort, die zur Verwirklichung der Umweltpolitik und damit auch der Rechtskonformität führen sollen, auf ihre Eignung hin zu überprüfen.

Die Überwachungsaufgaben, die den Vollzugsbehörden nach Umweltordnungsrecht obliegen, werden ihm nicht übertragen. Soweit er die Einhaltung des Rechts stichprobenartig kontrolliert, überschneidet sich seine Tätigkeit mit der ordnungsbehördlichen Überwachung, allerdings nur in einem geringen Umfang.

Der Umweltgutachter ist daher kein Verwaltungssubstitut sondern eine Kontrollinstanz auf anderer Ebene, die mit Umweltmanagementkontrolle zutreffend bezeichnet sein dürfte.

8. Kapitel: Zulassung

Die Bestimmungen zur Zulassung sind entscheidend, um ein verordnungskonformes Tätigwerden der Umweltgutachter, d.h. eine effektive Umweltmanagementkontrolle, zu gewährleisten. Die EMAS-VO gibt Rahmenbedingungen für die Zulassung von Umweltgutachtern vor und überläßt die weitere Regelung den Mitgliedstaaten.[565]

Wegen der vorrangigen Bestimmungen der EMAS-VO werden bei der Darstellung der Zulassungsanforderungen, dem Zulassungsverfahren und der Zulassungsstelle zunächst die Anforderungen nach der EMAS-VO, dann die nationalen Bestimmungen erörtert und schließlich deren Vereinbarkeit mit den Regelungsaufträgen erörtert.[566]

[565] vgl. die Ausführungen im 2. Teil.

A. Begriff des Umweltgutachters

I. EMAS-VO

Mit dem Begriff des Umweltgutachters sind nach der Legaldefinition der EMAS-VO[567] sowohl vom Unternehmen unabhängige Personen als auch Organisationen erfaßt.

II. UAG

Nach der Definition in § 2 Abs. 2 UAG ist grundsätzlich nur eine natürliche Person und damit eine Einzelperson Umweltgutachter im Sinn des Gesetzes. Der Begriff der Umweltgutachterorganisation wird gesondert in § 2 Abs. 3 UAG definiert und umfaßt die dort genannten Personen- und Kapitalgesellschaften. Der deutsche Gesetzgeber geht also vom Einzelgutachter aus und regelt Organisationen von Umweltgutachtern im wesentlichen durch Verweisung.[568] Denn die Umweltgutachterorganisationen setzen mindestens einen zugelassenen Einzelgutachter in der Leitungsebene voraus.[569]

Weiterhin ist die Möglichkeit vorgesehen, daß sich Umweltgutachter und Umweltgutachterorganisationen Personen bedienen, die Inhaber einer sog. Fachkenntnisbescheinigung oder Lehrgangsbescheinigung sind.[570]

In Deutschland wird daher ein individualbezogener Ansatz bei der Zulassung verfolgt.[571]

III. Individual- oder organisationsbezogener Ansatz - Vereinbarkeit des Begriffs des UAG mit dem der EMAS-VO

Uneinigkeit herrscht darüber, ob dieser Ansatz der Konzeption der EMAS-VO entspricht oder, ob die Zulassung von Organisationen der Regelfall sein sollte, insbesondere nur sie eine uneingeschränkte Zulassung erhalten können.

---

[566] Die verfassungsrechtliche Prüfung der nationalen Zulassungs- und Aufsichtsbestimmungen erfolgt gesondert im 16. Kapitel.

[567] Art. 2 m EMAS-VO; Art. 2 q RevE EMAS-VO.

[568] Kothe, UmweltauditR, 1997, Rn. 401.

[569] § 10 Abs. 1 UAG; näher dazu im 8. Kapitel Abschnitt D. III. 2.

[570] §§ 8, 9 Abs. 1 Satz 2 Nr. 1 b, c, 10 Abs. 1 Nr. 1 b, 2 b, c UAG.

[571] Falk, Vergleich, NVwZ 1997, S. 144 (146); Köck, Pflichten- und Kontrollsystem, VerwA 1996, S. 664 (667).

1. Organisationsbezogener Ansatz

Nach einer Ansicht[572] ist der organisationsbezogene Ansatz vorrangig.

Dies ergebe sich aus dem Aufbau des Anhangs III EMAS-VO, der zunächst die allgemeinen Anforderungen für alle Umweltgutachter in Nr. 1 festlege und unter Nr. 2 als Unterfall die Zulassung des Einzelgutachters regele, so daß die Verordnung vom Leitbild der Gutachterorganisation geprägt sei und die Einzelpersonenzulassung eine Art Ausnahmecharakter habe.[573]

Durch die Anforderungen an das Personal des Umweltgutachtes in Nr. 1 gehe die EMAS-VO davon aus, daß als uneingeschränkt zugelassener Gutachter nur Organisationen mit entsprechendem diversifizierten Mitarbeiterstab in Betracht kämen.[574] Einzelgutachter könnten gemäß Anhang III A 2 EMAS-VO grundsätzlich nur eine auf einzelne Unternehmensbereiche, für die sie die notwendige Fachkunde besäßen, beschränkte Zulassung erhalten.[575]

Die Bezugnahme auf den Standard EN 45012, Artikel 4 und 5 bei den Anforderungen an die Unabhängigkeit und Objektivität[576] lasse ebenfalls die Tendenz der EMAS-VO erkennen, daß die Zulassung als Gutachterorganisation die Regel sein sollte.[577] Diese Norm, die als Vorschrift für Qualitätsmanagementsysteme im Rahmen des EMAS-Systems modifiziert angewendet werden muß, legt allgemeine Kriterien für Stellen, die Qualitätssicherungssysteme zertifizieren, fest, und verlangt u.a. die Einrichtung eines sog. Lenkungsgremiums und setzt das Vorhandensein von Personal voraus. Sie stelle daher Anforderungen auf, die nur von Organisationen erfüllt werden könnten.[578]

---

[572] Lübbe-Wolff, EU-Verordnung, DVBl. 1994, S. 364 (366); dies., Umweltauditgesetz, NuR 1996, S. 217 (222); Falk, Vergleich, NVwZ 1997, S. 144 f.; ähnlich Köck, Pflichten- und Kontrollsystem, VerwA 1996, S. 644 (667), der es vermeidet von einem rechtlichen Vorrang des organisationsbezogenen Ansatzes zu sprechen, den individualbezogenen Ansatz jedoch für nicht unproblematisch hält.

[573] Falk, Vergleich, NVwZ 1997, S. 144 (146).

[574] Lübbe-Wolff, EU-Verordnung, DVBl. 1994, S. 364 (366); dies., Umweltauditgesetz, NuR 1996, S. 217 (222).

[575] Lübbe-Wolff, Umweltauditgesetz, NuR 1996, S. 217 (222).

[576] Anhang III A 1 EMAS-VO.

[577] Falk, Vergleich, NVwZ 1997, S. 144 f.

[578] vgl. Lübbe-Wolff, Umweltauditgesetz, NuR 1996, S. 217 (221 Fn. 48); auf den näheren Inhalt der Norm EN 45012 wird bei der Darstellung der Anforderungen an die Unabhängigkeit der Gutachterorganisation im 8. Kapitel Abschnitt D. VI. 1. eingegangen.

Im übrigen lege auch die Entstehungsgeschichte den organisatorischen Ansatz nahe, da bei der Ausarbeitung der EMAS-VO die Briten, die einen solchen Ansatz verfolgten, dominierend gewesen seien.[579]

2. Individualbezogener Ansatz

Eine andere Auffassung[580] betrachtet die Zulassung von Einzelgutachtern und Organisationen als von der EMAS-VO gleichwertig eingestuft und erblickt keinen rechtlichen Vorrang für die Zulassung von Organisationen.

Zwar spreche in tatsächlicher Hinsicht die enorme Bandbreite hoher fachlicher Anforderungen, denen der Gutachter und sein Personal nach Anhang III A zu genügen hätten, dafür, daß die EMAS-VO tendenziell davon ausgehe, daß nur Gutachterorganisation uneingeschränkt zugelassen werden könnten. Doch aus Anhang III A 2 ergebe sich nicht, daß dem Umweltgutachter nur eine beschränkte Zulassung zu erteilen wäre, sondern vielmehr, daß auch seine Fachkunde umfassend sein müsse. Dies zeige die Formulierung, daß der Einzelgutachter innerhalb des "Geltungsbereichs der Zulassung" fachkundig zu sein habe und er insbesondere Fachwissen in technischen, ökologischen und rechtlichen Fragen entsprechend dem Geltungsbereich seiner Zulassung sowie in bezug auf Umweltbetriebsprüfungsmethoden und -verfahren nachweisen müsse. Das Fachkundeerfordernis in Anhang III A 2 habe daher nur deklaratorischen Charakter.[581] Da der Umweltgutachter die Umweltpolitik, Umweltprogramm, Umweltmanagementsystem, Umweltprüfungs- und Umweltbetriebsprüfungsverfahren und Umwelterklärungen des Unternehmens am Standort gemäß Art. 3, 4 Abs. 3 EMAS-VO vollständig prüfe, sei auch sein erforderliches Fachwissen umfassend. Er müsse gemäß Anhang III A 2 Abs. 1 EMAS-VO die erforderliche Befähigung und Erfahrung besitzen, um die in Teil B beschriebene Standortüberprüfung vorzunehmen, bzw. gemäß Anhang III A 2 Abs. 2 EMAS-VO bei der Standortüberprüfung ausreichendes Fachwissen entsprechend dem Geltungsbereich der Zulassung innehaben. Bei der Regelung der Einzelgutach-

---

579 Falk, Vergleich, NVwZ 1997, S. 144 (146).

580 Kothe, UmweltauditR, 1997, Rn. 400; Waskow in: Feldhaus, BImSchR, 1997, Bd. 7 M 1 Rn. 227; Sellner/Schnutenhaus, Umweltmanagement, NVwZ 1993, S. 928 (933), die allerdings bezweifeln, daß ein Einzelgutachter sämtliche Qualifikationsmerkmale erfüllen könne.

581 Waskow in: Feldhaus, BImSchR, 1997, Bd. 7 M 1 Rn. 224.

terzulassung handele es sich daher nicht um die Regelung einer fachlich beschränkten, sondern nur einer standortbezogenen eingeschränkten Zulassung.[582]

Im übrigen erhebe die Verweisung auf EN 45012 keinen Ausschließlichkeitsanspruch; der Nachweis der Unabhängigkeit könne, insbesondere beim Einzelgutachter, auch auf andere Weise geführt werden.[583]

Außer in den Sonderfällen der Nr. 1 Abs. 4 und Nr. 2 gelte Anhang III generell sowohl für Einzelgutachter als auch Gutachterorganisationen, da die o.g. Begriffsbestimmung, nach der sowohl Einzelpersonen als auch Organisationen Umweltgutachter im Sinne der EMAS-VO sind,[584] vorausgesetzt werde. Sowohl der Einzelgutachter als auch die Gutachterorganisation hätten daher den dort geregelten Fachkundeanforderungen zu entsprechen.[585]

Es entspreche auch nicht der Konzeption der EMAS-VO, daß zu hohe fachliche Anforderungen von Einzelpersonen praktisch nicht erfüllt werden könnten und die gutachterliche Tätigkeit zum ausschließlichen Terrain von großen Beratungsgesellschaften machten.[586]

Vereinzelt wurde befürchtet, daß schon der Wettbewerb unter den Gutachtern zu einer Konzentration auf große Umweltgutachterorganisationen führen würde, die der Vorstellung der EMAS-VO vom Umweltgutachter als Einzelperson und der innerstaatlichen Aufteilung, die außerdem noch Inhaber von Fachkenntnis- und Lehrgangsbescheinigungen berücksichtigt, zuwiderlaufe.[587]

3. Stellungnahme

Die Bestimmungen des Anhangs III A EMAS-VO gehen nicht von einem rechtlichen Vorrang der Gutachterorganisationen vor den Einzelgutachtern aus und geben auch nicht vor, daß nur den Organisationen eine uneingeschränkte Zulassung zu erteilen ist.

Außer in Anhang III A 1 Abs. 4 (Organisation) und Anhang III A 2 (Zulassung von Einzelpersonen) beziehen sie sich auf die o.g. Begriffsbestimmung,

---

[582] Kothe, UmweltauditR, 1997, Rn. 403.
[583] Kothe, UmweltauditR, 1997, Rn. 430; Waskow in: Feldhaus, BImSchR, 1997, Bd. 7 M 1 Rn. 229.
[584] Art. 2 m EMAS-VO; Art. 2 q RevE EMAS-VO.
[585] Waskow in: Feldhaus, BImSchR, 1997, Bd. 7 M 1 Rn. 224.
[586] Waskow in: Feldhaus, BImSchR, 1997, Bd. 7 M 1 Rn. 227.
[587] Kothe, UmweltauditR, 1997, Rn. 233.

nach der sowohl Einzelgutachter als auch Gutachterorganisationen Umweltgutachter im Sinne der EMAS-VO sind. Bis auf die genannten Sonderbestimmungen des Anhangs III gilt dieser Anhang gleichermaßen für Umweltgutachter wie für Umweltgutachterorganisationen.

Anhang III A 1 Abs. 4 EMAS-VO führt als Sonderbestimmung nur ein zusätzliches Kriterium für Organisationen ein, um die Offenlegung der organisatorischen Strukturen, Verantwortlichkeiten, Rechts- und Finanzverhältnisse zu gewährleisten. Bei einem alleinverantwortlichen Einzelgutachter existieren solche Strukturen nicht, so daß bei ihm eine solche Bestimmung nicht vonnöten ist.

Die explizite Regelung einer beschränkten Zulassung des Einzelgutachters in Anhang III A 2 führt auch nicht dazu, daß den Organisationen ein rechtlicher Vorrang eingeräumt wird und nur diese eine uneingeschränkte Zulassung erhalten könnten. Zwar ist Anhang III A 2 bezogen auf den Einzelgutachter eine Sondervorschrift zu Anhang III A 1, doch sie sieht nur eine standort- und keine fachbezogene Einschränkung vor. Denn auch hinsichtlich der in dieser Vorschrift geregelten, auf einen Standort beschränkten Zulassung hat der Gutachter die erforderliche Befähigung, Erfahrung und ausreichendes Fachwissen entsprechend dem Geltungsbereich seiner Zulassung nachzuweisen, um die in Teil B genannten Aufgaben auszuführen. Diese Aufgaben sind nach Teil B eine uneingeschränkte Standortüberprüfung und Validierung. Anhang III A 2 regelt daher nur eine Einschränkung einer Zulassung bezogen auf bestimmte Standorte und geht nicht von einer fachlich beschränkten Einzelgutachterzulassung aus.

Im übrigen stellt sie lediglich eine weitere Möglichkeit der Einzelgutachterzulassung dar: Sie "kann erteilt werden". Eine uneingeschränkte Zulassung ist durch diese Bestimmung nicht ausgeschlossen.

Die Möglichkeit einer uneingeschränkten Zulassung für Einzelpersonen als auch Organisationen ergibt sich auch aus einem Umkehrschluß aus Anhang III A 4 d: Dort ist die Alternative einer Einschränkung der Zulassung sowohl für Einzelgutachter als auch für Gutachterorganisationen vorgesehen. Wenn die Zulassung für jeden Umweltgutachter beschränkbar ist, kann dies nur bedeuten, daß sie grundsätzlich unbeschränkt zu erteilen ist.

Ebenso begründet der Verweis auf EN 45012, Artikel 4 und 5, keinen rechtlichen Vorrang der Gutachterorganisationen. Denn diese Norm ist nur als eine Auslegungsmöglichkeit oder eine Art Regelbeispiel vorgesehen, um die zuvor umschriebenen Anforderungen an die Unabhängigkeit und Objektivität des Gutachters festzustellen. Diese Kriterien können allerdings auch ohne Zugrundelegung dieser Norm, insbesondere beim Einzelgutachter, ermittelt werden.

Auch die Dominanz der Briten bei der Ausgestaltung der EMAS-VO spricht nicht für einen organisationsbezogenen Ansatz, da sich die ursprüngliche Formulierung, daß die europäische Norm EN 45012 je nach Fall bei der Festlegung und Anwendung der Zulassungsverfahren und -bedingungen berücksichtigt werden müsse,[588] nicht durchgesetzt hat. Statt dessen wurde die jetzige Fassung des Anhang III A 1, die auch die Feststellung der Unabhängigkeit und Objektivität ohne Rückgriff auf diese Norm vorsieht, in den Verordnungstext aufgenommen. Der von den Briten favorisierte organisations-bezogene Ansatz hat danach zwar noch Berücksichtigung in der EMAS-VO gefunden, aber als Auslegungsalternative keinen rechtlichen Vorrang.

Auch wenn die komplexen Anforderungen an den Umweltgutachter in der Praxis eher für eine uneingeschränkte Zulassung von Organisationen sprechen, läßt sich daher weder ein rechtlicher Vorrang der Gutachterorganisationen aus der EMAS-VO entnehmen, noch schließt die Verordnung eine uneingeschränkte Einzelgutachterzulassung aus. Es blieb daher den Mitgliedstaaten überlassen, inwieweit sie eher einen individualbezogenen oder organisationsbezogenen Ansatz verfolgten. Gleichgültig, welchen Ansatz sie bevorzugten, mußten sie entsprechend der Definition der EMAS-VO sicherstellen, daß sowohl Einzelgutachter als auch Gutachterorganisationen zugelassen werden konnten.

Da Deutschland einen individualbezogenen Ansatz bei der Gutachterzulassung verfolgt hat, haben sich die Befürchtungen einer tatsächlichen Bevorzugung von Umweltgutachterorganisationen zumindest dort bisher nicht bewahrheitet, wie die weitaus höhere Anzahl von zugelassenen Einzelgutachtern gegenüber Gutachterorganisationen belegt.[589] Diese Situation dürfte darauf zurückzuführen sein, daß die Zulassung von Umweltgutachterorganisationen nach

[588] Anhang II A des Vorschlags der Kommission vom 06.03.1992, Abl. EG Nr. C 76/2.
[589] Die Anzahl der zugelassenen Umweltgutachter findet sich im 8. Kapitel Abschnitt G.

dem UAG die Zulassung mindestens eines Einzelgutachters voraussetzt und der Zusammenschluß als Organisation daher gegenüber der Tätigkeit als Einzelgutachter weniger attraktiv erscheint.[590] Die Zulassung einer Gutachterorganisation setzt nicht nur die Zulassung eines Einzelgutachters sondern auch die Erfüllung weiterer Anforderungen voraus.[591]

4. Ergebnis

Wegen des fehlenden Vorrangs eines der beiden Ansätze in der EMAS-VO entspricht der individualbezogene Ansatz des UAG der Konzeption der Verordnung, da er nicht nur von einer Einzelgutachterzulassung ausgeht, sondern auch die Organisationszulassung erfaßt.[592]

5. Bewertung für das Verhältnis zu den Umweltbehörden

Nach der Konzeption der EMAS-VO sind Einzelpersonen gleichermaßen wie Gutachterorganisationen befähigt und berechtigt, die in ihr beschriebenen Aufgaben des Umweltgutachters wahrzunehmen. Dieser Umstand läßt Zweifel dahingehend aufkommen, inwieweit der Einzelgutachter den Vollzug des europäischen oder nationalen Umweltrechts wirksam gewährleisten oder zumindest erleichtern kann. Er dürfte wohl kaum über Mittel und Handlungsmöglichkeiten wie eine Organisation, geschweige denn eine Umweltbehörde verfügen. Die rechtliche Gleichrangigkeit des indivualbezogenen Ansatzes im Verhältnis zum organisationsbezogenen Ansatz spricht demnach dafür, daß der Umweltgutachter nur geringfügig zur Verbesserung des Vollzugs des europäischen Umweltrechts beitragen kann.

---

[590] vgl. Falk, Vergleich, NVwZ 1997, S. 144 (146); anders noch Schottelius, EG-Umwelt-Audit, BB 1995, S. 1551 (1552), der davon ausging, daß das UAG zu einer Benachteiligung der Einzelgutachter führen würde.

[591] vgl. § 10 UAG. Zu den Einzelheiten näher im 8. Kapitel Abschitt D.

[592] So jetzt auch eindeutig die Revision der EMAS-VO: Der Verweis auf die Norm EN 45012 wird in RevE EMAS-VO wegfallen. Anhang V RevE EMAS-VO macht mehrfach deutlich, daß die Bestimmungen sowohl für Einzelgutachter als auch Organisationen gelten. Lediglich Anhang V 5.2.1 RevE EMAS-VO am Ende und Anhang V 5.2.3 RevE EMAS-VO enthalten Sonderbestimmungen für Organisationen bzw. Einzelgutachter, die den bisherigen Bestimmungen des Anhangs III A 1 am Ende und A. 2 EMAS-VO entsprechen. Es ist daher weder ein organisations- noch ein individualbezogener Ansatz nach RevE EMAS-VO als vorrangig zu betrachten.

Im folgenden wird zunächst auf die Zulassungsanforderungen für den Einzelgutachter eingegangen, bevor die Anforderungen an die Zulassung der Organisationen dargestellt werden, sofern diese Unterschiede zu der des Einzelgutachters aufweist.

B. Zulassungsanforderungen an den Einzelgutachter

Die Zulassung des Einzelgutachters erfolgt nach den Bedingungen des Artikels 6 EMAS-VO[593], der einen direkten Regelungsauftrag an die Mitgliedstaaten beinhaltet, die Zulassung durch nationales Recht zu regeln.[594] Diesen Auftrag hatten sie bis zum 01.04.1995 zu erfüllen.[595] Der deutsche Gesetzgeber ist dieser Verpflichtung mit dem Erlaß des UAG verspätet nachgekommen, da dieses Gesetz erst am 08.12.1995 in Kraft getreten ist.[596]

Die Präzisierung der Zulassung war eine der zentralen Fragen bei der innerstaatlichen Umsetzung der EMAS-VO,[597] damit eine über jeden Zweifel erhabene Begutachtung durch den Umweltgutachter als privatem Kontrolleur sichergestellt war.[598]

Eine Zulassung von Umweltgutachtern erfolgte bereits vor Inkrafttreten des UAG durch ein Übergangsmodell, bei dem die Zulassungsstelle DAU[599] von den Ländern beliehen wurde.[600] Die Konformität dieses Übergangsmodells mit der EMAS-VO, sowie die seinerzeit möglichen Rechtsfolgen einer verspäteten Umsetzung des Regelungsauftrags werden wegen des inzwischen eingetreten Zeitablaufs dieser Regelungen nicht mehr erörtert.

---

[593] entsprechend Art. 4 RevE EMAS-VO.

[594] Art. 6 Abs. 1 EMAS-VO; Art. 4 Abs. 1 RevE EMAS-VO.

[595] 21 Monate nach Inkrafttreten der EMAS-VO, Art. 6 Abs. 2 EMAS-VO. Für die Regelung der Zulassung entsprechend den Bestimmungen des RevE EMAS-VO bleibt den Mitgliedstaaten nach Inkrafttreten der neuen Verordnung 12 Monate Zeit, Art. 4 Abs. 2 RevE EMAS-VO.

[596] Zur Entstehungsgeschichte des UAG: Kothe, UmweltauditR, 1997, Rn. 20 ff.; Waskow in: Feldhaus, BImSchR, 1997, Bd. 7 M 1 Rn. 111 ff.; Scherer/Bartsch in: Landmann/Rohmer, UmweltR, 1998, Vorb. UAG Rn. 67 f.

[597] Waskow in: Feldhaus, BImSchR, 1997, Bd. 7 M 1 Rn. 91.

[598] Schmidt-Preuß, Umweltschutz ohne Zwang in: FS für Kriele, S. 1157 (1170).

[599] Deutsche Akkrediiterungs- und Zulassungsgesellschaft für Umweltgutachter mit beschränkter Haftung.

[600] Waskow in: Feldhaus, BImSchR, 1997, Bd. 7 M 1 Rn. 111 f.

I. Umfang der Zulassung

1. EMAS-VO

Die EMAS-VO legt den Umfang der Zulassung nicht fest, sie bezieht sich lediglich darauf, indem sie fordert, daß der Umweltgutachter im Rahmen des Geltungsbereichs seiner Zulassung fachkundig zu sein hat.[601] Eine Beschränkung der Zulassung ist sowohl für Einzelgutachter standortbezogen[602] als auch für alle Umweltgutachter in Form einer fachlich eingeschränkten Zulassung vorgesehen,[603] die zeitlich begrenzt werden und mit Auflagen verbunden sein oder eine Begrenzung des Umfangs der Zulassung beinhalten kann. Gleichzeitig geht die EMAS-VO davon aus, daß die Zulassungsstellen den Zulassungsumfang ausdehnen dürfen, denn für die Beurteilung einer solchen Ausdehnung müssen sie über schriftlich dokumentierte Verfahren verfügen.[604]

2. UAG

Nach dem UAG ist der Umfang der Zulassung grundsätzlich von der Fachkunde über die Unternehmensbereiche abhängig. Die Fachkunde muß entweder der Gutachter selbst oder von ihm angestellte zeichnungsberechtigte Personen vorweisen.[605]

Unternehmensbereiche sind nach der etwas "versteckten Klammerdefinition"[606] in § 7 Abs. 3 UAG gewerbliche und nicht gewerbliche Unternehmensbereiche. Diese Begriffsbestimmung bezieht sich jedoch nicht auf die im deutschen Recht übliche Unterscheidung zwischen gewerblicher und nicht gewerblicher Tätigkeit, sondern auf die Definition in der EMAS-VO, nach der bestimmte Wirtschaftsbranchen nach der Wirtschaftsstatistikverordnung[607] als "Gewerbliche Tätigkeit" gelten.[608] Denn das UAG dient der Durchführung der

---

[601] Anhang III A 1 Abs. 1 EMAS-VO. Nach Anhang V 5.2.2. RevE EMAS-VO bestimmt sich der Umfang der Akkreditierung nach der fachlichen Qualifikation des Umweltgutachters bezogen auf die Wirtschaftszweige (sog. NACE-Codes) der Verordnung (EWG) Nr. 761/93 des Rates (Abl. EG L 83 vom 03.04.1993) - Wirtschaftsstatistik-Verordnung II.

[602] Anhang III A 2 EMAS-VO; Anhang V 5.2.3. RevE EMAS-VO.

[603] Anhang III A 4 a und d EMAS-VO.

[604] Anhang III A 4 d EMAS-VO.

[605] § 9 Abs. 1 UAG.

[606] Kothe, UmweltauditR, 1997, Rn. 404.

[607] siehe Fn. 50.

[608] Art. 2 i EMAS-VO.

EMAS-VO.[609] Der Bezug zu den Unterteilungen in gewerbliche und nicht gewerbliche Tätigkeiten nach der EMAS-VO zeigt sich insbesondere in § 3 UAG, der die Bundesregierung entsprechend dem Regelungsauftrag in Art. 14 EMAS-VO ermächtigt, durch Rechtsverordnung weitere nicht gewerbliche Bereiche im Sinne der EMAS-VO, wie Handel und Dienstleistungen in das Gemeinschaftssystem der EMAS-VO miteinzubeziehen.[610] Aus der Bezugnahme auf die Begrifflichkeit der gewerblichen Tätigkeiten nach der EMAS-VO und der Wirtschaftsstatistikverordnung folgt daher, daß unter Unternehmensbereichen nach § 7 Abs. 3 UAG die Wirtschaftsbranchen zu verstehen sind, und zwar diejenigen nach der Wirtschaftsstatistikverordnung als gewerbliche Unternehmensbereiche und alle anderen, wie z.B. der Handel oder der öffentliche Dienstleistungsbereich, als nicht gewerbliche Unternehmensbereiche.

Gegen einen solchen Branchenbezug der Zulassung spricht auch nicht, daß die Zulassung für einen bestimmten Unternehmensbereich alle Umweltbereiche dieses Unternehmensbereichs beinhaltet.[611] Denn auch die nach § 7 Abs. 2 Nr. 2 erforderlichen Fachkenntnisse über die Umweltbetriebsprüfung, das Umweltmanagement, Umweltangelegenheiten und das Umweltrecht setzen branchenübergreifende Kenntnisse voraus.[612]

Um den Umfang seiner Zulassung zu erweitern, kann der Gutachter als zeichnungsberechtigte Personen nicht nur andere Kollegen[613] sondern auch Fachkräfte anstellen, die nicht als Umweltgutachter zugelassen wurden. Zeichnungsberechtigung bedeutet dabei die Befugnis, eine Umwelterklärung für gültig zu erklären.[614]

Solche Fachkräfte, die teilweise die Bedingungen (Studium und Berufserfahrung)[615] für eine Gutachterzulassung erfüllen, können bei Nachweis der Kenntnis einzelner betrieblicher Umweltschutzsachgebiete eine sogenannte Fach-

[609] Kothe, UmweltauditR, 1997, Rn. 404.

[610] Von dieser Verordnungsermächtigung wurde mit der UAGErwV bereits Gebrauch gemacht.

[611] so aber Schottelius, EG-Umwelt-Audit, BB 1995, S. 1549 (1551).

[612] Kothe, UmweltauditR, 1997, Rn. 405.

[613] § 9 Abs. 1 Satz 2 Nr. 1 a UAG

[614] Lütkes in: Ewer/Lechelt/Theuer, Hdb. Umweltaudit, 1998, Teil F Rn. 73, 92.

[615] siehe zu den Anforderungen an die Zulassung als Fachkenntnisbescheinigungsinhaber im 8. Kapitel Abschnitt C.

kenntnisbescheinigung durch die Zulassungsstelle erlangen.[616] Diese berechtigt zur Arbeit für einen zugelassenen Umweltgutachter, der letztendlich die Verantwortung trägt.[617] Diese Untergliederung einer Umweltgutachterzulassung ermöglicht es somit Personen, die nicht als Umweltgutachter zugelassen sind, am Auditierungsprozess teilzunehmen, und gleichzeitig vor allem dem Einzelgutachter durch die Mitarbeit dieser Personen dessen Tätigkeitsbereich auch auf die Bereiche auszudehnen, für die er nicht als Umweltgutachter zugelassen ist oder die entsprechende Fachkenntnis verfügt,[618] sog. Baukastensystem[619]. Mit der Fachkenntnisbescheinigung wird der Bedarf nach Spezialisten bei gutachterlichen Prüfungen im Rahmen des EMAS-Systems gedeckt.[620] Es wird gewährleistet, daß möglichst vielen qualifizierten Personen der Zugang zum neuen Markt der Umweltgutachter offensteht.[621] Faktisch handelt es sich bei der Zusammenarbeit des Einzelgutachters mit weiteren fachkundigen Personen um eine Personenmehrheit; rechtlich liegt die Befugnis zur Validierung jedoch nicht bei diesem Personenverband als solchem, sondern bei dem zugelassenen Einzelgutachter, der die Gesamtverantwortung bei der Gültigerklärung trägt.[622] Die gutachterliche Tätigkeit des Fachkenntnisbescheinigungsinhabers ist nur im Zusammenwirken mit einem Umweltgutachter erlaubt, der die Berichte und Validierungen verantwortlich zeichnet.[623] Der Gutachter hat auch sicherzustellen, daß Fachkenntnis- und Lehrgangsbescheinigungsinhaber regelmäßig an Fortbildungsmaßnahmen teilnehmen können.[624]

3. Vereinbarkeit mit der EMAS-VO

Da die EMAS-VO den Geltungsbereich der Zulassung nicht näher umschreibt, ist der Begriff des Geltungsbereichs ausfüllungsbedürftig, und es besteht inso-

---

[616] § 8 Abs. 1 UAG.
[617] § 8 Abs. 2 UAG.
[618] § 9 Abs. 1 Satz 2 Nr. 1 b UAG.
[619] BT-Drs. 13/1192 S. 20, 26 f. Zu Einzelheiten des "Baukastensystems" s. Vetter, Umweltauditgesetz, DVBl. 1996, S. 1223 (1227 f.).
[620] BT-Drs. 13/1192 S. 20; Ewer, Öko-Audit, NVwZ 1995, S. 457 (459); Lütkes, Umweltauditgesetz, NVwZ 1996, S. 230 (233); Kothe, UmweltauditR, 1997, Rn. 452.
[621] Kloepfer, UmweltR, 1998, § 5 Rn. 359.
[622] BT-Drs. 13/1192 S. 20.
[623] § 8 Abs. 3 UAG.
[624] § 9 Abs. 1 Satz 2 Nr. 2 UAG.

fern ein indirekter Regelungsauftrag. Die Definition des Geltungsbereichs anhand der Unternehmensbereiche, die am EMAS-System teilnahmeberechtigt sind,[625] erscheint sachgerecht. Denn bei einer solchen branchenbezogenen Zulassung ist sichergestellt, daß der Gutachter in der Lage ist, einen Standort der jeweiligen Branche qualifiziert zu überprüfen.

Die Ausdehnung der Zulassung auf Bereiche, für die der Einzelgutachter selbst die Zulassungsanforderungen nicht erfüllt, durch die Mitarbeit anderer Gutachter und Fachkenntnis- und Lehrgangsbescheinigungsinhaber ist ebenfalls verordnungskonform. Eine solche Ausdehnung der Zulassung ist zwar nicht ausdrücklich von der EMAS-VO geregelt, aber auch nicht ausgeschlossen.[626] Nationale Einteilungen sollten von der EMAS-VO nicht unterbunden werden, sondern der direkte Regelungsauftrag für die Zulassung und der Umstand, daß die EMAS-VO von einer Ausdehnung der Zulassung ausgeht, legen eine solche Lösung nahe.[627] Die EMAS-VO setzt fachkundiges Personal des Umweltgutachters voraus,[628] so daß es sich bei den Regelungen im UAG nicht um eine unzulässige Erweiterung oder Verschärfung der Verordnung handelt. Bis auf die Fachkundeanforderungen gibt die EMAS-VO keine Kriterien für das Personal vor. Daher kann es sich bei den Angestellten des Umweltgutachters auch um Inhaber von Fachkenntnis- und Lehrgangsbescheinigungen handeln, wenn diese die Fachkundeanforderungen der EMAS-VO an das Personal erfüllen.

4. Bewertung

Durch die von der EMAS-VO vorgesehene Möglichkeit der eingeschränkten Zulassung wird dem Umstand Rechnung getragen, daß der Umweltgutachter meist nicht für jeden zu überprüfenden Standort die erforderlichen Fachkenntnisse aufweisen kann. Eine optimale fachkundige Kontrolle wäre bei einer grundsätzlich uneingeschränkten Zulassung nicht möglich.

Die vom UAG geregelte Zulassung von Fachkenntnis- und Lehrgangsbescheinigungsinhabern und der Zulässigkeit der entsprechenden Zusammenarbeit mit Umweltgutachtern eröffnet den Gutachtern die Möglichkeit, eine fach-

[625] So jetzt auch ausdrücklich Anhang V 5.2.2. RevE EMAS-VO.
[626] BT-Drs. 13/1192 S. 26; Feldhaus in: Rengeling, EUDUR, 1998, Bd. I, § 36 Rn. 98.
[627] Kothe, UmweltauditR, 1997, Rn. 452.
[628] Anhang III A 1 EMAS-VO.

kundige Prüfung für weitere Bereiche zu gewährleisten, seine eigenen fehlenden Fachkenntnisse auszugleichen und im Bereich der jeweiligen Zulassungen größeren Sachverstand - besonders im Bereich der Umweltmanagementkontrolle - als die Vollzugsbehörden zu besitzen.

Mit diesen Regelungen wird daher sichergestellt, daß die Umweltmanagementkontrolle qualitativ hochwertig ist.

Die Zulassungsanforderungen werden entsprechend der Umsetzung im UAG aufgeteilt in Fachkunde, Unabhängigkeit und Zuverlässigkeit.

II. Fachkunde

1. EMAS-VO

Innerhalb des Geltungsbereichs seiner Zulassung hat der Gutachter vor allem fachkundig zu sein bzw. sein Personal, dessen Fachkunde dokumentiert sein muß und zwar in folgenden Bereichen:

- Methodologien der Umweltbetriebsprüfung,
- Managementinformation und -verfahren,
- Umweltfragen,
- einschlägige Rechtsvorschriften und Normen einschließlich eines eigens für die Zwecke der EMAS-VO entwickelten Leitfadens sowie
- einschlägige technische Kenntnisse über die Tätigkeiten, auf die sich die Begutachtung erstreckt.[629]

Diese Anforderungen gelten nicht nur für die Umweltgutachterorganisationen, wie die Formulierung, daß das Personal über diese Kenntnisse verfügen muß, vermuten lassen könnte. Denn Anhang III gilt außer in den Sonderbestimmungen der Nr. 1 Abs. 4 und Nr. 2 generell sowohl für Einzelgutachter als auch für Gutachterorganisationen.[630]

Da das Fachkundeerfordernis an den Einzelgutachter in Anhang III A 2 nur deklaratorisch ist, hat er ebenfalls die an das Personal gestellten vorgenannten

---

[629] Anhang III A 1 EMAS-VO. Diese Anforderungen sind in Anhang V 5.2.1. RevE EMAS-VO umformuliert und legen nun meist Wert auf Kenntnis **und** Verständnis des Umweltgutachters.

[630] vgl. Abschnitt III. 3. in diesem Kapitel. In Anhang V 5.2.1 RevE EMAS-VO wird nunmehr ausdrücklich festgelegt, daß die Anforderungen an die fachliche Qualifikation als Mindestanforderungen an alle Umweltgutachter, d.h. sowohl Einzelgutachter als auch Organisationen zu betrachten sind.

fachkundlichen Anforderungen zu erfüllen, wenn er eine uneingeschränkte Zulassung erhalten will.[631]

2. UAG

Die Fachkundeanforderungen nach dem UAG[632] lehnen sich an die Verordnung über Immissionsschutz- und Störfallbeauftragte[633] an.[634] Denn der Aufgabenkatalog des Immissionsschutzbeauftragten in § 54 BImSchG zeigt nach Ansicht des Gesetzgebers[635] ein ähnlich weites Spektrum wie der des Umweltgutachters, so daß die Zulassungsanforderungen an den Umweltgutachter nicht hinter denjenigen des Immissionsschutzbeauftragten zurückbleiben dürften.

Die Anforderungen an die Fachkunde des Umweltgutachters setzten sich im wesentlichen aus drei Komponenten zusammen:
-eine bestimmte Ausbildung bzw. berufliche Bildung,
-Berufserfahrung und
-ausreichende Fachkenntnisse.

Die Ausbildung ist durch ein Studium aus den Bereichen Jura, Betriebs- oder Volkswirtschaft, Verwaltungswissenschaften, Naturwissenschaft und Technik oder Biowissenschaften nachzuweisen.[636] Wegen des Verweises auf § 1 HRG kann der Studienabschluß sowohl an einer Universität als auch an einer Fachhochschule erworben worden sein.[637]

Adäquat zu dieser Ausbildung können auch Fachschulabschlüsse oder Meistertitel sein, wobei der Antragsteller mindestens acht Jahre in leitender Stellung oder als Selbständiger tätig gewesen sein muß.[638] Besonders qualifizierten Personen aus Handwerksbetrieben sowie aus einem kleinen und mittleren Unternehmen sollte damit die Möglichkeit eröffnet werden, als Umweltgutachter tätig zu werden.[639]

---

631 Kothe, UmweltauditR, 1997, Rn. 407.
632 § 7 UAG.
633 5. BImSchV, insbesondere §§ 7 und 8.
634 BT-Drs. 13/1192 S. 25.
635 BT-Drs. 13/1192 S. 19.
636 § 7 Abs. 2 Nr 1 UAG.
637 Vgl. die amtl. Begr., BT-Drs. 13/1192, S. 26.
638 § 7 Abs. 3 UAG.
639 BT-Drs. 13/1192 S. 26.

Außerdem muß der Antragsteller eine mindestens dreijährige Berufserfahrung, und zwar eigenverantwortlich und hauptberuflich, im Bereich des betrieblichen Umweltschutzes vorweisen können.[640] Mit dem Kriterium der Eigenverantwortlichkeit sollten Hilfstätigkeiten ausgeschlossen werden.[641]

Der Umweltgutachter hat darüber hinaus ausreichende Fachkenntnisse in folgenden Gebieten nachzuweisen:

- Methodik und Durchführung der Umweltbetriebsprüfung,
- betriebliches Management,
- betriebsbezogene Umweltangelegenheiten,
- technische Zusammenhänge zu Tätigkeiten, auf die sich die Begutachtung erstreckt und
- einschlägige Rechts- und veröffentlichte Verwaltungsvorschriften und Normen des betrieblichen Umweltschutzes.[642]

Die erforderliche Kenntnis auch der Verwaltungsvorschriften korrespondiert mit der Pflicht des Umweltgutachters zur Überprüfung des Umweltmanagementsystems und damit auch des Anlegens eines Verzeichnisses von Rechts- und Verwaltungsvorschriften[643] und der Pflicht auch die Verwaltungsvorschriften bei der Standortüberprüfung zu berücksichtigen[644]. Damit der Gutachter diesen Pflichten hinreichend nachkommen kann, sind Kenntnisse der einschlägigen Verwaltungsvorschriften unerläßlich.

Die Fachkundeanforderungen an den Umweltgutachter werden in der vom Umweltgutachterausschuß[645] erlassenen[646] UAG-Fachkunderichtlinie (UAG-FkR)[647] weiter präzisiert. Diese Richtlinie ist rechtlich als allgemeine Verwaltungsvorschrift zu qualifizieren[648] und entfaltet daher keine unmittelbare Au-

640 § 7 Abs. 2 Nr. 3 UAG.
641 BT-Drs. 13/1192 S. 26.
642 § 7 Abs. 2 Nr. 2 UAG.
643 Anhang I B 3 EMAS-VO.
644 § 15 Abs. 2 Nr. 5 UAG.
645 zu dessen Zusammensetzung und Aufgaben im einzelnen näher im 10. Kapitel Abschnitt A.
646 gemäß § 21 Abs. 1 Satz 2 Nr. 1 UAG.
647 vom 27.06.1996 in: BAnz. 1996 Nr. 211 S. 11985.
648 BT-Drs. 13/1192 S. 22, 31; Lütkes, Umweltauditgesetz, NVwZ 1996, S. 230 (234); Köck, Pflichten- und Kontrollsystem, VerwA 1996, S. 644 (670); Waskow in: Feldhaus, BImSchR, 1997, Bd. 7 M 1 Rn. 189.

ßenwirkung gegenüber dem Umweltgutachter. Doch die Zulassungsstelle ist an sie verwaltungsintern gebunden und legt daher die darin beschriebenen Anforderungen bei ihrer Zulassungsentscheidung zugrunde.[649]

3. Vereinbarkeit mit den Vorgaben der EMAS-VO

Die Regelungen der Fachkundeanforderungen nach dem UAG entsprechen dem Regelungsauftrag der EMAS-VO.

Die Anforderungen an die Qualifikation und Ausbildung füllen das materielle Zulassungskriterium der Fachkunde aus.[650] Es handelt sich dabei auch nicht um zusätzliche Anforderungen, die nicht hätten geregelt werden dürfen. Die EMAS-VO definiert den Begriff der Fachkunde nicht, sondern setzt ihn bis auf die Bestimmungen für das Personal in Anhang III A 1 voraus. Insbesondere ist nicht festgelegt, welche Qualifikation, Ausbildung und Erfahrung für die dort genannten Kenntnisse adäquat sein sollen. Insofern handelt es sich eine Ausfüllung dieser Begriffe, wenn das UAG eine bestimmte Ausbildung und Qualifikation verlangt.

Auch die nochmalige Aufführung der in der EMAS-VO[651] bereits aufgezählten Fachkundeanforderungen zur besseren Verständlichkeit in § 7 Abs. 2 Nr. 2 UAG entspricht dem Regelungsauftrag. Im Gegensatz zu den unmittelbar geltenden Vorschriften des "Verordnungsteils", deren (auch sinngemäße) Wiederholung untersagt wäre, bedürfen die Fachkundeanforderungen insgesamt der Umsetzung in nationales Recht. Bei der Umsetzung ist auch eine Wiederholung oder Ergänzung, wie dies hinsichtlich der Kenntnisse von Verwaltungsvorschriften geregelt wurde, zulässig. Ob die wiederholenden Regelungen tatsächlich der besseren Verständlichkeit dienen[652] oder nicht[653], ist dabei ohne Belang. Die Regelungen der EMAS-VO zur Ausgestaltung der Fachkundeanforderungen sind von der unmittelbaren Geltung ausgenommen und sind nur für die Mitgliedstaaten verbindlich. Indem der Bundesgesetzgeber diese Anforderun-

---

[649] Die Einzelheiten der UAG-FkR werden erläutert von: Lütkes in: Ewer/Lechelt/Theuer, Hdb. Umweltaudit, 1998, Teil F. Rn. 45 ff.

[650] vgl. BT-Drs. 13/1192 S. 17; zustimmend Kniep, Umwelt-Audit, GewA 1995, S. 317.

[651] Anhang III A Nr. 1 EMAS-VO

[652] so die Ansicht des Gesetzgebers; vgl. BT-Drs. 13/1192 S. 26.

[653] zweifelnd Kothe, UmweltauditR, 1997, Rn. 412.

gen mit anderer Wortwahl in deutsches Recht übernommen und geringfügig ergänzt hat, ist er seinem Regelungsauftrag nachgekommen.

4. Bewertung

Durch die umfassende Regelung der Fachkundeerfordernisse, insbesondere der Fachkenntnisse ist gewährleistet, daß eine fachkundige Prüfung des Standorts erfolgt. Dabei sind die Kenntnisse wie bei den Umweltbehörden nicht nur auf rechtliches und technisches Know-how beschränkt, sondern erstrecken sich vor allem auch auf Umweltmanagement- und Umweltbetriebsprüfungswissen. Ansonsten könnte der Umweltgutachter die über die ordnungsbehördliche Kontrolle von der EMAS-VO neu eingeführte Umweltmanagementkontrolle nicht effektiv vornehmen. Der Umweltgutachter verfügt damit in seinem Prüfungsbereich über umfassendere Fachkenntnisse als die Vollzugsbehörden. Von der Fachkundekonzeption der EMAS-VO und des UAG ist der Gutachter daher im Bereich seiner Zulassung sogar noch qualifizierter als die Ordnungsbehörden selbst, allerdings nicht im ordnungsrechtlichen Bereich, sondern bezüglich der Umweltmanagement- und Umweltbetriebsprüfungskontrolle. Diese bessere Qualifikation gewährleistet daher besonders in diesem Bereich eine fachkundigere Kontrolle, als sie von den Umweltbehörden vorgenommen werden könnte. Für die ordnungsrechtliche Kontrolle ist der Umweltgutachter dagegen nicht besser qualifiziert, so daß die Fachkundeanforderungen allenfalls ein Anhaltspunkt dafür sind, daß eine solche Überprüfung in gleichwertiger Weise vom Gutachter durchgeführt werden könnte.

III. Unabhängigkeit

1. EMAS-VO

a. Allgemeine Kriterien

Weiterhin bedingt die Zulassung die Unabhängigkeit und Objektivität des Gutachters. Der Umweltgutachter hat unabhängig und unparteiisch zu sein. Die EMAS-VO legt besonderen Wert auf die wirtschaftliche Unabhängigkeit, was sich aus der Forderung ergibt, daß der Gutachter nachweisen muß, "daß seine Organisation und sein Personal keinem kommerziellen, finanziellen oder sonstigen Druck unterliegen, der ihr Urteil beeinflussen oder das Vertrauen in ihre

Unabhängigkeit und Integrität bei ihrer Tätigkeit in Frage stellen könnte"[654]. Er darf insbesondere nicht in einem Abhängigkeitsverhältnis zum Betriebsprüfer des Standortes stehen.[655]

b. Verweis auf EN 45012

Umweltgutachter, die der Norm EN 45012, Art. 4 und 5 entsprechen, sollen den Anforderungen an die Unabhängigkeit und Objektivität genügen.[656] Da diese Norm ein Lenkungsgremium voraussetzt, ist sie nur auf Umweltgutachterorganisationen anzuwenden.[657] Die Anforderungen an die Unabhängigkeit des Einzelgutachters richten sich daher nach den zuvor beschriebenen allgemeinen Kriterien.

2. UAG

Der Umweltgutachter besitzt nach dem UAG die erforderliche Unabhängigkeit, wenn er keinem wirtschaftlichen, finanziellen oder sonstigen Druck unterliegt, der sein Urteil beeinflussen oder das Vertrauen in die unparteiische Aufgabenwahrnehmung in Frage stellt.[658]

Dieser fast wortgleich zu den Anforderungen der EMAS-VO formulierte Unabhängigkeit wird in Anlehnung an §§ 43, 44 WPO[659] durch einen Negativkatalog konkretisiert, d.h. folgende Regelbeispiele indizieren grundsätzlich das Fehlen der Unabhängigkeit[660]:

- mindestens überwiegende Beteiligung an einem Unternehmen einer Branche, für die die Zulassung begehrt wird;
- Arbeitsverhältnis bei einem Unternehmen einer Branche, für die die Zulassung beantragt wurde;

---

[654] Anhang III A 1 EMAS-VO; Anhang V 5.2.1. RevE EMAS-VO.

[655] Art. 4 Abs. 4 EMAS-VO; Anhang V 5.2.1. RevE EMAS-VO fordert darüber hinaus auch die Unabhängigkeit vom Berater der Organisation.

[656] Anhang III A 1 EMAS-VO; dieser Verweis wird im Rahmen der Revision wegfallen.

[657] Abschnitt III. 3. in diesem Kapitel.

[658] § 6 Abs. 1 UAG.

[659] BT-Drs. 13/1192 S. 25.

[660] § 6 Abs. 2 UAG; nur einige dieser Regelbeispiele gelten für die Organisation gemäß § 10 Abs. 1 Nr. 5 UAG ensprechend, siehe dazu unter Abschnitt D. VI. in diesem Kapitel.

- nicht ehrenamtliche Tätigkeiten im öffentlichen Dienst, außer bei einer IHK, HWK oder sonstigen Selbstverwaltungskörperschaften der Wirtschaft, wenn es sich nicht um Registrierungsaufgaben im Sinne des Art. 8 EMAS-VO handelt;
- weisungsabhängige Tätigkeiten, die die Gutachtertätigkeit beeinflussen;
- Verflechtung mit Dritten, die Einfluß auf die Gutachtertätigkeit ausüben könnten.

Kritisiert wird an diesen Regelbeispielen vor allem, daß nicht ausgeschlossen sei, daß potentiell zu begutachtende Unternehmen Inhaber von Gutachterorganisationen sein könnten, was eher die Regel sein dürfte, als daß eine Umweltgutachterorganisation mehrheitlich an einem solchem Unternehmen beteiligt wäre.[661]

Diese Ansicht verkennt jedoch, daß es sich hierbei um Regelbeispiele handelt, die nicht abschließend sind. Die Unabhängigkeit ist bereits dann ausgeschlossen, wenn ein wirtschaftlicher Druck anzunehmen ist. Wenn potentiell zu begutachtende Unternehmen Inhaber von Gutachterorganisationen sind, dürfte in der Regel die Annahme eines wirtschaftlichen Drucks auf die Umweltgutacherorganisation gerechtfertigt sein, da die Unternehmen die Möglichkeit besäßen, über ihre Mehrheitsbeteiligung Druck dahingehend auszulösen, ob und welcher Konkurrent begutachtet werden soll. In der Regel wird daher die Zulassungsstelle bereits nach der Generalklausel die Unabhängigkeit verneinen, wenn ein Unternehmen eine Mehrheitsbeteiligung an einer Gutachterorganisation besitzt.

Strikt trennt das UAG zwischen der Unabhängigkeit und der Unparteilichkeit. Letztere gehört zu den erst im Rahmen der Aufsicht zu überprüfenden Pflichten[662] des Umweltgutachters bei seiner konkreten Standortkontrolle und ist daher kein Beurteilungskriterium für die Unabhängigkeit.

3. Vereinbarkeit mit den Regelungsaufträgen der EMAS-VO

Die Regelbeispiele zur Unabhängigkeit entsprechen dem Regelungsauftrag der EMAS-VO, auch die materiellen Anforderungen zur Zulassung in nationales Recht umzusetzen. Das in der Verordnung vorausgesetzte materielle Zulas-

---

[661] Lübbe-Wolff, Umweltauditgesetz, NuR 1996, S. 217 (222).

[662] § 15 Abs. 2 Nr. 3 UAG; vgl. 9. Kapitel Abschnitt A. II. 2.

sungskriterium wird durch die Regelungen konkretisiert, und es werden keine zusätzlichen Anforderungen aufgestellt.

Da der Regelungsauftrag umfassend ist und das Wiederholungsverbot der gemeinschaftsrechtlichen Vorschrift wegen der fehlenden unmittelbaren Geltung nicht greift, entspricht auch die fast wortgleiche Wiederholung der Generaldefinition der Unabhängigkeit[663] dem Regelungsauftrag der EMAS-VO.

Auch ist die Ausklammerung der Unparteilichkeit aus den Zulassungsanforderungen im UAG verordnungskonform. Zwar gehört nach der EMAS-VO zu den Kriterien für die Zulassung, daß der Umweltgutachter unparteiisch ist.[664] Doch ein unparteiisches Handeln dürfte erst im konkreten Einzelfall nach Zulassung festzustellen sein. Daher reicht es aus, wenn an die Unabhängigkeit bei der Zulassung solch hohe Anforderungen aufgestellt werden, daß Interessenkollisionen in der Regel vermieden werden. Dies ist bei den Regeln des UAG der Fall. Es ist daher verordnungsrechtlich nicht zu beanstanden, wenn die "Zulassungsanforderung" des unparteiischen Handeln erst im Rahmen der konkreten Aufsicht geprüft wird.

Von der bei Zulassung bereits geforderten generellen Unabhängigkeit ist diejenige im Einzelfall zu trennen, die erst dann positiv festgestellt werden könnte, wenn der Gutachter mit dem entsprechenden Unternehmen die Begutachtungsvereinbarung[665] schließt. Die EMAS-VO sieht in dem Abschluß dieser Vereinbarung keine Gefahr einer Abhängigkeit, da sie dem Gutachter die Möglichkeit biete, "professionell und unabhängig" zu handeln. Entgegen-stehende Befürchtungen, daß der Gutachter in eine Abhängigkeit gerate,[666] sind nicht von der Hand zu weisen, zumal das Unternehmen den Gutachter auswählen kann und ihn für seine Tätigkeit bezahlt. Um so entscheidender war es, daß das UAG die vorgenannten strengen Anforderungen an die generelle Unabhängigkeit des Umweltgutachters festlegte, um eine derartige persönliche Abhängigkeit zu vermeiden.

---

[663] § 6 Abs. 1 UAG.
[664] Anhang III A 1 EMAS-VO.
[665] Anhang III B 2 EMAS-VO.
[666] Waskow, Betriebliches Umweltmanagement, 1994, S. 61.

4. Bewertung

Durch die Regelungen über die Neutralität und Unabhängigkeit werden Anforderungen an den privaten Umweltgutachter gestellt, die jenen entsprechen, die das Rechtsstaatsprinzip für Organwalter im Hinblick auf Distanz und Objektivität der Amtsführung vorsieht, so daß private und administrative Kontrolle in dieser Hinsicht bemerkenswerte Gemeinsamkeiten aufweisen.[667] Obschon die Gutachter von den Unternehmen ausgesucht und vergütet werden, verhindern die Regelungen über Neutralität und Unabhängigkeit eine persönliche Abhängigkeit zu den Unternehmen. Doch die Anlehnung der Regeln zur Unabhängigkeit an die entsprechenden Vorschriften für die außerhalb der staatlichen Verwaltung stehenden Wirtschaftsprüfer zeigt auch, daß der Gesetzgeber den Umweltgutachter als private Stelle behandelt, die nicht der administrativen Kontrolle angehört.

Es handelt sich beim Umweltgutachter daher um einen privaten Kontrolleur, der annähernd so unabhängig wie die staatliche Umweltverwaltung vom zu begutachtenden Unternehmen ist. Er ist durch diese Unabhängigkeit in der Lage, die von der EMAS-VO vorgesehene Umweltmanagementkontrolle mit der nötigen Distanz zum Unternehmen vorzunehmen.

IV. Integrität bzw. Zuverlässigkeit

1. EMAS-VO

Das in § 5 UAG geforderte Merkmal der "Zuverlässigkeit" wird in der EMAS-VO als ausdrückliche materielle Vorgabe nicht genannt.

2. UAG

§ 5 Abs. 1 UAG umschreibt als Generalklausel das Merkmal der "Zuverlässigkeit" positiv und orientiert sich dabei an der Ausprägung des fach- und gewerberechtlichen Zuverlässigkeitsbegriffs, wie ihn u.a. § 10 Abs. 1 der 5. BImSchV voraussetzt.[668]

---

[667] Schmidt-Preuß, Umweltschutz ohne Zwang in: FS für Kriele, S. 1157 (1171).

[668] BT-Drs. 13/1192 S. 25. Nach dem BVerwG ist derjenige unzuverlässig, der nach dem Gesamteindruck seines Verhaltens nicht die Gewähr dafür bietet, daß er sein Gewerbe künftig ordnungsgemäß betreibt, BVerwG, Urteil vom 02.02.1982 - 1 C 146.80 - in: BVerwGE 65, 1.

Der Umweltgutachter ist dann zuverlässig, wenn er aufgrund seiner persönlichen Eigenschaften, seines Verhaltens und seiner Fähigkeiten zur ordnungsgemäßen Erfüllung der ihm obliegenden Aufgaben geeignet ist.[669]

Wie schon bei der Unabhängigkeit wird die Zuverlässigkeit durch einen Negativkatalog konkretisiert. Dieser Katalog lehnt sich stellenweise an die Regelung des § 10 der 5. BImSchV an.[670] Folgende Regelbeispiele[671] indizieren grundsätzlich, daß der Umweltgutachter die Zuverlässigkeit nicht besitzt:

1. Verurteilung mit einer Strafe bzw. einer Geldbuße in Höhe von mehr als DM 1000,- wegen Verletzung
   a) strafrechtlicher Vorschriften über Eigentums- und Vermögensdelikte, Urkundenfälschung,
   Konkursdelikte, gemeingefährlicher Delikte und Umweltdelikte
   b) umweltrechtlicher Spezialvorschriften
   c) anderer Fachgesetze
2. wiederholte und grob pflichtwidrige Verstöße
   a) gegen die o.g. Spezialvorschriften und Fachgesetze
   b) gegen die Pflichten als Beauftragter nach umweltrechtlichen Spezialgesetzen
3. Verlust der Fähigkeit zur Bekleidung öffentlicher Ämter aufgrund strafrechtlicher Verurteilung
4. nicht geordnete wirtschaftliche Verhältnisse, mit der Ausnahme, daß keine Interessen der Auftraggeber oder anderer Personen gefährdet sind
5. die nicht nur vorübergehende Unfähigkeit der ordnungsgemäßen Ausübung des Berufs des Umweltgutachters infolge körperlicher Gebrechen, Schwäche seiner geistigen Kräfte oder wegen einer Sucht.

3. Vereinbarkeit mit der EMAS-VO

Nach Ansicht des Gesetzgebers handelt es sich bei der Zuverlässigkeit um ein "erforderliches Merkmal"[672], das dem Begriff der Integrität entspricht.[673]. Dem

---

[669] § 5 Abs. 1 UAG.
[670] BT-Drs. 13/1192 S. 25.
[671] § 5 Abs. 2 UAG.
[672] BT-Drs. 13/1192 S. 25.
[673] Lütkes in: Ewer/Lechelt/Theuer, Hdb. Umweltaudit, 1998, Teil E Rn. 11.

ist zuzustimmen. Es besteht zwar kein direkter Regelungsauftrag, aber in Anhang III A 1 Abs. 2 EMAS-VO[674] wird die Integrität vorausgesetzt und damit die Zuverlässigkeit indirekt gefordert.[675] Der nationale Gesetzgeber verfügte daher hinsichtlich der Anforderung der Zuverlässigkeit, die eine deutsche Besonderheit darstellt, über einen Durchführungsspielraum.[676]

4. Kritik an einzelnen Regelbeispielen

Den Regelbeispielen des UAG wird nicht uneingeschränkt zugestimmt.

Vereinzelt[677] wird das Regelbeispiel über die ungeordneten wirtschaftlichen Verhältnisse kritisiert. Ungeordnete wirtschaftliche Verhältnisse und eine dadurch noch verschärfte Abhängigkeit des Gutachters von seinen Geldgebern gefährde nicht "die Interessen der Auftraggeber" oder bestimmter "anderer Personen", sondern das Allgemeininteresse an der umweltschutzwirksamen Funktionsfähigkeit des Umwelt-Audits. An diesem Problem ziele die Vorschrift vollkommen vorbei.

Diese Bedenken sind zunächst nicht von der Hand zu weisen, zumal der Gesetzgeber ohne Angabe von Gründen bei Umweltgutachterorganisationen in § 10 Abs. 1 Nr. 4 UAG keine derartige Einschränkung gemacht hat. Bei den Organisationen wird generell bei ungeordneten wirtschaftlichen Verhältnissen Unzuverlässigkeit angenommen. Eine Ausnahmebestimmung wie beim Einzelgutachter fehlt.

Allerdings ist zu berücksichtigen, daß es sich bei dem Regelbeispiel um eines für die Zuverlässigkeit des Einzelgutachters und nicht um dessen Unabhängigkeit oder Objektivität handelt. Bei der Feststellung der Zuverlässigkeit wird nur ermittelt, ob der Gutachter aufgrund seiner Persönlichkeit zur ordnungsgemäßen Ausübung seines Berufes in der Lage ist. Die Vorschrift sollte damit klarstellen, daß ungeordnete wirtschaftliche Verhältnisse bei einer Einzelperson nicht generell dazu führen müssen, daß eine ordnungsgemäße Berufsausübung nicht gewährleistet ist. Bei fehlender Gefährdung von Drittinteressen wird daher

[674] entsprechend Anhang V 5.2.1. Abs. 2 RevE EMAS-VO.
[675] BT-Drs. 13/1192 S. 19; Lübbe-Wolff, Umweltauditgesetz, NuR 1996, S. 217 (221).
[676] Köck, Pflichten- und Kontrollsystem, VerwA 1996, S. 644 (667).
[677] Lübbe-Wolff, Umweltauditgesetz, NuR 1996, S. 217 (222).

angenommen, daß der Einzelgutachter seinen Beruf in zuverlässiger Weise ausüben kann.

Da es sich im übrigen um ein Regelbeispiel handelt, ist eine Einzelprüfung der Zuverlässigkeit nicht ausgeschlossen und die Zulassungsstelle in Grenzfällen zu einer solchen Prüfung sogar verpflichtet.[678]

Selbst wenn die Gefährdung von Drittinteressen nicht zu befürchten steht und die Zuverlässigkeit des Gutachters daher oder aufgrund einer Einzelprüfung angenommen wird, ist im Rahmen der Unabhängigkeit noch zu prüfen, ob die ungeordneten wirtschaftlichen Verhältnisse zu einem finanziellen Druck führen können, die die Unparteilichkeit der Aufgabenwahrnehmung in Frage stellen, insbesondere wenn das zu begutachtende Unternehmen einziger Auftraggeber und einziger Geldgeber ist. Das Regelbeispiel ist daher nicht isoliert zu betrachten, sondern im Zusammenhang mit den Anforderungen an die Unabhängigkeit. Durch letztgenannte wird die Funktionsfähigkeit des Audits jedenfalls sichergestellt, so daß die Bedenken gegen das Regelbeispiel in der Praxis nicht zum Tragen kommen.

5. Bewertung

Durch die Regelungen zur Zuverlässigkeit wird gewährleistet, daß die Unternehmen von rechtschaffenden und ordnungsgemäß tätigen Gutachtern überprüft werden. Die Zuverlässigkeit indiziert die Rechtstreue und soll ein ordnungsgemäßes Begutachtungsverfahren sichern, so daß davon auszugehen ist, daß der Gutachter sich nicht entgegen den Bestimmungen der EMAS-VO verhält und Rechtsverstöße aufdeckt.

Allerdings zeigt die Anlehnung an den gewerberechtlichen Zuverlässigkeitsbegriff, daß der Gesetzgeber dem Umweltgutachter nicht das gleiche Vertrauen entgegenbringt wie der Umweltverwaltung, sondern ihn wie andere private Gewerbetreibende auch einer Zuverlässigkeitsprüfung unterzieht. Er behandelt daher den Gutachter nicht wie einen der Umweltverwaltung gleichgestellten Kontrolleur. Dieser Umstand spricht dafür, daß die Zulassung als Umwelt-gutachter nicht eine den Umweltbehörden gleichwertige Kontrolle ermöglichen soll, sondern eine ordnungsgemäße Ausübung der Umweltmanagementkontrolle.

---

[678] vgl. Lütkes in: Ewer/Lechelt/Theuer, Hdb. Umweltaudit, 1998, Teil E Rn. 13.

V. Zulassung zur Zertifizierung von Umweltmanagementnormen

1. EMAS-VO

Bereits im Rahmen der Aufgaben des Umweltgutachters wurde dargestellt, daß der Gutachter gemäß Art. 12 Abs. 1 EMAS-VO[679] auch auf Zertifikate über die Einhaltung anerkannter Normen zurückgreifen kann, um auf diesem Weg die Übereinstimmung mit einigen Anforderungen der EMAS-VO festzustellen.[680] Der Rückgriff auf ein solches Zertifikat setzt voraus, daß die zertifizierende Stelle in dem betreffenden Mitgliedstaat anerkannt ist.

2. UAG

Das UAG hat die Anerkennung der Zertifizierungsstelle mit der Gutachterzulassung verbunden: Die Zulassung des Umweltgutachters erstreckt sich nicht nur auf die Prüfung der Übereinstimmung der EMAS-Elemente mit den Vorgaben der Verordnung und auf die Validierung, sondern umfaßt auch die Befugnis, gemäß Art. 12 Abs. 1 EMAS-VO Zertifizierungsbescheinigungen nach den von der Kommission anerkannten Zertifizierungsverfahren zu erteilen,[681] und damit auch die Übereinstimmung mit den teilweise von der Kommission anerkannten Anforderungen der Norm EN ISO 14001:1996[682] zu zertifizieren. Eine zusätzliche Akkreditierung zugelassener Umweltgutachter durch private Akkreditierungsstellen ist daher nicht mehr erforderlich, so daß Unternehmen, die die Teilnahmeerklärung nach Art. 10 EMAS-VO[683] erwerben wollen, sowohl die hierfür notwendige Zertifizierungsbescheinigung nach Art. 12 Abs. 1 EMAS-VO[684] als auch die Gültigerklärung aus einer Hand von einem zugelassenen Umweltgutachter erwerben können.[685]

Die vom Umweltgutachterausschuß zur Umsetzung der Akkreditierung der Zertifizierungsstellen erlassene und von der Kommission anerkannte UAG-

---

679 entsprechend Art. 9 Abs. 1 RevE EMAS-VO.

680 vgl. 4. Kapitel Abschnitt A. VI.

681 § 9 Abs. 3 UAG; gilt gemäß § 10 Abs. 4 UAG entsprechend für Gutachterorganisationen.

682 Abschnitt 4 der Norm ISO 14001:1996, der Angaben zur Umweltpolitik und -planung sowie zur Durchführung und Einhaltung der Umweltvorschriften enthält, wird gemäß Anhang I A RevE EMAS-VO Bestandteil des EMAS-Systems. Die Verordnung selbst nimmt damit eine Anerkennung dieser Bestimmungen als EMAS-kompatibel vor.

683 entsprechend Art. 8 RevE EMAS-VO.

684 entsprechend Art. 9 Abs. 1 RevE EMAS-VO.

Zertifizierungsverfahrensrichtlinie (UAG-ZertVfR) [686] unterscheidet sich hinsichtlich der Qualifikation der Zertifizierungsstelle von den durch die Kommission in derselben Entscheidung anerkannten EAC-Guidelines,[687] die einen organisationsbezogenen Ansatz verfolgen. Das Zertifizierungsverfahren ist gemäß § 9 Abs. 3 und § 10 Abs. 4 UAG an den individualbezogenen Ansatz und die Fachkundekonzeption des UAG angepaßt und sieht daher einen einstufigen Aufbau der Zertifizierungsstelle vor.[688] Prüfung und Zertifizierung erfolgt durch den oder die Zertifizierungsstelle, die zugleich als Umweltgutachter oder Umweltgutachterorganisation zugelassen ist.

Die wesentlichen Schritte der Zertifizierungsstelle zur Überprüfung eines Umweltmanagementsystems mit einer Umweltmanagementnorm sind
- ein Voraudit[689],
- ein Zertifizierungsaudit[690] und
- ein Überwachungs- bzw. Wiederholungsaudit[691].

Die Verfahrensschritte sind weitgehend identisch mit den EAC-Guidelines, da nach Ansicht des Umweltgutachterausschusses auch die nach Art. 12 EMAS-VO teilweise anerkannte zu zertifizierende Norm EN ISO 14001:1996 nur einen systembezogenen Prüfungsansatz verfolge und Prüfungsverfahren von Zertifizierungsstellen lediglich eine dienende Funktion zur Umsetzung von materiellen Umweltmanagementnormen wie EN ISO 14001:1996 hätten.[692]

Die deutschen Regelungen dürften allerdings nicht zu einer Arbeitserleichterung in Hinblick auf die Kontrolle der Übereinstimmung mit den Vorgaben der EMAS-VO führen. Denn die Vorlage von Zertifikaten anderer Umweltmanagementzertifizierer kann die Prüfung nach der EMAS-VO nicht ersetzen. Umweltmanagementzertifizierer, die von der privaten Akkreditierungsstelle, der Trägergemeinschaft für Akkreditierung GmbH (TGA), nach den EAC-

---

685 Lütkes in: Ewer/Lechelt/Theuer, Hdb. Umweltaudit, 1998, Teil F Rn. 119.
686 vom 08.12.1997 in: BAnz. 1998 Nr. 105 S. 7942.
687 Abl. EG Nr. L 104/35 vom 22.04.1997.
688 Zum dreistufigen Aufbau nach dem Guidelines for the Accreditation of Certification Bodies for Environmental Management Systems (Dokument EAC G5) siehe im 19. Kapitel Abschnitt D.
689 Nr. 10.2.1. UAG-ZertVfR.
690 Nr. 10.2.2. UAG-ZertVfR.
691 Nr. 10.2.3. UAG-ZertVfR.

Guidelines akkreditiert sind, können zwar anerkannte Normen nach Art. 12 EMAS-VO, namentlich ISO 14001:1996 überprüfen und zwar auch nach den nach Art. 12 EMAS-VO anerkanntem Zertifizierungsverfahren der EAC-Guidelines. Doch fehlt es an der innerstaatlichen Anerkennung der Akkreditierung dieser Umweltmanagementzertifzierer durch das UAG. Denn dieses erkennt nicht die Akkreditierung der Umweltmangementzertifizierer durch die TGA sondern nur die Zulassung als Umweltgutachter als Zulassung im Sinne von Art. 12 EMAS-VO mitgliedstaatlich an. Nur der den Standort überprüfende oder ein anderer Umweltgutachter sind nach der deutschen Regelung berechtigt, ein Zertifikat auszustellen, daß die Erfüllung der EMAS-kompatiblen Anforderungen bescheinigt. In der Praxis dürfte die Erteilung des Zertifikats und die Prüfung nach der EMAS-VO von ein- und demselben Gutachter vorgenommen werden, der damit die Übereinstimmung mit den Vorgaben der EMAS-VO komplett prüft. Die Befugnis zur Zertifizierung und die UAG-ZertVfR führen daher in der Regel zu keiner Arbeitserleichterung bei den Umweltgutachtern bei der Überprüfung des Standorts hinsichtlich der Anforderungen des EMAS-Systems. Einzig und allein die Unternehmen haben aufgrund dieser Regelung den Vorteil, die Validierung als auch das ISO-Zertifikat aus einer Hand zu bekommen. Sie brauchen sich insoweit keiner Doppelprüfung unterziehen.

3. Vereinbarkeit mit der EMAS-VO

Die EMAS-VO geht grundsätzlich davon aus, daß die Prüfung des Umweltgutachters auch durch die Zertifizierung anderer Normen, wie z.B. von ISO 14001:1996, zumindest teilweise durch eine andere Zertifizierungsstelle ersetzt werden kann, allerdings mit der Einschränkung, daß diese Stelle im Mitgliedstaat anerkannt sein muß. Die Anerkennung der Zulassung der Zertifizierungsstelle bleibt damit den Mitgliedstaaten überlassen, so daß der deutsche Gesetzgeber befugt war, nur die Zulassung der Umweltgutachter als Zertifizierungsstelle anzuerkennen.

Indem die Kommission die UAG-ZertVfR als Zertifizierungsverfahrensnorm anerkannt hat, erachtet sie es zulässig, daß nur der Umweltgutachter eine anerkannte Zertifizierungsstelle ist. Gleichzeitig nimmt sie durch ihre Anerkennung,

---

[692] Dem zustimmend: Waskow, Betriebliches Umweltmanagement, 2. Aufl. 1997, S. 163.

die zwingend von der EMAS-VO vorgeschrieben ist, bewußt den Ausschluß der Zertifizierung einer anderen Stelle, die z.B. von der TGA nach den EAC-Guidelines akkreditiert wurde, in Deutschland in Kauf. Da die Anerkennungsentscheidung in ihr Ermessen gestellt ist, ist dieser Ausschluß EMAS-konform.

4. Bewertung

Indem sich die Zulassung des Umweltgutachters auf die Zertifizierung von der Kommission anerkannter Umweltmanagementnormen erstreckt, bringt das UAG zum Ausdruck, daß zum Tätigkeitsbereich des Gutachters die Umweltmanagementkontrolle auch anhand anderer Normen zählt. Es überträgt ihm damit eine Aufgabe, die von der Umweltverwaltung nicht wahrgenommen wird. Diese Regelung fördert damit die Tätigkeit in einem Bereich, der nicht dem Umweltordnungsrecht angehört. Sie ist ein weiterer Anhaltspunkt dafür, daß der Gutachter nicht primär den Vollzug des Ordnungsrechts sichert, sondern die außerhalb dieses Bereichs liegende Selbstkontrolle der Unternehmen zur Verbesserung des Umweltschutzes durch Einführung von Umweltmanagementsystemen und Umweltbetriebsprüfungen als neu geschaffenes Instrument überprüft.

VI. Freiberufliche Tätigkeit

§ 4 Abs. 2 UAG stellt klar, daß der Beruf des Umweltgutachters eine freiberufliche Tätigkeit ist. Nach dieser Vorschrift ist die Tätigkeit des Gutachters keine gewerbsmäßige Tätigkeit im Sinne des deutschen Gewerberechts, um die von der EMAS-VO geforderte Neutralität (Unabhängigkeit) und Zuverlässigkeit zu gewährleisten, die insgesamt ein Berufsbild für Umweltgutachter prägen, das dem Berufsbild der Wirtschaftsprüfer und anderer wirtschafts-, rechts- und technikberatender freier Berufe entspricht.[693] Damit soll auch herausgestellt werden, daß der Gutachter seiner Verpflichtung gegenüber dem Umweltschutz nachkommt und seine Tätigkeit nicht reinen Gewinnerzielungsabsichten dient. Gleichzeitig bedeutet die Qualifizierung als freiberufliche Tätigkeit eine gewisse Staatsferne und auch Unabhängigkeit von der Umweltverwaltung. Dies

[693] BT-Drs. 13/1192 S. 25; Lütkes in: Ewer/Lechelt/Theuer, Hdb. Umweltaudit, 1998, Teil F Rn. 7.

spricht ebenfalls für die Annahme, daß dem Umweltgutachter nicht die gleichen Aufgaben wie den Umweltbehörden zugewiesen sind, sondern der Schwerpunkt seiner Tätigkeit in der freiberuflichen Umweltmanagementkontrolle liegt.

C. Zulassungsanforderungen an Fachkenntnis- und Lehrgangsbescheinigungsinhaber

Derjenige, der eine Fachkenntnisbescheinigungsinhaber erhalten möchte, muß wie ein Umweltgutachter zuverlässig und unabhängig sein.[694] Hinsichtlich seiner Ausbildung, beruflichen Tätigkeit und Berufserfahrung hat er die gleichen Anforderungen wie ein Umweltgutachter zu erfüllen.[695]

Hinsichtlich der Fachkenntnisse des Fachkenntnisbescheinigungsinhabers reicht es schon aus, wenn er in mindestens einem der fünf Fachgebiete[696] diejenigen Fachkenntnisse besitzt, die für die Wahrnehmung gutachterlicher Tätigkeit in einem oder mehreren Unternehmensbereichen erforderlich sind.[697]

Der Inhaber einer Bescheinigung über einen anerkannten Lehrgang muß hinsichtlich Unabhängigkeit, Zuverlässigkeit, Ausbildung, beruflicher Tätigkeit und Berufserfahrung ebenfalls den Anforderungen für einen Umweltgutachter entsprechen.[698]

Im Gegensatz zum Fachkenntnisbescheinigungsinhaber muß er stets die Kenntnisse der Methodik und Durchführung von Umweltbetriebsprüfungen durch eine Lehrgangsbescheinigung oder eine sonstige anerkannte Bescheinigung nachweisen, sowie mindestens in einem der anderen vier Fachgebiete eine gültige Lehrgangsbescheinigung oder einen sonstigen Fachkenntnisnachweis vorlegen.[699]

---

[694] § 8 Abs. 1 Satz 1 UAG.
[695] § 8 Abs. 1 Satz 2 und 4 UAG.
[696] Abschnitt B. II. 2. in diesem Kapitel.
[697] § 8 Abs. 1 Satz 2 UAG
[698] § 10 Abs. 1 Nr. 2 c UAG.
[699] § 10 Abs. 1 Nr. 2 c UAG.

D. Zulassungsanforderungen an Umweltgutachterorganisationen

I. Organisationsformen

1. EMAS-VO

Die EMAS-VO bestimmt nicht, welche Arten von Organisationen als Umweltgutachter zugelassen werden dürfen. Sie definiert den Umweltgutachter lediglich als "Person oder Organisation"[700]. Nach natürlichem Sprachgebrauch ist als Person die natürliche Person, als Organisation eine Personenvereinigung aufzufassen. Die Organisation muß über ein Organigramm verfügen, sowie eine Erklärung über ihren Rechtsstatus, die Besitzverhältnisse und die Finanzierungsquellen verfügen.[701] Über den zulässigen Rechtsstatus, insbesondere, ob die Organisation rechtsfähig sein muß, sagen diese Anforderungen jedoch nichts aus.

2. UAG

Nach dem UAG dürfen Umweltgutachterorganisationen nur eingetragene Vereine, Aktiengesellschaften, Kommanditgesellschaften auf Aktien, Gesellschaften mit beschränkter Haftung, eingetragenen Genossenschaften, offene Handelsgesellschaften, Kommanditgesellschaften und Partnerschaftsgesellschaften sein, sowie Personenvereinigungen, die in einem anderen Mitgliedstaat als Umweltgutachter zugelassen sind.[702]

Die Regelung im UAG gründet sich auf der Ansicht, daß die EMAS-VO es offen gelassen habe, welche Arten von Personenmehrheiten unter den Begriff der "Organisation" fallen[703] und es den Mitgliedstaaten überlassen worden sei, unter welchen Voraussetzungen Personenmehrheiten als "Umweltgutachterorganisationen" zuzulassen seien.[704] Anhang III A 1 sage nichts zu der Frage, welche Personen der Organisation die erforderlichen Fachkundeanforderungen für Umweltgutachter erfüllen müssen und welche Personen lediglich die Anforderungen an das Personal zu erfüllen hätten. Insbesondere sei unklar, wie die materiellen Anforderungen bei Organisationen zu prüfen seien.[705]

---

[700] Art. 2 m EMAS-VO; Art. 2 q RevE EMAS-VO.
[701] Anhang III A 1 EMAS-VO; Anhang V 5.2.1. Abs. 4 RevE EMAS-VO.
[702] § 2 Abs. 3 UAG.
[703] BT-Drs. 13/1192 S. 17.
[704] Waskow in: Feldhaus, BImSchR, 1997, Bd. 7 M 1 Rn. 87.
[705] Waskow in: Feldhaus, BImSchR, 1997, Bd. 7 M 1 Rn. 87.

Nur die aufgeführten Vereinigungen seien als Organisationen zuzulassen, weil nur sie, nicht aber BGB-Gesellschaften und rechtlich unselbständige Institute oder Abteilungen von juristischen Personen des Privatrechts als Organisation als solche, nach deutschem Recht eine Vereinbarung mit dem Unternehmen[706] treffen könnten[707]. Nur die aufgeführten Vereinigungen seien im Zulassungsverfahren beteiligungsfähig nach § 11 Nr. 2 VwVfG, da die Beteiligungsfähgigkeit voraussetze, daß zugelassene Umweltgutachterorganisationen Zuordnungsobjekte von Rechte und Pflichten, u.a. der Befugnis zur Validierung, seien und diese Voraussetzung nur die genannten Vereinigungen erfüllten.[708]

Begrifflich und nach dem Willen des Gesetzgebers sind daher nach dem UAG die BGB-Gesellschaft und der nicht rechtsfähige Verein von der Gutachtertätigkeit ausgeschlossen. Es können allerdings die einzelnen Gesellschafter und die einzelnen Vereinsmitglieder als natürliche Personen Umweltgutachter werden. Diese Regelung orientiert sich an den Anerkennungsvoraussetzungen für Wirtschaftsprüfungsgesellschaften in § 27 WPO.[709]

3. Vereinbarkeit mit der EMAS-VO

Da die EMAS-VO den Begriff der Organisation nicht näher umschreibt und von unterschiedlichen Zulassungskriterien in den Mitgliedstaaten ausgeht,[710] hat sie indirekt auch den Regelungsauftrag erteilt, welche Arten von Organisation zuzulassen sind. Der nationale Gesetzgeber hatte daher einen Regelungsspielraum. Diesen durfte er auch dahingehend ausfüllen, daß nur Organisationen zuzulassen sind, die als solche eine Vereinbarung (mit dem Unternehmen) treffen können und im Verwaltungsverfahren (u.a. Zulassungs- und Widerspruchsverfahren) beteiligungsfähig sind.

Es bestand auch keine Notwendigkeit, darüber hinaus die BGB-Gesellschaften zuzulassen, wie dies teilweise[711] im Gesetzgebungsverfahren zum UAG gefordert wurde. Diese Forderung stützte sich auf den von den ent-

---

[706] Anhang III B 2 EMAS-VO.
[707] BT-Drs. 13/1192 S. 20/24; siehe auch BT-Drs. 13/1755 S. 33.
[708] BT-Drs. 13/1192 S. 24.
[709] BT-Drs. 13/1192 S. 20.
[710] Art. 6 Abs. 6 EMAS-VO; entsprechend Art. 4 Abs. 7 RevE EMAS-VO.
[711] Fraktion Bündnis 90/Die Grünen in: BT-Drs. 13/1755 S. 38; Ewer, Stellungnahme vom 26.05.1995 zum Entwurf des USG, S. 5 - 7.

sprechenden Berufsgesetzen als berufliche Zusammenarbeit anerkannten und praktizierten Zusammenschluß von Freiberuflern in einer BGB-Gesellschaft, wie z.B. bei Wirtschaftsprüfern, Steuerberatern und Rechtsanwälten.[712] Wegen dieser gängigen und zulässigen Praxis hätte auch die BGB-Gesellschaft als Gutachterorganisation zugelassen werden müssen.[713] Zwar weise sie keine eigene Rechtspersönlichkeit auf, jedoch sei die Personenvereinigung als solche und nicht etwa nur als Summe der einzelnen Mitglieder dazu befähigt, am Rechtsverkehr teilzunehmen, gesamthänderisch Rechte zu erwerben und Verbindlichkeiten einzugehen. Insoweit werde von einer "Teilrechtsfähigkeit" der Personenverbindung gesprochen. Im übrigen sei auch in der Rechtsprechung des Bundesverwaltungsgerichts und der Oberwaltungsgerichte anerkannt, daß BGB-Gesellschaften im Verwaltungsvorverfahren beteiligungsfähig seien.

Diese Forderung wurde zu Recht nicht im UAG umgesetzt. Denn sie berücksichtigt nicht den Umstand, daß es den Gesellschaftern als Einzelpersonen unbenommen bleibt, eine Einzelgutachterzulassung zu beantragen. Auch bei den genannten Berufsgruppen erhalten nicht die BGB-Gesellschaften als solche die Zulassung, sondern deren Gesellschafter als Einzelpersonen.[714]
Der Gesetzgeber hat daher den ihm zuerkannten Regelungsspielraum verordnungskonform ausgefüllt.

II. Das Verweisungsmodell des UAG

Während die EMAS-VO außer in Anhang III A 1 und 2 grundsätzlich nicht zwischen Einzelpersonen und Organisationen trennt, differenziert das UAG aufgrund seiner Definition in § 2 UAG zwischen diesen beiden Erscheinungsformen des Gutachters. Jede Vorschrift, die sich auf den Umweltgutachter bezieht, betrifft nur Einzelgutachter, und die Zulassung als Umweltgutachterorganisation ist in § 10 UAG gesondert geregelt. Allerdings tauchen dort einige Regelungen auf, welche die Bestimmungen für Einzelgutachter für die Organisati-

[712] BT-Drs. 13/1755 S. 38.
[713] Ewer, Stellungnahme vom 26.05.1995 zum Entwurf des USG, S. 5 - 7.
[714] vgl. die entsprechenden Berufsordnungen, z.B. §§ 4 ff. BRAO, die ausschließlich die Zulassung einzelner Rechtsanwälte regeln.

on lediglich wiederholen,[715] oder aber auf die entsprechende Geltung der Vorschriften für Einzelgutachter verweisen.[716]

Im folgenden wird daher hauptsächlich auf die Besonderheiten eingegangen, die sich für die Zulassung als Organisation gegenüber der Einzelgutachterzulassung ergeben.

III. Die Zusammensetzung einer Gutachterorganisation

1. EMAS-VO

Nach der EMAS-VO ist die Zusammensetzung einer Gutachterorganisation hinsichtlich Leitungsebenen und Personal nur ansatzweise geregelt. Eine Organisation, die EN 45012, Art. 4 und 5 entspricht, genügt den Anforderungen an die Unabhängigkeit.[717] Damit wird gleichzeitig eine dieser Norm entsprechende Organisationsstruktur als verordnungskonform betrachtet. Da aber die Anwendung dieser Norm nur eine Möglichkeit ist, die Unabhängigkeit sicherzustellen, ist auch die Organisationsstruktur nach dieser Vorschrift nur eine von mehreren Alternativen. Die EMAS-VO läßt ansonsten die Organisationsstruktur einer Gutachterorganisation offen.[718]

2. UAG

Mindestens ein Drittel der persönlich haftenden Gesellschafter oder Partner oder der Mitglieder des Vorstandes oder der Geschäftsführer, d.h. auf Leitungs- oder Haftungsebene muß
- als Umweltgutachter zugelassen sein oder
- aus Fachkenntnisbescheinigungsinhabern und mindestens einem Umweltgutachter bestehen.[719]

Auf der Leitungs- oder Haftungsebene, d.h. im Führungsbereich der Organisation muß daher mindestens ein Umweltgutachter sein.

---

[715] z.B. § 10 Abs. 1 Nr. 2 c als Wiederholung von § 9 Abs. 1 Satz 2 Nr. 1 c.

[716] z.B. § 10 Abs. 1 Nr. 5, Abs. 4.

[717] Anhang III A 1 EMAS-VO; diese Regelung wird im Rahmen der Revision der EMAS-VO gestrichen.

[718] Durch die Streichung des Verweises auf EN 45012 gilt dies nach der Revision generell.

[719] § 10 Abs. 1 Nr. 1 UAG.

Bei der Beteiligung von Umweltgutachtern entscheidet sich das UAG für einen Mittelweg zwischen den Anforderungen der Norm EN 45012 und den Anforderungen an die Vertretungsorgane von Wirtschaftsprüfungsgesellschaften gemäß § 28 WPO.[720] Es reicht daher nicht wie bei entsprechenden Anwendung der Norm EN 45012 aus, wenn die Organisation insgesamt die Anforderungen an einen Umweltgutachter erfüllt. Gleichzeitig geht das UAG aber nicht so weit wie § 28 WPO und fordert daher nicht, daß alle Mitglieder der Leitungsebene als Umweltgutachter qualifiziert sein müßten.

Damit die Organisation auch durch Umweltbelange geprägt werde, sei nach Ansicht des Gesetzgebers[721] die Beteiligung von Umweltgutachtern auf Leitungsebene erforderlich. Diese Regelung gewährleiste in besonderem Maße die Anforderung nach Anhang III A 1 EMAS-VO i.V.m. EN 45012 Art. 4 a, wonach das Lenkungsgremium der Umweltgutachterorganisation nicht von Einzelinteressen dominiert sein dürfe und unparteiisch sein müsse. Es sei allerdings zu aufwendig, von allen Mitgliedern der Leitungsebene die Qualifikation als Umweltgutachter zu verlangen. Durch die zwingende Beteiligung von Einzelgutachtern auf Leitungsebene wird verhindert, daß bereits bestehende Beratungsgesellschaften nicht nur ein neues Geschäftsfeld miterschließen, sondern einen engen Bezug zur Umweltbegutachtung aufweisen.[722]

Für den Umweltgutachter auf Leitungsebene gelten wie für alle anderen Umweltgutachter auch die bereits dargestellten Zulassungsanforderungen.

Weiterhin setzt die Zulassung als Umweltgutachterorganisation voraus, daß der für die Validierung zeichnungsberechtigte Vertreter oder Angestellte[723] in dem Bereich, für den die Zulassung beantragt ist, selbst Umweltgutachter, Fachkenntnis- oder Lehrgangsbescheinigungsinhaber ist.[724] Allerdings muß dieses Personal nicht nur die nötige Fachkunde für den Bereich, für den die Zulassung beantragt wird, aufweisen, sondern auch zuverlässig und unabhängig sein. Denn nach Auffassung des Gesetzgebers habe entsprechend den Anforderungen

[720] BT-Drs. 13/1192 S. 20 f.

[721] BT-Drs. 13/1192 S. 28; zustimmend: Lütkes in: Ewer/Lechelt/Theuer, Hdb. Umweltaudit, 1998, Teil F Rn. 83.

[722] Lütkes in: Ewer/Lechelt/Theuer, Hdb. Umweltaudit, 1998, Teil F Rn. 83.

[723] zum Angestelltenbegriff im Sinne dieser Vorschirift: Lütkes in: Ewer/Lechelt/Theuer, Hdb. Umweltaudit, 1998, Teil F Rn. 93 f.

[724] § 10 Abs. 1 Nr. 2 UAG.

in Anhang III A 1 EMAS-VO i.V.m. EN 45012 Art. 4 b auch das Personal unabhängig zu sein.[725]

Indem das UAG mindestens einen Gutachter auf Leitungsebene verlangt, geht es davon aus, bei den Umweltgutachterorganisationen handele es sich um Einzelgutachter, an den Fachkenntnisbescheinigungsinhaber und sonstige qualifizierte Personen angehängt sind.[726]

In Deutschland reicht es für die Zulassung als Umweltgutachterorganisation also nicht aus, wenn fachkundiges Personal in einer Organisationsstruktur wie nach EN 45012 zusammenarbeitet, die gewährleistet, daß die gutachterlichen Aufgaben der EMAS-VO wahrgenommen werden. Die Errichtung eines Managementsystems mit fachkundigem Personal ist nicht vorgesehen.[727]

3. Vereinbarkeit mit der EMAS-VO

Auch wenn die EMAS-VO auf EN 45012 Art. 4 und 5 verweist und daher eine gewisse Organisationsstruktur als verordnungskonform betrachtet, hatte der nationale Gesetzgeber bei der Zusammensetzung der Organisation (Leitungsebene und Personal) einen Regelungsspielraum. Denn der Verweis auf diese Norm bildet nur eine Art Regelbeispiel, und der indirekte Regelungsauftrag, der sich aus der Verpflichtung der Kommission, Unstimmigkeiten bei den Zulassungskriterien zu vermeiden, [728] herleiten läßt, erfaßt auch die Befugnis der Mitgliedstaaten, die Zusammensetzung einer Gutachterorganisation festzulegen. Es bleibt nach der EMAS-VO offen, ob es ausreicht, daß nur die Organisation insgesamt die Anforderungen an den Umweltgutachter erfüllen muß, oder ob auf Leitungsebene mindestens ein zugelassener Einzelgutachter vorhanden sein muß. Es widerspricht daher nicht den Anforderungen der EMAS-VO, wenn in Deutschland nicht die Möglichkeit vorgesehen ist, daß sich teil-fachkundige Personen zu einer Organisation zusammenschließen, die insgesamt die Anforderungen an den Umweltgutachter erfüllt. Die Anforderungen der Norm EN 45012 werden durch die deutsche Regelung sogar mehr als erfüllt, wenn auf Leitungsebene mindestens ein Einzelgutachter vorhanden ist.

---

725 BT-Drs. 13/1192 S. 28.

726 Falk, Vergleich, NVwZ 1997, S. 144 (146).

727 Falk, Vergleich, NVwZ 1997, S. 144 (146).

728 Art. 6 Abs. 6 EMAS-VO.

IV. Umfang der Zulassung

1. EMAS-VO

Nach der EMAS-VO besteht die Möglichkeit der zeitlichen oder umfänglichen Beschränkung der Zulassung sowohl für Einzelgutachter als auch für Gutachterorganisationen.[729] Im Gegensatz zum Einzelgutachter ist für Organisationen eine gesonderte Regelung[730], nach der die Zulassung auf einen Standort beschränkt werden kann, nicht vorgesehen. Die EMAS-VO geht im übrigen auch für Organisationen von einer Ausdehnung der Zulassung und fachkundigem Personal aus.[731]

2. UAG

Ebenso wie der Einzelgutachter kann die Organisation nach dem sog. Baukastensystem Einzelgutachter sowie Inhaber von Fachkenntnis- und Lehrgangsbescheinigungen beschäftigen, um die Zulassung für die Unternehmensbereiche zu erlangen, in denen diese Bescheinigungsinhaber fachkundig sind.[732] Deren Fortbildung hat die Organisation sicherzustellen.[733]

3. Vereinbarkeit mit der EMAS-VO

Wegen der Voraussetzung, daß fachkundiges Personal vorhanden sein muß, und weil die Ausgestaltung der Regelungen für das Personal den Mitgliedstaaten überlassen bleibt, ist die Anstellung von Fachkenntnis- und Lehrgangsbescheinigungsinhaber aus denselben Gründen mit der EMAS-VO vereinbar wie beim Einzelgutachter und ist daher auch entsprechend zu bewerten.

V. Fachkunde

1. EMAS-VO

Für das Personal der Umweltgutachterorganisation gelten die gleichen Fachkundeanforderungen wie für den Einzelgutachter,[734] da die EMAS-VO bei die-

---

[729] Anhang III A 4 d EMAS-VO; entsprechend Anhang V 5.2.2. RevE EMAS-VO.
[730] Anhang III A 2 EMAS-VO; entsprechend Anhang V 5.2.1. RevE EMAS-VO.
[731] Anhang III A 1 und 4 d EMAS-VO.
[732] § 10 Abs. 1 Nr. 2 b, c UAG.
[733] § 10 Abs. 1 Nr. 3 UAG.
[734] Abschnitt B. II. 1. in diesem Kapitel.

sen Anforderungen nicht zwischen Einzelpersonen und Organisationen unterscheidet.

2. UAG

Nach dem Verweisungsmodell des UAG muß mindestens ein Umweltgutachter an der Organisation beteiligt sein oder eine führende Position innehaben, so daß für ihn auch die Anforderungen an einen Einzelgutachter einschließlich derjenigen an die Fachkunde[735] gelten.

Für die Fachkenntnisbescheinigungsinhaber auf Leitungsebene sowie für die zeichnungsberechtigten Vertreter oder zeichnungsberechtigen Angestellten, die Umweltgutachter, Fachkenntnis- oder Lehrgangsbescheinigungsinhaber sein müssen, gelten die schon beschriebenen entsprechenden Fachkundeanforderungen.

3. Vereinbarkeit mit der EMAS-VO

Da nach der EMAS-VO für das Personal der Umweltgutachterorganisation die gleichen Fachkundeanforderungen gelten wie für den Einzelgutachter, ist es mit der Verordnung vereinbar, wenn die Umweltgutachter auf Leitungs- und Personalebene die der EMAS-VO konformen Fachkundeanforderungen des Einzelgutachters[736] und die Fachkenntnis- und Lehrgangsbescheinigungsinhaber die entsprechenden verordnungskonformen Fachkundeanforderungen erfüllen müssen. Die Fachkundeanforderungen an die Gutachterorganisation nach dem UAG sind daher in Hinblick auf die EMAS-VO nicht zu beanstanden.

VI. Unabhängigkeit

1. EMAS-VO

a. Verweis auf EN 45012

Organisationen genügen bereits dann den Anforderungen der EMAS-VO an die Unabhängigkeit, wenn sie EN 45012, Artikel 4 und 5 entsprechen.[737] Diese Norm legt allgemeine Kriterien für Stellen, die Qualitätsmanagementsysteme

[735] Abschnitt B. II. 2. in diesem Kapitel.
[736] Abschnitt B. II. 3. in diesem Kapitel.
[737] Anhang III A 1 zweiter Abschnitt EMAS-VO (Unabhängigkeit und Objektivität); bei der Revision gestrichen.

zertifizieren, fest. Die Zertifizierungsstelle muß u.a. unparteiisch sein und über eine Struktur verfügen, die die Auswahl der Mitglieder ihres Lenkungsgremiums aus den am Zertifizierungssystem interessierten Gruppen fordert, ohne daß Einzelinteressen dominieren.[738] Auch das Personal, muß von denjenigen, die ein kommerzielles Interesse an den betreffenden Erzeugnissen und Diensten haben, unabhängig sein.[739] Das Lenkungsgremium muß für die Durchführung der Zertifizierung verantwortlich sein und daher die Geschäftspolitik festlegen, deren Umsetzung beaufsichtigen, Aufsicht über die Finanzen der Zertifizierungsstelle führen und gegebenenfalls Ausschüsse einsetzen, denen gewisse Aufgaben übertragen werden können.[740]

Dieser Verweis auf die Norm EN 45012, Art. 4 und 5 ist einiger Kritik ausgesetzt, da diese Norm nicht das Unabhängigkeitserfordernis konkretisiere, sondern für das Lenkungsgremium der jeweiligen Organisation eine gewisse institutionalisierte Abhängigkeit vorsehe.[741] Ein Lenkungsgremium, dem Vertreter von am Umweltaudit interessierten Gruppen, und damit auch der Unternehmen, angehörten, schaffe gerade nicht die für die Unabhängigkeit erforderliche Distanz des Umweltgutachters zu den zu begutachtenden Unternehmen.[742]
Diese Kritik ist allerdings nur zum Teil berechtigt. Vordergründig besteht zwar die Gefahr, daß die im Lenkungsgremium beteiligten Vertreter der Unternehmen Einfluß auf die Prüfungsverfahren und -entscheidungen nehmen könnten. Doch die pluralistische Besetzung des Gremiums, die die Dominanz von Einzelinteressen ausdrücklich ausschließt, verhindert die Förderung von Partikularinteressen der am Zertifizierungsverfahren beteiligten Kreise und damit der zu begutachtenden Unternehmen. Darüber hinaus berücksichtigt der Verweis auf EN 45012 lediglich die Existenz von Organisationen, die schon Qualitätsmanagementsysteme zertifizieren, und auf dem Gebiet der Überprüfung von Managementsystemen über gewisses Know-how verfügen und ihre Unabhängigkeit bereits unter Beweis gestellt haben. Diese Organisationen besitzen bereits die erforderliche Organisationsstruktur, die ein

[738] EN 45012 Art. 4 a.
[739] EN 45012 Art. 4 b.
[740] EN 45012 Art. 5.
[741] Lübbe-Wolff, EU-Verordnung, DVBl. 1994, S. 361 (367); Müggenborg, Prüfungsumfang, DB 1996, S. 125 (126); Kothe, UmweltauditR, 1997, Rn. 426.
[742] Kothe, UmweltauditR, 1997, Rn. 429.

erforderliche Organisationsstruktur, die ein unabhängiges Arbeiten gewährleistet.

Im übrigen ist die Organisationsstruktur nach EN 45012 nur eine Art Regelbeispiel, um die Anforderungen der EMAS-VO an die Unabhängigkeit zu erfüllen.[743] Ergeben sich wegen der Beteiligung eines zu begutachtenden Unternehmens Zweifel an der Unabhängigkeit des Umweltgutachters kann die Zulassungsstelle trotz des Verweises auf die Norm EN 45012 die Unabhängigkeit verneinen.

b. Allgemeine Anforderungen

Wegen dieser Einordnung als eine Art Regelbeispiel sind Umweltgutachterorganisationen auch dann unabhängig, wenn sie die allgemeinen Unabhängigkeitsanforderungen[744] erfüllen.

2. UAG

Auch die Umweltgutachterorganisationen dürfen keinem wirtschaftlichen, finanziellen oder sonstigen Druck unterliegen, der die gutachterliche Tätigkeit beeinflussen oder das Vertrauen in die unparteiische Aufgabenwahrnehmung in Frage stellen könnte.[745]

Einige der für den Einzelgutachter geltenden Regelbeispiele[746] sind entsprechend auf die Organisationen anzuwenden.[747]

Diese Regelbeispiele sind:

- mindestens überwiegende Beteiligung an einem Unternehmen einer Branche, für die Zulassung begehrt wird;
- weisungsabhängige Tätigkeiten, die die Gutachtertätigkeit beeinflussen;
- Verflechtung mit Dritten, die Einfluß auf die Gutachtertätigkeit ausüben können.

Die übrigen Regelbeispiele gelten, da sie überwiegend personenbezogen sind, nicht für die Organisation.

---

743 vgl. Abschnitt A. III. 3. in diesem Kapitel.
744 Abschnitt B. III. 1. in diesem Kapitel.
745 § 10 Abs. 1 Nr. 5 UAG.
746 § 6 Abs. 2 Nr. 1 a, 2, 3 UAG.
747 § 10 Abs. 1 Nr. 5 UAG.

Für den Umweltgutachter auf der Führungsebene, gelten ebenso wie bei der Fachkunde, die Anforderungen an den Einzelgutachter[748].

3. Vereinbarkeit mit der EMAS-VO

Da der deutsche Gesetzgeber sich nicht dafür entschieden hat, die Anforderungen an die Unabhängigkeit der Organisation wie in EN 45012 Art. 4 und 5 zu formulieren, sind sie anhand der allgemeinen Anforderungen der EMAS-VO zu bewerten. Die Anforderungen an die Unabhängigkeit des Gutachters auf Leitungsebene sind anhand der gleichen Maßstäbe wie die Anforderungen an den Einzelgutachter zu beurteilen und daher mit der Verordnung vereinbar.[749] Daß bei der Organisation insgesamt einige Regelbeispiele, die für den Einzelgutachter gelten, nicht angewandt werden, ist nicht zu beanstanden, da den Regelbeispielen ohnehin nur Indizwirkung zukommt und diese Beispiele personenbezogen sind. Da ansonsten die Bestimmungen zur Unabhängigkeit weitgehend mit denen für den Einzelgutachter identisch sind, sind sie aus den gleichen Gründen wie diese mit der EMAS-VO vereinbar.

VII. Zuverlässigkeit

1. EMAS-VO

Die EMAS-VO verlangt das Merkmal der Zuverlässigkeit nicht. Doch eine Organisation muß über ein Organigramm mit ausführlichen Angaben über die Strukturen und Verantwortungsbereiche innerhalb der Organisation sowie eine Erklärung über den Rechtsstatus, die Besitzverhältnisse und die Finanzierungsquellen verfügen, die auf Verlangen zur Verfügung gestellt werden.[750] Insofern muß die Organisation Informationen bereit halten, durch sie ihre Zuverlässigkeit nachweisen kann.

2. UAG

Auf die Bestimmungen zur Zuverlässigkeit des Einzelgutachters wird bei der Organisationszulassung nicht verwiesen, nur daß die zeichnungsberechtigten

---

[748] Abschnitt B. III. 2. in diesem Kapitel.
[749] vgl. Abschnitt B. III. 3. in diesem Kapitel.
[750] Anhang III A 1 letzter Abschnitt EMAS-VO; Anhang V 5.2.1 Abs. 4 RevE EMAS-VO.

Vertreter bzw. Angestellten dieses Kriterium erfüllen müßten.[751] An die Organisation werden kaum Zuverlässigkeitsanforderungen gestellt. Lediglich die Anforderung, daß die Organisation sich in geordneten wirtschaftlichen Verhältnissen befinden muß,[752] ist mit dem fast gleichlautenden Regelbeispiel für den Einzelgutachter[753] vergleichbar.

Bei einer Organisation werden damit die Personen, die den Umfang ihrer Zulassung begründen, wie auch die Organisation selbst einer Überprüfung hinsichtlich ihrer geordneten finanziellen Verhältnisse unterzogen.

Es muß daher sowohl der Gutachter auf Leitungsebene über eine Erklärung zu den Besitzverhältnissen und den Finanzierungsquellen verfügen als auch die Organisation ihre geordneten wirtschaftlichen Verhältnisse durch eine Selbstauskunft ihrer antragstellenden Vertreter anzeigen.

Bemerkenswerterweise gilt für eine Umweltgutachterorganisation nicht die Ausnahme, daß ungeordnete wirtschaftliche Verhältnisse nicht gegen die Zulassung sprechen, wenn weder die Interessen der Auftraggeber noch anderer Personen gefährdet sind. Der Gesetzgeber liefert für diese unterschiedliche Regelung beim Einzelgutachter und der Organisation keine Begründung.

Es wurde schon bei den Zuverlässigkeitsanforderungen beim Einzelgutachter darauf hingewiesen, daß es sich beim Einzelgutachter bei der Prüfung der geordneten wirtschaftlichen Verhältnisse um ein Regelbeispiel handelt, dessen Vorliegen lediglich die Unzuverlässigkeit indiziert. Bei der Umweltgutachterorganisation korrespondieren die geordneten finanziellen Verhältnisse mit der Pflicht aus der EMAS-VO, Besitzverhältnisse und Finanzierungsquellen auf Verlangen offen zu legen. Diese Pflicht ist nur dann sinnvoll, wenn die Verordnung selbst davon ausgeht, daß eine Organisation geordnete Finanzverhältnisse aufweisen muß, um ordnungsgemäß arbeiten zu können. Ansonsten bräuchten die Besitzverhältnisse und Finanzierungsquellen die Zulassungsstelle nicht zu interessieren.

Da für den Einzelgutachter eine solche Pflicht nicht besteht, ist es zulässig, an seine Zulässigkeit geringere Anforderungen zu stellen.

---

[751] § 10 Abs. 1 Nr. 3 c UAG.
[752] § 10 Abs. 1 Nr. 4 UAG.
[753] § 5 Abs. 2 Nr. 4 UAG.

Weitere Anforderungen an die Zuverlässigkeits der Umweltgutachterorganisation bestehen nicht. Alle übrigen Zuverlässigkeitsvoraussetzungen beim Einzelgutachter sind überwiegend personenbezogene Merkmale und gelten daher nicht für Organisation insgesamt, wohl aber für den beteiligten Einzelgutachter.

3. Vereinbarkeit mit der EMAS-VO

Die Zuverlässigkeitsvoraussetzungen sind wegen des indirekten Regelungsauftrags, der sich aus der Nennung der Integrität ergibt, mit der EMAS-VO vereinbar. Die EMAS-VO fordert die Bereitstellung von Informationen über die Finanzverhältnisse, so daß die deutsche Bestimmung, die einen Nachweis über die geordneten wirtschaftlichen Verhältnisse bedingt, sich lediglich auf diese Anforderung nach der EMAS-VO bezieht und diese konkretisiert.

VIII. Zulassung zur Zertifizierung anderer Umweltmanagementnormen

Auch die Zulassung als Umweltgutachterorganisation umfaßt die Befugnis zur Zertifizierung anderer Umweltmanagementnormen.[754] Diese Regelung ist daher aus den gleichen Gründen[755] wie bei der Einzelgutachterzulassung mit der EMAS-VO vereinbar und ebenso zu bewerten.

E. Zulassungsstelle

I. EMAS-VO

Die Mitgliedstaaten erhielten einen direkten Regelungsauftrag für die Benennung einer Zulassungsstelle, wobei sie in der Auswahl der Zulassungs-stellen einen Spielraum hatten: Sie konnten bestehende Zulassungsstellen, die Registrierungsstellen, andere bereits existierende oder noch zu schaffende Stellen mit geeigneter Rechtsstellung mit der Zulassung beauftragen.[756]

II. UAG

In Deutschland hat sich der Gesetzgeber für eine neuartige Organisationsstruktur entschieden: Es wurde mit der Deutschen Akkreditierungs- und Umweltgut-

---

[754] § 10 Abs. 4 UAG, nach dem § 9 Abs. 3 UAG entsprechend für Gutachterorganisationen gilt.

[755] Abschnitt B. V. 3. in diesem Kapitel.

[756] Art. 6 Abs. 1 EMAS-VO; Art. 4 Abs. 1 RevE EMAS-VO.

achterzulassungsgesellschaft mbH (DAU) in Bonn durch den Bundesverband der Deutschen Industrie (BDI), von neun BDI-Mitgliedsverbänden, dem Deutschen Industrie- und Handelstag (DIHT), dem Zentralverband des Deutschen Handwerks (ZDH) und dem Bund Freier Berufe (BFB) eine neue Stelle geschaffen.[757] Diese wurde im Wege der Beleihung mit den Aufgaben der Zulassungsstelle betraut.[758] Ihr Geschäftsführer kann nur in Abstimmung mit dem Bundesumweltministerium für Umwelt, Naturschutz und Reaktorsicherheit (BMU) bestellt werden.[759] Weiterhin darf die DAU mit Zustimmung des BMU ihren Geschäftszweck erweitern.[760] Sie trifft darüber hinaus Berichtspflichten hinsichtlich der Änderung des Gesellschaftsvertrages und der Vorlage des Jahresabschlusses (§ 264 HGB) und des Lageberichts (§ 289 HGB).[761]

Die DAU nimmt als Zulassungsstelle nicht nur die Zulassung von Umweltgutachtern und Umweltgutachterorganisationen[762] und die Erteilung von Fachkenntnisbescheinigungen[763] vor. Folgende Aufgaben sind ihr ebenfalls übertragen: Aufsicht über die zugelassenen Umweltgutachter, Umweltgutachterorganisationen und Inhaber von Fachkenntnisbescheinigungen, die notifizierten ausländischen Umweltgutachter und Umweltgutachterorganisationen;[764] Auswahl der Prüfer aus der Prüferliste für den Umweltgutachterausschuß, Bestimmung des Vorsitzenden des jeweiligen Prüfungsausschusses;[765] Anerkennung von Lehrgängen;[766] Führung des Zulassungsregisters;[767] halbjährlicher Bericht an den Umweltgutachterausschuß.[768]

Als beliehene juristische Person des Privatrechts übt sie hoheitliche Befugnisse aus und ist ein durch Bundesgesetz geschaffener Verwaltungsträger im wei-

---

[757] vgl. zum Gesetzgebungsverfahren: Kothe, UmweltauditR, 1997, Rn. 20 ff.; Waskow in: Feldhaus, BImSchR, 1997, Bd. 7 M 1 Rn. 111 ff.; Scherer/Bartsch in: Landmann/Rohmer, UmweltR, 1998, Bd. III, Vorb. UAG Rn. 67 f.

[758] § 28 UAG i.V.m. UAGBV.

[759] § 2 Abs. 3 UAGBV.

[760] § 2 Abs. 2 UAGBVV.

[761] § 2 Abs. 5 UAGBVV.

[762] § 9 Abs. 1, § 10 Abs. 2 UAG.

[763] § 8 Abs. 2 UAG.

[764] §§ 15 ff.; § 18 Abs. 1 und 2 UAG.

[765] § 12 Abs. 3 UAG.

[766] § 13 Abs. 1 und 2 UAG.

[767] § 14 UAG.

[768] § 21 Abs. 2 UAG.

teren Sinne.[769] Neuartig ist an diesem Beleihungsmodell, daß Berufszulassungen, die bislang eher eine Angelegenheit der unmittelbaren Staatsverwaltung waren, einem beliehenen Privaten übertragen werden.[770] Die DAU als erste privatrechtlich organisierte Stelle, der die komplette Durchführung eines Berufszulassungsverfahrens übertragen wurde, hat insofern Modellcharakter.[771] Sie gehört der mittelbaren Bundesverwaltung an und untersteht der Rechtsaufsicht und einer eingeschränkten Fachaufsicht durch das BMU, und zwar unterliegt sie bezüglich der im Rahmen ihrer Aufsichtstätigkeit zu treffenden Ermessensentscheidungen über Untersagung, Widerruf der Zulassung und Überprüfung der Umweltgutachter aus anderen Mitgliedstaaten auch einer Überprüfung auf ihre Zweckmäßigkeit im Rahmen der Fachaufsicht.[772]

III. Vereinbarkeit mit der EMAS-VO

Da die EMAS-VO es den Mitgliedstaaten überläßt, ob sie bestehende oder neu einzurichtende Stellen mit den Aufgaben der Zulassungsstelle beauftragen, ist die Schaffung der DAU als Zulassungsstelle aus Sicht der EMAS-VO nicht zu beanstanden.

IV. Bewertung

Die Beleihung der DAU als Zulassungsstelle stellt einen Kompromiß zwischen den verschiedenen Modellen im Gesetzgebungsverfahren zum UAG dar. Sie reichen von dem "Behördenmodell", bei dem die Zulassung und Aufsicht durch das Bundesumweltamt vorgenommen werden sollte, bis zur "wirtschaftsnahen Lösung", nach der die für die Akkreditierung der Zertifizierer von ISO-Normen zuständige TGA auch die Zulassung und Aufsicht übernehmen sollte.[773]

---

[769] Lütkes, Umweltauditgesetz, NVwZ 1996, S. 230 (232); Maurer, Allg. VerwR, 1999, § 21 Rn. 12.
[770] Waskow, Betriebliches Umweltmanagement, 2. Aufl. 1997, S. 119.
[771] Metzler/Alt, Umweltgutachter, 1996, S. 48.
[772] § 29 Satz 2 UAG i.V.m. §§ 16 Abs. 2, 17 Abs. 3 Nr. 2 und 18 Abs. 2 Satz 3 UAG; BT-Drs. 13/1192 S.33; Lütkes, Umweltauditgesetz, NVwZ 1996, S. 230 (232), Scherer/Bartsch in: Landmann/Rohmer, UmweltR, 1998, Bd. III, Vorb. UAG Rn. 87.
[773] vgl. zu den einzelnen Umsetzungsmodellen: Waskow, Betriebliches Umweltmanagement, 2. Aufl. 1997, S. 110 ff.

Indem der Gesetzgeber sich für die Beleihung der DAU entschieden hat und dem BMU rechts- als auch fachaufsichtsrechtliche Kompetenzen eingeräumt hat, hat er die Gutachterzulassung und Aufsicht unter die - zumindest mittelbare - staatliche Überwachung gestellt. Der Umweltgutachter ist jedoch nicht einer bundesunmittelbaren Umweltbehörde, z.B. dem Bundesumweltamt, gegenüber verantwortlich, sondern gegenüber einer neu für die Zwecke der EMAS-VO geschaffenen privaten Stelle, die der mittelbaren Bundesverwaltung angehört. Durch die Wahl dieser Struktur bringt das UAG zum Ausdruck, daß die Zulassung und Aufsicht über den Umweltgutachter nicht durch die bisher bestehenden umweltordnungsrechtlichen Behörden wahrgenommen werden soll. Es handelt sich um eine neue Aufgabe, die auch einer neu geschaffenen Verwaltungsstruktur bedarf. Daraus läßt sich schließen, daß dieses neue System den Aufgabenbereich des Umweltgutachters nicht im Bereich des "klassischen" Umweltordnungsrechts ansiedelt, sondern in einer neuen Aufgabe, der Umweltmanagementkontrolle. Das neu geschaffene Zulassungs- und Aufsichtssystem soll insbesondere diese Kontrolle gewährleisten und nicht schwerpunktmäßig eine der ordnungsrechtlichen Kontrolle vergleichbare Überprüfung sicherstellen.

F. Das Zulassungsverfahren

I. EMAS-VO

In der EMAS-VO sind folgende Anforderungen an die Antragstellung[774] und das Zulassungsverfahren[775] festgelegt:

Das Zulassungsverfahren wird mit der Einreichung des Antrags auf Zulassung zum Umweltgutachter eingeleitet. Auf dem offiziellen Antragsformular hat der Antragsteller zu erklären, daß ihm die Einzelheiten des Zulassungssystems bekannt sind, er die Anforderungen des Zulassungssystems erfüllen, die erforderlichen Gebühren entrichten und den Zulassungsbedingungen nachkommen wer-

[774] Anhang III A 3 EMAS-VO. Die Anforderungen an die Antragstellung und das Zulassungsverfahren sind im RevE EMAS-VO nicht mehr geregelt. Stattdessen bilden alle Akkreditierungsstellen ein Forum, das, soweit angebracht, Leitlinien zu Fragen der Akkreditierung, fachlichen Qualifikation und Beaufsichtigung der Umweltgutachter erarbeitet, und die Arbeit der einzelnen Akkreditierungsstellen soll durch Fachkollegen überprüft werden, Art. 4 Abs. 8, Anhang V 5.1. RevE EMAS-VO.

[775] Anhang III A 4 EMAS-VO.

de. Außerdem erteilt er der Zulassungsstelle Auskunft über frühere Anträge oder Zulassungen.

Nach Eingang des Antrags erhält der Antragsteller Unterlagen mit einer Beschreibung des Zulassungssystems und der Umweltgutachterrechte und -pflichten. Außerdem ist die Zulassungsstelle verpflichtet, weitere Auskünfte auf Anfrage zu erteilen.

Das Zulassungsverfahren umfaßt die Erfassung zur Beurteilung des Antragstellers erforderlichen Informationen. Beispielhaft und nicht abschließend aufgeführt sind allgemeine Angaben wie Name, Anschrift, etc.. Hervorgehoben ist die Erfassung der Daten, aus denen sich die Zulassungsvoraussetzungen ergeben und die eventuell eine beschränkte Zulassung erforderlich machen.

Im Rahmen des Zulassungsverfahrens wird darüber hinaus eine Beurteilung des Antragstellers anhand der vorgelegten Informationen und einschlägigen Arbeiten vorgenommen. Gegebenenfalls können durch weitere Nach-forschungen, wie z.B. die Befragung des Personals, die Zulassungs-voraussetzungen festgestellt werden.

Es schließt mit der von der Zulassungsstelle getroffenen und schriftlich niedergelegten positiven oder negativen Entscheidung. Dabei betont die EMAS-VO ausdrücklich, daß die Zulassung zeitlich begrenzt, mit Auflagen versehen werden kann oder auch eine Beschränkung des Umfangs der Zulassung beinhalten darf.

Über die im Mitgliedstaat zugelassenen Umweltgutachter haben die Zulassungssysteme eine Liste zu führen, zu aktualisieren, zu überarbeiten und halbjährlich der Kommission zu übermitteln, die dann das Gesamtverzeichnis aller zugelassenen Umweltgutachter im Amtsblatt der Europäischen Gemeinschaften veröffentlicht.[776]

Diese Anforderungen sind für die nationale Zulassungsstelle bindend.[777] Die EMAS-VO geht davon aus, daß der Auftrag an die Mitgliedstaaten, die Zulassung zu regeln,[778] auch Regelungen zum Zulassungsverfahren umfaßt; andernfalls wäre die gesondert geregelte[779] Förderungspflicht der Kommission, Un-

[776] Art. 7 EMAS-VO; Art. 7 RevE EMAS-VO.
[777] Art. 6 Abs. 4 EMAS-VO; Art. 4 Abs. 5 RevE EMAS-VO.
[778] Art. 6 Abs. 1 EMAS-VO; Art. 4 Abs. 1 RevE EMAS-VO.
[779] Art. 6 Abs. 6 EMAS-VO; Art. 4 Abs. 7 RevE EMAS-VO.

stimmigkeiten im Zulassungsverfahren zu vermeiden, unverständlich.[780] Es besteht daher ein Regelungsauftrag, daß Zulassungsverfahren detailliert zu regeln.

II. UAG

Der Umweltgutachter hat einen schriftlichen Antrag auf Zulassung zu stellen, dem die erforderlichen Unterlagen beizufügen sind.[781] Bei Antragstellung ist eine zustellungsfähige Anschrift im Bundesgebiet anzugeben, deren nachträgliche Änderung ebenfalls, und zwar spätestens 4 Wochen nach der Änderung, mitzuteilen ist.[782] Diese Mitteilungspflicht ist bußgeldbewehrt.[783] Die Erfordernisse an den Antrag werden in §§ 1 und 2 UAG ZVV, die aufgrund § 11 Abs. 5 UAG ergangen ist, weiter spezifiziert: Der Antrag hat im wesentlichen Erklärungen[784] bzw. Unterlagen[785] zu enthalten, aus denen sich ergibt, daß der Umweltgutachter die objektiv bestimmbaren Zulassungsanforderungen mit Ausnahme der noch festzustellenden Fachkenntnisse erfüllt.

Der Antrag ist notwendige Verfahrens- und Sachentscheidungsvoraussetzung; er kann jedoch bis zum Abschluß eines möglichen verwaltungsgerichtlichen Verfahrens nachgeholt werden.[786]

Die DAU führt zur Feststellung der Fachkenntnisse mündliche Prüfungen der Antragsteller durch.[787] Zur Ergänzung können auch weitere schriftliche Prüfungen vorgenommen werden, sofern sie durch eine Rechtsverordnung vorgesehen sind.[788] Die mündliche Prüfung wird von einem Prüfungsausschuß der Zulassungsstelle abgenommen,[789] dessen Mitglieder und Vorsitzender von der Zulassungsstelle gewählt werden[790]. Bei der mündlichen Prüfung handelt es sich um

---

780 Waskow in: Feldhaus, BImSchR, 1997, Bd. 7 M 1 Rn. 85.
781 § 11 Abs. 1 UAG.
782 § 4 Abs. 3 UAG.
783 § 37 Abs. 1 Nr. 2 UAG.
784 §§ 1 Abs. 1, 2 Abs. 1 UAGZVV.
785 §§ 1 Abs. 2, 2 Abs. 2 UAGZVV.
786 § 45 Abs. 2 VwVfG.
787 §§ 11 Abs. 2, 12 UAG, § 5 ff. UAGZVV.
788 § 11 Abs. 5 Nr. 4 UAG. Von dieser Befugnis hat die Bundesregierung bisher keinen Gebrauch gemacht.
789 § 11 Abs. 2 UAG.
790 § 12 Abs. 3 UAG.

einen unselbständigen Teil des Zulassungsverfahrens,[791] der daher nicht selbst angefochten werden kann.[792] Über ihren wesentlichen Inhalt und Ablauf ist eine Niederschrift zu fertigen.[793] Details über den Ablauf des Prüfungsverfahrens sind in §§ 4 ff. UAGZVV geregelt. Darüber hinaus finden sich weitere Einzelheiten der mündlichen Prüfung, insbesondere des Prüfungsgegenstandes, in der UAG-FkR, die als Verwaltungsvorschrift die Zulassungsstelle verwaltungsintern bindet, und die diese daher beim Zulassungsverfahren anwendet.

Eine Überprüfung der praktischen Fähigkeiten des Umweltgutachters ist dagegen nicht vorgesehen, so daß das deutsche Zulassungsverfahren eher formaler Natur ist.

Erfüllt der Umweltgutachter die Zulassungsanforderungen, ist ihm die Zulassung zu erteilen.[794] Die Zulassung erfolgt ausdrücklich in Form eines Zulassungsbescheides[795] und damit in Gestalt eines Verwaltungsaktes. Wegen des fehlenden Ermessensspielraums für die Zulassungsstelle stellt dieser Bescheid eine gebundene Entscheidung dar.[796] Bei Erfüllung der Anforderungen besitzt der Umweltgutachter daher einen Rechtsanspruch auf Zulassung.[797]

Im Zulassungsbescheid sind die Unternehmensbereiche genau zu bezeichnen, für die die Zulassung erteilt wird.[798]

Da es sich bei der abschließenden Entscheidung der Zulassungsstelle über die Erteilung der Zulassung und auch der Fachkenntnisbescheinigung um einen Verwaltungsakt handelt, ist sie mit der Anfechtungs- oder Verpflichtungsklage angreifbar.[799] Das UAG sieht daher vor, daß die Zulassungs- oder Aufsichtsentscheidungen der DAU mit Widerspruch bei der Widerspruchsbehörde, dem

[791] § 12 Abs. 1 Satz 1 UAG.

[792] BT-Drs. 13/1192 S. 29; Kothe, UmweltauditR, 1997, Rn. 486, Scherer/Bartsch in: Landmann/Rohmer, UmweltR, 1998, Bd. III, Vorb. UAG Rn. 86.

[793] § 12 Abs. 1 Satz 2 UAG.

[794] § 9 Abs. 1 Satz 1 UAG.

[795] § 9 Abs. 1 Satz 3 UAG.

[796] Lütkes in: Ewer/Lechelt/Theuer, Hdb. Umweltaudit, 1998, Teil F Rn. 58, 107.

[797] Waskow in: Feldhaus, BImSchR, 1997, Bd. 7, M 1 Rn. 264, 275; Kothe, UmweltauditR, 1997, Rn. 437.

[798] §§ 9 Abs. 1 Satz 3, 10 Abs. 2 Satz 3 UAG.

[799] Kothe, UmweltauditR, 1997, Rn. 485; Scherer/Bartsch in: Landmann/Rohmer, UmweltR, 1998, Bd. III, Vorb. UAG Rn. 86.

Umweltgutachterausschuß[800], anzugreifen sind,[801] so daß nach Durchführung des Widerspruchsverfahrens der Verwaltungsrechtsweg eröffnet ist.[802]

Die Zulassungsstelle registriert die zugelassenen Umweltgutachter in einem Verzeichnis[803] und unterrichtet[804] den Umweltgutachterausschuß, das BMU, die obersten Landesbehörden sowie die EU-Kommission halbjährlich über den Stand dieses Zulassungsregisters.

Das Verzeichnis enthält neben dem Namen und der Anschrift des Umweltgutachters eine detaillierte Aufstellung der Prüfungsbereiche, für die der Gutachter zugelassen wird. Je nach Sachkenntnisstand, Ausbildung und Erfahrung wird nach Qualifikationsgrad des jeweiligen Gutachters differenziert. Die Öffentlichkeit kann in dieses Register nach Maßgabe des Umweltinformationsgesetzes (UIG) ohne Nachweis eines rechtlichen oder berechtigten Interesses Einsicht nehmen.[805]

Ebenso wie der Umweltgutachter muß sich auch der Fachkenntnisbescheinigungsinhaber einem Zulassungsverfahren unterziehen, bei dem er allerdings nur hinsichtlich des Fachgebietes, für das er eine Fachkenntnisbescheinigung erstmalig beantragt, eine mündliche Prüfung ablegen muß.[806]

Erfüllt ein Umweltgutachter nicht alle Zulassungsvoraussetzungen, etwa weil er nicht in allen Gebieten, für die er die Zulassung beantragt hat, die erforderliche Fachkunde besitzt, besteht die Möglichkeit ihm zumindest eine Fachkenntnisbescheinigung für die Gebiete zu erteilen, in denen er die Prüfung besteht. Denn die Erteilung der Fachkenntnisbescheinigung stellt im Verhältnis zur Umweltgutachterzulassung kein "Aliud", sondern ein "Minus" dar.[807]

---

800 zu dessen Zusammensetzung, seinen Aufgaben und dem Widerspruchsverfahren im 10. Kapitel Abschnitt B.

801 § 24 UAG.

802 Sellner/Schnutenhaus, Umweltmanagement, NVwZ 1993, S. 928 (934); Köck, Pflichten- und Kontrollsystem, VerwA 1996, S. 644 (670); Kothe, UmweltauditR, 1997, Rn. 485; Scherer/Bartsch in: Landmann/Rohmer, UmweltR, 1998, Bd. III, Vorb. UAG Rn. 88. Zum Rechtsschutz näheres im 17. Kapitel Abschnitt F.

803 § 14 Abs. 1 UAG.

804 § 14 Abs. 1 UAG.

805 § 14 Abs. 2 UAG.

806 § 11 Abs. 4 UAG.

807 Ewer in: Ewer/Lechelt/Theuer, Hdb. Umweltaudit, 1998, Teil E Rn. 72. Dies entspricht auch der Zulassungspraxis der DAU, vgl. BR-Drs. 656/98 S. 4.

Eine Registrierung in einem Verzeichnis ist nicht vorgesehen. Der Inhaber einer anerkannten Lehrgangsbescheinigung ist dagegen von einem Prüfungsverfahren vor der Zulassungsstelle befreit; es reicht die Vorlage der Bescheinigung.[808] Er hat allerdings seine Fachkunde im Rahmen einer schriftlichen Prüfung unter Beweis gestellt. Denn die Anerkennung eines Lehrgangs erfolgt in der Verwaltungspraxis nach bestimmten Anforderungen der Lehrgangsrichtlinie (UAG-LehrgR)[809], die als Verwaltungsvorschrift zu qualifizieren ist. Nach dieser Richtlinie hat ein anzuerkennender Lehrgang mit einer schriftlichen Prüfung abzuschließen.[810]

Als Besonderheit beim Zulassungsverfahren für Umweltgutachterorganisationen müssen diese ihrem Antrag auf Zulassung eine gesonderte Aufstellung der Umweltgutachter, Fachkenntnis- und Lehrgangsbescheinigungsinhaber mit Name, Geburtsdatum, Geburtsort und Wohnort und Nachweis des Anstellungsverhältnisses an die Zulassungsstelle beifügen, die die Zulassung der Organisation begründen sollen.[811]

III. Vereinbarkeit mit der EMAS-VO

Die deutsche Regelung übernimmt die Anforderungen der EMAS-VO und führt im weiteren den Regelungsauftrag für das Zulassungsverfahren aus. Sie hält sich an die Vorgaben der Verordnung: Stellung eines Antrags, Zulassungs- bzw. Prüfungsverfahren, abschließende Entscheidung und Registrierung.

Das Erfordernis eines schriftlichen Antrags bezieht sich lediglich auf die von der EMAS-VO festgelegten Voraussetzungen und legt keine weiteren Bedingungen fest, sondern konkretisiert die inhaltlichen Anforderungen an den Antrag.

Auch das formale Prüfungsverfahren entspricht den Vorgaben der EMAS-VO. Denn ob eine praktische Prüfung durchzuführen ist, wird von der EMAS-VO offen gelassen. Es reicht die Beurteilung des Antragstellers durch vorgelegte Informationen und einschlägige Arbeiten aus. Die Mitarbeiter der Zulassungsstelle können weitere Nachforschungen anstellen, sie müssen es allerdings

[808] § 10 Abs. 1 Nr. 2 UAG.
[809] vom 03.09.1997 in: BAnz. 1998 Nr. 61 S. 4846.
[810] UAG-LehrgRL Abschnitt II. 3.
[811] § 2 Abs. 2 Nr. 3 UAGZVV.

nicht. Zu solchen Nachforschungen können auch Praxistests gehören. Erst im Rahmen der Aufsicht ist eine Überprüfung der Qualität der Begutachtungen und insofern eine Überprüfung der praktischen Fähigkeiten des Gutachters verbindlich.[812] Es ist daher nicht zu beanstanden, wenn lediglich die Vorlage von Unterlagen, die die objektiv bestimmbaren Zulassungsanforderungen beschreiben, und eine mündliche Prüfung zur Ermittlung der Fachkenntnisse vorgesehen sind.

Die Anforderungen an den Zulassungsbescheid als abschließende Entscheidung konkretisieren die Vorgaben der EMAS-VO, die eine solche Entscheidung verlangen.

Die Regelung der Registrierung der Antragsteller und der halbjährlichen Übermittlung des aktuellen Standes des Registers bewirken lediglich eine Klarstellung der entsprechenden Vorgaben der EMAS-VO.

Daher entspricht das deutsche Zulassungsverfahren den Vorgaben und dem Regelungsauftrag der EMAS-VO.

Das Verfahren für die mit der Verordnung vereinbare Zulassung von Fachkenntnisbescheinigungshabern[813] entspricht dem Zulassungsverfahren für die Umweltgutachter und ist somit ebenfalls verordnungskonform.

Das Verfahren für die ebenfalls ordnungsgemäße Zulassung von Lehrgangsbescheinigungsinhabern bedingt zwar noch nicht einmal eine mündliche Prüfung, doch zur Abgabe einschlägiger Arbeiten gehört auch die schriftliche Prüfung in dem anerkannten Lehrgang, so daß dieses Verfahren ebenfalls verordnungskonform ist.

IV. Bewertung

Durch das Zulassungsverfahren ist gewährleistet, daß die Zulassungsstelle die Zulassungsanforderungen gesichert feststellen kann. Für die objektiv feststellbaren Kriterien ist es ausreichend, wenn der Gutachter die entsprechenden Dokumente vorlegt. Es dürfte auch eine mündliche Prüfung ausreichen, um die Fachkenntnisse des Gutachters zu prüfen. Eine praktische Prüfung wäre zwar wünschenswert, ist jedoch nicht erforderlich.

---

[812] Anhang III A 5 EMAS-VO; Anhang V 5.3.1. RevE EMAS-VO.
[813] Abschnitt B. I. 3. in diesem Kapitel.

Bemerkenswert ist allerdings die Tatsache, daß trotz der eher formalen Natur des deutschen Zulassungsverfahrens in der Anfangsphase des EMAS-Systems eine Durchfallquote von fast 60 % in der mündlichen Prüfung bestand.[814] Nach Auffassung der damaligen Bundesregierung dokumentiere diese hohe Quote, daß an die Fachkenntnis der Umweltgutachter sehr hohe Anforderungen gestellt wurden.[815] Hiergegen ist einzuwenden, daß hohe Durchfallquoten nicht zwangsläufig ein hohes Anforderungsprofil bedeuten, sondern auch für eine schlechte Qualifikation der Gutachter insgesamt sprechen können.

Die Regierung bewerte auch die geringe Inanspruchnahme der o.g. Rechtsschutzmöglichkeiten der Gutachter in der Anfangsphase der Einführung des EMAS-Systems[816] als zu positiv. Die relativ geringe Anzahl der Widersprüche in der Anfangsphase hätten nach ihrer Ansicht gezeigt, daß die DAU eine insgesamt hohe Akzeptanz genieße.[817] Diese Schlußfolgerung ist keinesfalls zwingend. Der Großteil der nicht zugelassenen Antragsteller könnte auch deswegen seine Rechtsschutzmöglichkeiten nicht in Anspruch genommen haben, da ihm das Widerspruchs- und mögliche Verwaltungsgerichtsverfahren zu aufwendig und zu kostspielig war. Dann hätte er allerdings weniger die Entscheidung der DAU akzeptiert als sich vielmehr dem Kostendruck gebeugt. Im übrigen dürften auch etliche Antragsteller die Entscheidung der DAU angenommen haben, da sie zwar eine Zulassung als Umweltgutachter beantragt hatten, dies abgelehnt wurde, jedoch gleichzeitig eine Fachkenntnisbescheinigung für einige Fachgebiete erhielten.[818] Diese Bescheinigung stellte für viele Antragsteller einen Teilerfolg dar, so daß sie weder Widerspruch einlegten, geschweige denn Klage erhoben.[819] Sie konnten ihre Prüftätigkeit im EMAS-Bereich aufnehmen und zumindest mit einem anderen zugelassenen Umweltgutachter auch die Validierung herbeiführen. Ob die DAU daher tatsächlich große Akzeptanz genoß, oder

---

[814] BT-Drs. 656/98 S. 4; Hüwels, Öko-Audit, NuR 1998, S. 476.

[815] vgl. BR-Drs. 656/98 S. 6.

[816] Ende 1997 standen 437 Zulassungsverfahren mit einer Durchfallquote von 59,5 % lediglich 16 Widersprüche und nur 3 Klagen gegenüber, vgl. BR-Drs. 656/98 S. 4 f., 10.

[817] BR-Drs. 656/98 S. 6.

[818] Dies entspricht der Zulassungspraxis der DAU, vgl. BR-Drs. 656/98 S. 4.

[819] Die Bundesregierung läßt offen, wieviele der 99 Fachkenntnisbescheinigungsinhaber zu den 239 Antragstellern gehörten, die bei der Umweltgutachterzulassung durchgefallen waren, vgl. BR-Drs. 658/98 S. 4.

die Antragsteller nur aus praktischen und wirtschaftlichen Erwägungen auf ihren Rechtsschutz verzichteten, ist schwerlich zu beurteilen. Das deutsche Zulassungssystem mit der Möglichkeit der Erteilung von Fachkenntnisbescheinigungen begünstigt zumindest einen Rechtsschutzverzicht der Antragsteller.

Insgesamt ist dennoch festzuhalten, daß das deutsche Zulassungsverfahren die Feststellung der Zulassungsvoraussetzungen in hinreichendem Maße gewährleistet. Da dem Gutachter als Rechtsschutzmittel Widerspruch und verwaltungsgerichtliche Klage zur Verfügung stehen, macht das UAG eindeutig klar, daß es ihn als ein außerhalb der Verwaltung stehendes Subjekt behandelt. Dies spricht ebenfalls dafür, daß der Schwerpunkt seiner Tätigkeit nicht identisch mit derjenigen der Umweltordnungsbehörden ist, sondern bei der Umweltmanagementkontrolle liegt.

G. Veröffentlichung der zugelassenen Einzelgutachter und Umweltgutachterorganisationen im Amtsblatt der Europäischen Gemeinschaften

Die Zulassungsstellen übermitteln halbjährlich der Kommission, welche Gutachter zugelassen worden sind.[820] Eine Gesamtliste aller zugelassenen Umweltgutachter wird im Amtsblatt der Europäischen Gemeinschaften veröffentlicht. In der erstmals 1996 erfolgten Publikation[821] wurden in Deutschland 53[822], in Großbritannien 7, in Österreich 5, in Frankreich 4, in den Niederlanden 3, in Dänemark 2, in Finnland, Schweden und Norwegen jeweils ein registrierter Umweltgutachter bzw. eine registrierte Umweltgutachterorganisation aufgelistet. Deren Anzahl ist erheblich angewachsen. Deutschland ist bei den Zulassungszahlen führend. Nach neuesten Angaben sind inzwischen 232 Experten, davon 205 Einzelgutachter und 27 Organisationen in Deutschland zugelassen.[823] Die Zahl der zugelassenen Umweltgutachter und Umweltgutachterorganisationen betrug nach neuesten Angaben[824] 10 in Großbritannien, 17 in Österreich, 8

---

[820] Art. 7 EMAS-VO i.V.m. § 14 I UAG; Art. 7 Abs. 1 und 3 RevE EMAS-VO.

[821] Abl. EG Nr. C 223 vom 31.07.1996 S. 1 ff..

[822] darunter 7 Umweltgutachterorganisationen, 5 davon aus anderen Mitgliedstaaten, den Niederlanden, Dänemark und dem Vereinigten Königreich.

[823] Stand: März 23.02.2000 laut Angaben der DAU.

[824] Stand: 08.01.2000 laut Angaben des EMAS-Helpdesks im Internet.

in Frankreich, jeweils 6 in Belgien, Norwegen und Schweden, je 4 in den Niederlanden, Dänemark und Spanien, 3 in Italien, 2 in Finnland und 1 in Irland.[825]

H. Vereinbarkeit der Zulassungsvorschriften insgesamt mit der EMAS-VO

Zusammenfassend läßt sich festhalten, daß die Zulassungsvorschriften des UAG mit den Regelungsaufträgen der EMAS-VO vereinbar sind und diese, soweit die Verordnung konkrete Anforderungen an die Zulassung stellt, nicht in ihrer "Tragweite"[826] antasten. Die Ausformung des Regelungsauftrages der EMAS-VO durch den Gesetzgeber des UAG ist gemeinschaftsrechtlich daher nicht zu beanstanden.[827]

I. Bewertung

Durch die umfassenden Regelungen zur Zulassung wird ausreichend der Gefahr vorgebeugt, daß die Umweltgutachter keine "Gefälligkeitsbegutachtungen" vornehmen. Es erhalten nur solche Gutachter die Zulassung, die sich für eine glaubwürdige Überprüfung und Validierung eignen. Die Bestimmungen zur Zulassung zeigen aber auch sehr deutlich, daß der Schwerpunkt der gutachterlichen Tätigkeit nicht im Ersatz der ordnungsbehördlichen Überwachung sondern in der Umweltmanagementkontrolle liegt.

9. Kapitel: Aufsicht

Die Regelung der Aufsicht sind von entscheidender Bedeutung, um eine verordnungskonforme Tätigkeit bereits zugelassener Umweltgutachter zu gewährleisten.

---

[825] Unter http://europa.eu.int/comm/environment/emas können die Namen aller in Europa zugelassenen Umweltgutachter im Internet abgerufen werden. Die Liste der in Deutschland zugelassenen Umweltgutachter kann zusätzlich bei der DAU per e-mail unter daugmbh@daudis-wjd.ihk.de angefordert werden.

[826] So das Kriterium des EuGH: Urteil des EuGH vom 18.02.1970 in der Rechtssache 40/69 - Hauptzollamt Hamburg-Oberelbe gegen Bollmann -, Slg. 1970, S. 69 (80); Urteil vom 18.06.1970 in der Rechtssache 74/69 - Hauptzollamt Bremen gegen Krohn -, Slg. 1970, S. 451 (459); Schweitzer/Hummer, EuropaR, 1996, Rn. 354; Streinz in: Isensee/Kirchhof, HdbdStR VII, 1992, § 182 Rn. 18; Hetmeier, in: Lenz (Hrsg.), EG-Vertrag, 1994, Art. 189 Rn. 6.vgl. Teil C.

[827] ebenso: Schmidt-Preuß, Umweltschutz ohne Zwang in: FS für Kriele, S. 1157 (1173).

A. Regeln betreffend die inländischen Umweltgutachter

I. EMAS-VO

Die EMAS-VO bestimmt, daß die Mitgliedstaaten innerhalb von 21 Monaten nach Inkrafttreten der Verordnung die zuständigen Aufsichtsstellen zu bestimmen haben.[828] Die Wahl der Aufsichtsstellen bleibt dem nationalen Gesetzgeber überlassen: er kann bestehende Zulassungsstellen, die Registrierungsstellen mit der Aufsicht beauftragen oder aber Stellen schaffen, die eine geeignete Rechtsstellung besitzen.[829]

Nach der EMAS-VO gelten einige Rahmenvorgaben für die Aufsicht.[830] Der Umweltgutachter ist regelmäßig und mindestens alle 36 Monate zu kontrollieren[831], und die Überprüfung, ob der Gutachter nach wie vor den Zulassungsanforderungen entspricht, umfaßt auch die Qualität der vorgenommenen Begutachtungen.[832] Nach der EMAS-VO untersteht der Umweltgutachter daher mindestens einer Regelaufsicht. Im Gegensatz zu anderen freien Berufen, bei denen die Aufsichtsbehörde erst auf konkrete Anlässe oder Beschwerden hin tätig wird, wie z.B. bei Rechtsanwälten, ist schon durch die Verordnung eine stärkere Kontrolle und Bindung des Gutachters an die von den Mitgliedstaaten einzurichtenden Aufsichtsstellen angelegt.

Weiterhin wird dem Umweltgutachter eine Informationspflicht gegenüber der Zulassungsstelle aufgetragen, sofern sich Veränderungen ergeben haben, die auf seine Zulassung Einfluß haben könnten.

Außerdem steht ihm ein Anhörungsrecht zu, bevor in die Zulassung eingreifende Maßnahmen ergriffen werden.

---

[828] Art. 6 Abs. 1 und 2 EMAS-VO. Gemäß Art. 4 Abs. 1 und 2 RevE EMAS-VO bleiben den Mitgliedstaaten nach der Revision dafür 12 Monate nach Inkrafttreten der neuen Verordnung Zeit.

[829] Art. 6 Abs. 1 EMAS-VO; Art. 4 Abs. 1 RevE EMAS-VO.

[830] Art. 6 Abs. 4 EMAS-VO verweist auf die Geltung des Anhangs III EMAS-VO; Art. 4 Abs. 4 RevE EMAS-VO verweist entsprechend auf die Geltung der Anforderungen des Anhangs V RevE EMAS-VO.

[831] nach Anhang V 5.3.1. RevE EMAS alle 24 Monate.

[832] Anhang III A 5 EMAS-VO; Anhang V 5.3.1. RevE EMAS-VO.

II. UAG

Das UAG unterscheidet bei den aufsichtsrechtlichen Maßnahmen und Befugnisse zwischen der durch die EMAS-VO vorgegebene Regelaufsicht und einer Anlaßaufsicht:

1. Regelaufsicht

Im Rahmen der Regelaufsicht ist die Kontrolle der Zulassungsvoraussetzungen bzw. der Voraussetzungen für die Erteilung von Fachkenntnisbescheinigungen von der DAU mindestens alle 36 Monate nach Wirksamwerden der Zulassung oder Fachkenntnisbescheinigung vorzunehmen; dabei hat auch eine Überprüfung der Qualität der vorgenommenen Begutachtungen zu erfolgen.[833]

2. Anlaßaufsicht

Umweltgutachter und Fachkenntnisbescheinigungsinhaber treffen darüber hinaus folgende Pflichten[834], die noch nicht Gegenstand der Zulassung waren und im Rahmen der Anlaßaufsicht der Kontrolle durch die Zulassungsstelle unterliegen:

- Fertigung und maximal fünfjährige Aufbewahrung von Zweitschriften der in Anhang III B
  Nr. 2 und 3 EMAS-VO genannten Dokumente, d.h.
  der Begutachtungsvereinbarungen,
  der Berichte an die Unternehmensleitung,
  der validierten Umwelterklärungen,
  der Niederschriften über Standortbesuche und Gespräche mit dem dortigen Personal;
- unverzügliche Mitteilung über zulassungsrelevante Veränderungen;
- unparteiische Begutachtung;[835]

---

[833] § 15 Abs. 1 UAG; wegen Anhang V 5.3.1. RevE EMAS-VO wird diese Regelung dahingehend angepaßt werden müssen, daß eine Überprüfung spätestens alle 24 Monate stattzufinden hat, da sie ansonsten nicht mehr konform mit der EMAS-VO sein wird.

[834] § 15 Abs. 2 UAG.

[835] Die Unparteilichkeit ist nach Anhang III A 1EMAS-VO eine Zulassungsanforderung, die jedoch erst im Rahmen der Aufsicht wirksam kontrolliert werden kann, vgl. 8. Kapitel Abschnitt B. III. 3.

- auf Verlangen der Zulassungsstelle die zur Überprüfung erforderlichen Unterlagen vorzulegen und
- bei der Standortüberprüfung die einschlägigen Rechtsvorschriften und die hierzu ergangenen
amtlich veröffentlichten Verwaltungsvorschriften des Bundes und der Länder zu berücksichtigen.

Entsprechend der Zulassungsanforderung für den Umweltgutachter sicherzustellen, daß angestellte Gutachter, Fachkenntnis- und Lehrgangsbescheinigungsinhaber sich fortbilden,[836] unterliegt der Aufsicht die Fortbildungspflicht für den Umweltgutachter, den Fachkenntnis- und den Lehrgangsbescheinigungsinhaber.[837]

Die zu überprüfenden Personen und Organisationen haben das Betreten der Geschäftsräume zu dulden, wenn dies zum Feststellen der Zulassungsanforderungen erforderlich ist.[838]

Generalklausel für ein Eingreifen der Zulassungsstelle innerhalb der Anlaßaufsicht ist § 16 Abs. 1 UAG. Nach dieser Vorschrift kann die Zulassungsstelle zur Erfüllung der Anforderungen und Pflichten nach der EMAS-VO die erforderlichen Maßnahmen treffen. Solche Maßnahmen können sein: ein Hinweis, eine schriftliche Beanstandung, gegebenenfalls Verwarnung, die Intensivierung der Überwachung oder die Anzeige einer Ordnungswidrigkeit im Sinne des § 37 UAG.[839]

Darüber hinaus sieht das UAG als spezielle Maßnahmen die (eventuell zeitlich begrenzte) völlige oder teilweise Untersagung der gutachterlichen Tätigkeit[840] bei Verstößen gegen die vom Umweltgutachter einzuhaltenden Regeln sowie die an bestimmte Voraussetzungen geknüpfte Rücknahme und den Widerruf von Zulassung und Fachkenntnisbescheinigung[841] vor.

---

[836] § 9 Abs. 1 Satz 2 Nr. 2, § 10 Abs. 1 Nr. 3 UAG; siehe im 8. Kapitel Abschnitte B. I. 2. und D. IV. 2.
[837] § 15 Abs. 3 UAG.
[838] § 15 Abs. 4 UAG.
[839] Die möglichen konkreten Aufsichtsmaßnahmen sind in der gemäß § 20 UAG vom Umweltgutachterausschuß erlassenen AufsR unter Abschnitt IV. aufgeführt.
[840] § 16 Abs. 2 UAG
[841] § 17 UAG.

Die Untersagung liegt bei folgenden Voraussetzungen im Ermessen der Zulassungsstelle:
- Validierung einer Umwelterklärung mit unzutreffenden Angaben und Beurteilungen, insbesondere hinsichtlich der Einhaltung der einschlägigen Umweltvorschriften am Standort unter Verstoß gegen seine sich aus der EMAS-VO ergebenden Prüfungspflichten,
- nicht ordnungsgemäße Erfüllung der oben genannten der Aufsicht unterstehenden Pflichten,
- keine Befolgung einer vollziehbaren Anordnung der Zulassungsstelle.[842]

Die Untersagung darf bei Erfüllung dieser Pflichten und Anordnungen nicht ausgesprochen werden bzw. ist wieder aufzuheben; gleiches gilt, wenn bei nachträglicher Unmöglichkeit keine Wiederholungsgefahr eines Rechtsverstoßes besteht.[843]

Im Gegensatz zu der im Ermessen stehenden Untersagung hat der Gesetzgeber zwingende Rücknahme- und Widerrufstatbestände geschaffen, die sich an den Regelungen des § 20 Abs. 1 und 2 WPO orientieren.[844]

Zulassung und Fachkenntnisbescheinigung sind mit Wirkung für die Zukunft zurückzunehmen, wenn nachträglich Tatsachen bekanntwerden, bei deren Kenntnis die Zulassung oder die Erteilung der Fachkenntnisbescheinigung hätten versagt werden müssen.[845]

Sie sind ebenfalls zu widerrufen, wenn beim Gutachter oder beim Bescheinigungsinhaber die konkret aufgeführten Zulassungsvoraussetzungen nicht mehr gegeben sind, d.h. wenn er
- mit der Begutachtung eines Unternehmens begonnen hat, dessen Inhaber oder Mehrheitsanteilseigner er selbst ist, und diese nicht innerhalb einer von der Zulassungsstelle zu setzenden Frist aufgegeben hat,[846] (fehlende Unabhängigkeit)
- infolge strafgerichtlicher Verurteilung die Fähigkeit zur Bekleidung öffentlicher Ämter verloren hat,[847] (fehlende Zuverlässigkeit)

---

[842] § 16 Abs. 2 Satz 1 UAG.
[843] § 16 Abs. 2 Satz 2 UAG.
[844] BT-Drs. 13/1192 S. 30.
[845] § 17 Abs. 1 UAG.
[846] § 17 Abs. 2 Satz 1 Nr. 1 a UAG.
[847] § 17 Abs. 2 Satz 1 Nr. 1 b UAG.

- infolge eines körperlichen Gebrechens, wegen Schwäche seiner geistigen Kräfte oder wegen einer Sucht nicht nur vorübergehend unfähig geworden ist, gutachterliche Tätigkeiten ordnungsgemäß auszuführen,[848] (fehlende Zuverlässigkeit) oder die Gutachterachterorganisation die Zulassungsvoraussetzungen an die Leitungsebene nicht mehr erfüllt und innerhalb einer von der Zulassungsstelle zu setzenden Frist einen gesetzmäßigen Zustand nicht herbeigeführt hat[849] (fehlerhafte Zusammensetzung)

Die Zulassung ist teilweise zu widerrufen, soweit das Personal des Einzelgutachters oder der Gutachterorganisation nicht mehr die für sie geltenden Zulassungsanforderungen erfüllen und dieser Zustand nicht innerhalb einer von der Zulassungsstelle zu setzenden Frist wieder hergestellt ist.[850]

Außer nach den Vorschriften des VwVfG können Zulassung und Fachkennntisbescheinigung widerrufen werden, wenn

- eine zustellungsanfähige Anschrift des Gutachters fehlt[851] oder
- bei einer konkreten Begutachtung ein Abhängigkeitsverhältnis zum Unternehmen oder dem Betriebsprüfer bestanden hat und Wiederholungsgefahr gegeben ist[852]

Neben diesen spezialgesetzlich normierten Widerrufsvoraussetzungen ist auch ein Widerruf nach § 49 VwVfG möglich.[853]

Folgende Verstöße gegen die Pflichten des Umweltgutachters unterstehen nicht nur der Aufsicht, sondern sind auch noch bußgeldbewehrt:[854]

- Fehlende, unrichtige oder nicht rechtzeitige Angaben zur zustellungsfähigen Anschrift
- keine oder zu kurze Aufbewahrung von Zweitschriften
- keine oder nicht rechtzeitige Unterrichtung über zulassungsrelevante Veränderungen
- keine oder nicht rechtzeitige Vorlage der zur Überprüfung notwendigen Unterlagen

---

848 § 17 Abs. 2 Satz 1 Nr. 1 c UAG.
849 § 17 Abs. 2 Satz 1 Nr. 2 UAG.
850 § 17 Abs. 2 Satz 2 UAG.
851 § 17 Abs. 3 Nr. 1 UAG.
852 § 17 Abs. 3 Nr. 2 UAG.
853 § 17 Abs. 3 UAG; BT-Drs. 13/1192 S. 31.
854 § 37 UAG.

- Zuwiderhandlung gegen eine vollziehbare Anordnung der Zulassungsstelle.

Darüber hinaus stellt das UAG stellt klar, daß ohne erforderliche Zulassung, Fachkenntnisbescheinigung oder eine gültige Lehrgangsbescheinigung oder sonstigen anerkannten Qualifikationsnachweis eine Umwelterklärung nicht für gültig erklärt werden bzw. eine Gültigerklärung nicht mitgezeichnet werden darf.[855] Diese Pflicht ist ebenfalls bußgeldbewehrt.[856]

Weiterhin hat der Umweltgutachter die Pflicht eine korrekte Berufsbezeichnung zu führen,[857] und als Organisation die Bezeichnung "Umweltgutachter" in die Firma oder den Namen aufzunehmen.[858] Die Verletzung dieser Pflichten bedeuten nicht für Umweltgutachter eine Ordnungswidrigkeit sondern nur für diejenigen, die keine Zulassung besitzen und die Berufsbezeichnung, den Namen und die Firmierung fälschlicherweise in Anspruch nehmen.[859]

Die von der EMAS-VO festgelegte Verschwiegenheitspflicht[860] des Umweltgutachters ist wegen eines fehlenden entsprechenden Tatbestandes im Bußgeldkatalog des UAG nicht bußgeldbewehrt.

Eine nähere Regelung der Pflichten des Gutachters, die der Aufsicht unterstehen, und des Aufsichtsverfahrens bleibt einer Rechtsverordnung der Bundesregierung vorbehalten.[861] Eine solche ist bisher nicht ergangen. Detaillierte Anleitungen für Zulassungsstelle finden sich stattdessen in der vom Umweltgutachterausschuß erlassenen UAG-AufsR[862], die als Verwaltungsvorschrift die Zulassungsstelle bei ihrer Tätigkeit verwaltungsintern bindet.

Über ihre getroffenen Aufsichtsmaßnahmen hat die Zulassungsstelle halbjährlich dem durch das UAG neu geschaffenen Umweltgutachterausschuß[863] zu berichten.[864]

Veranlaßt durch Klagen Dritter hat die DAU schon Maßnahmen in der sog. "Anlaßaufsicht" ergriffen und zwar bei Fragen der Unabhängigkeit und Unpar-

---

[855] § 19 UAG.
[856] § 37 Abs. 1 Nr. 9 UAG.
[857] § 4 Abs. 4 UAG.
[858] § 10 Abs. 5 Satz 1 UAG.
[859] § 37 Abs. 1 nr. 2, 3 UAG.
[860] 4. Kapitel Abschnitt VIII.
[861] § 20 UAG.
[862] vom 11.06.1996 in: BAnz. 1997 Nr. 83 S. 5572.
[863] Siehe 10. Kapitel Abschnitt A.

teilichkeit, Beanstandungen der gutachterlichen Tätigkeit deutscher Gutachter im Ausland, der Pflichten des Gutachters bei der Prüfung eines Standorts, der Validierung ohne erforderliche Zulassung für den begutachteten Unternehmensbereich oder richtigen Unterzeichnung der Umwelterklärung.[865]

III. Vereinbarkeit mit der EMAS-VO

Die Regelungen des UAG sind mit dem Regelungsauftrag für die Aufsicht als auch mit den schon in der EMAS-VO geregelten Anforderungen an die Aufsicht vereinbar. Die Regelaufsicht ist bereits in der Verordnung festgelegt und wird daher im UAG lediglich klargestellt. Die Pflicht, die Zulassungsstelle über alle zulassungsrelevanten Tatsachen zu unterrichten, wurde ebenfalls übernommen. Ansonsten bleibt den Mitgliedstaaten die Regelung der Aufsicht überlassen, so daß es im Hinblick auf die Verordnung nicht zu beanstanden ist, wenn das UAG eine Anlaßaufsicht regelt.

B. Notifizierung ausländischer Gutachter

I. EMAS-VO

Die in einem Mitgliedstaat zugelassenen Umweltgutachter dürfen in allen anderen Mitgliedstaaten gutachterlich tätig werden, wenn sie ihre Tätigkeit dem Zulassungssystem des jeweiligen Mitgliedstaates anzeigen und diese Tätigkeit der Aufsicht des Zulassungssystems des Mitgliedstaates unterliegt.[866] Weitere Regelungen über die Tätigkeit ausländischer Gutachter finden sich in der EMAS-VO nicht.

II. UAG

Bevor ein in einem anderen Mitgliedstaat zugelassener Gutachter seine Tätigkeit in Deutschland aufnimmt, hat er seine gutachterliche Tätigkeit anzuzeigen und dabei den Namen, die zustellungsfähige Anschrift im Bundesgebiet und bei

---

[864] § 21 Abs. 2 Satz 2 Nr. 1 UAG.

[865] BR-Drs. 656/98 S. 5; Hüwels, Öko-Audit, NuR 1998, S. 476.

[866] Art. 6 Abs. 7, Anhang III A 5 Abs. 4 EMAS-VO; gemäß Art. 4 Abs. 5, Anhang V 5.3.2. RevE EMAS-VO hat der Gutachter vor jeder Prüfung vier Wochen vor jeder Prüfung Einzelheiten der Akkreditierung und Ort und Zeit der Prüfung der Akkreditierungsstelle mitzuteilen, und die Akkreditierungsstelle kann um nähere Auskünfte der Rechts- und Sprachkenntnisse ersuchen.

Einzelgutachtern auch die Staatsangehörigkeit anzugeben.[867] Weiterhin sind eine Ausfertigung oder eine beglaubigte Abschrift der Zulassung und eine beglaubigte deutsche Übersetzung der Anzeige beizufügen.[868]

Die Verletzung dieser Pflicht ist bußgeldbewehrt.[869] Der DAU liegen nach neuesten Angaben 11 Notifizierungen ausländischer Gutachter vor.[870]

Die ausländischen Gutachter sind darüber hinaus dahingehend zu überprüfen, ob sie weiterhin eine Zulassung des Mitgliedstaates besitzen.[871] Auch die Prüfung der Qualität der Begutachtungen im Bundesgebiet ist vorgesehen.[872] Um dies zu gewährleisten, gelten folgende Pflichten für die ausländischen Umweltgutachter entsprechend:[873]

- Fertigung und maximal fünfjährige Aufbewahrung von Zweitschriften der folgenden Dokumente:
  der Begutachtungsvereinbarungen,
  der Berichte an die Unternehmensleitung,
  der validierten Umwelterklärungen und
  der Niederschriften über Standortbesuche und Gespräche mit dem dortigen Personal;
- unverzügliche Mitteilung über zulassungsrelevante Veränderungen;
- unparteiische Begutachtung;
- auf Verlangen der Zulassungsstelle die zur Überprüfung erforderlichen Unterlagen vorzulegen und
- bei der Standortüberprüfung die einschlägigen Rechtsvorschriften und die hierzu ergangenen amtlich veröffentlichten Verwaltungsvorschriften des Bundes und der Länder zu berücksichtigen.

---

[867] § 18 Abs. 1 Satz 1 und 2 UAG.
[868] § 18 Abs. 1 Satz 3 UAG.
[869] § 37 Abs. 1 Nr. 8 UAG.
[870] Es handelt sich dabei ausschließlich um Gutachterorganisationen; Stand: 23.02.2000 laut Angaben der DAU. Bis zum Dezember 1997 waren es noch 14 Gutachter (davon 1 Einzelgutachter und 13 Organisationen), vgl. BR-Drs. 656/98 S. 5.
[871] § 18 Abs. 2 Satz 1 UAG.
[872] § 18 Abs. 2 Satz 2 UAG.
[873] § 18 Abs. 2 Satz 3 i.V.m. § 15 Abs. 2 UAG.

Die zu überprüfenden ausländischen Gutachter haben ebenfalls zur Feststellung der Zulassungsanforderungen das Betreten der Geschäftsräume zu dulden.[874]

Die Zulassungsstelle ist auch berechtigt, die allgemeinen aufsichtsrechtlichen Maßnahmen zu ergreifen, sowie die gutachterliche Tätigkeit zu untersagen.[875] Für den in Deutschland tätigen Gutachter aus einem Mitgliedstaat sind daher mit Ausnahme des Widerrufs und der Rücknahme der Zulassung die gleichen Aufsichtsmaßnahmen wie für den in Deutschland zugelassenen Gutachter vorgesehen.

Soweit für ihn dieselben bußgeldbewehrten Pflichten wie für den inländischen Gutachter gelten, handelt er bei einem Verstoß ebenfalls ordnungswidrig.[876]

III. Vereinbarkeit mit der EMAS-VO

Mit der Anzeigepflicht des ausländischen Gutachters gibt die EMAS-VO lediglich Rahmenvorgaben vor.[877] Wegen des Regelungsauftrages über die Aufsicht, der nach den Bestimmungen der EMAS-VO der Gutachter aus einem anderen Mitgliedstaat unterliegt, hatten daher die Mitgliedstaaten einen Ausführungsspielraum. Diesen hat der deutsche Gesetzgeber ausgefüllt und ist den Anforderungen an die Aufsicht über ausländische Gutachter hinreichend nachgekommen. Entsprechend den Anforderungen in der EMAS-VO[878], die für die Aufsicht über die zugelassenen Umweltgutachter gelten, sind für die ausländischen Gutachter ebenfalls die Überprüfung, ob sie weiterhin den Zulassungsanforderungen entsprechen, und der Qualität der Begutachtungen vorgesehen. Die Berechtigung der Zulassungsstelle aufsichtsrechtliche Maßnahmen zu ergreifen ist notwendig, weil nach den Vorgaben der EMAS-VO die ausländischen wie die inländischen Gutachter der Aufsicht des anderen Mitgliedstaates unterliegen.

---

[874] § 18 Abs. 2 Satz 3 i.V.m. § 15 Abs. 4 UAG.
[875] § 18 Abs. 2 Satz 3 i.V.m. § 16 UAG.
[876] vgl. § 37 UAG.
[877] ebenso Waskow in: Feldhaus, BImSchR, 1997, Bd. 7 M 1 Rn. 88.
[878] Anhang III A 5 Abs. 1 EMAS-VO.

10. Kapitel: Spezielle Gremien bei der deutschen Zulassung und Aufsicht

A. Der Umweltgutachterausschuß

I. Zusammensetzung und Aufgaben

Das UAG sieht die Schaffung eines pluralistisch besetzten Umweltgutachterausschusses vor, der aus insgesamt 25 ehrenamtlich tätigen Mitglieder besteht.[879] Ihm gehören je sechs Vertreter der Wirtschaftsverbände, vier Vertreter der Umweltgutachter, sechs Vertreter der Umweltverwaltung von Bund und Ländern, drei Vertreter der Wirtschaftsverwaltung von Bund und Ländern, drei Vertreter der Umweltverbände und drei Gewerkschaftsvertretern an.[880] Die Mitglieder des Ausschusses sind weisungsfrei und ehrenamtlich tätig.[881] Daher finden die Grundregeln des Verwaltungsverfahrensgesetzes über die Ausübung ehrenamtlicher Tätigkeit[882] sowie die Verschwiegenheitspflicht[883] Anwendung auf die Ausschußmitglieder.[884]

Die Ausschußmitglieder haben in Angelegenheiten des betrieblichen Umweltschutzes über gründliche Fachkenntnisse und mindestens dreijährige praktische Erfahrungen zu verfügen.[885] Sie werden auf Vorschlag ihrer jeweiligen Dachverbände bzw. der zuständigen obersten Bundes- und Landesbehörden vom Bundesumweltministerium berufen.[886]

Der Ausschuß erläßt in Abstimmung mit dem Bundesumweltministerium[887] Richtlinien für die Arbeit der Zulassungsstelle,[888] die im Bundesanzeiger veröffentlicht werden.[889] Diese Richtlinien sind rechtlich als allgemeine Verwal-

---

879 Zur Entstehungsgeschichte und der Handhabung in der Übergangszeit zwischen Inkrafttreten der EMAS-VO und dem UAG vgl. statt vieler nur Waskow in: Feldhaus, BImSchR, 1997, Bd. 7 M 1 Rn. 111 ff.; Kothe, UmweltauditR, 1997, Rn. 21 ff.

880 § 22 Abs. 1 Satz 1 UAG.

881 § 22 Abs. 1 Satz 2 UAG.

882 § 83 VwVfG.

883 § 84 VwVfG.

884 Scherer/Bartsch in: Landmann/Rohmer, UmweltR, 1998, Bd. III, Vorb. UAG Rn. 90.

885 § 22 Abs. 2 UAG.

886 § 22 Abs. 3 UAG.

887 § 27 Abs. 3 UAG.

888 § 21 Abs. 1 Satz 2 Nr. 1 UAG.

889 § 21 Abs. 1 Satz 3 UAG.

tungsvorschriften zu qualifizieren.[890] Von dieser Kompetenz hat der Umweltgutachterausschuß mit dem Erlaß der vom Bundesumweltministerium genehmigten Fachkunderichtlinie (UAG-FkR)[891], der Aufsichtsrichtlinie (UAG-AufsR)[892], der Lehrgangsrichtlinie (UAG-LehrgR)[893], der Zertifizierungsverfahrensrichtlinie (UAG-ZertVfR)[894] und der Prüferrichtlinie (UAG-PrüfR)[895] bereits regen Gebrauch gemacht.[896]

Weiterhin hat er eine Prüferliste für die Besetzung der Prüfungsausschüsse der Zulassungsstelle zu führen, Empfehlungen für die Besetzung des Widerspruchsausschusses mit Beisitzern auszusprechen und das Ministerium in Zulassungs- und Aufsichtsangelegenheiten zu beraten.[897]

Bei besonders bedeutsamen Fragen, wie etwa dem Erlaß von Zulassungs- und Aufsichtsrichtlinien und der Führung der Prüferliste entscheidet der Umweltgutachterausschuß mit der qualifizierten Mehrheit von zwei Dritteln seiner gesetzlichen Mitglieder.[898] Durch diese Regelung soll verhindert werden, daß der Ausschuß durch eine einzelne Gruppe beherrscht wird.[899] Die 9 Bundes- und Ländervertreter stellen mehr als ein Drittel der Ausschußmitglieder und besitzen damit bei wichtigen Entscheidungen eine Sperrminorität. In allen übrigen Fällen wird mit einfachen Mehrheiten entschieden.[900]

Die Zulassungsstelle ist verpflichtet, halbjährlich dem Umweltgutachterausschuß über ihre Aufsichtsmaßnahmen, die Praktikabilität und den Anpassungsbedarf erlassener Richtlinien und den Regelungsbedarf neuer Richtlinien zu berichten.[901]

---

[890] BT-Drs. 13/1192 S. 22, 31; Lütkes, Umweltauditgesetz, NVwZ 1996, S. 230 (234); Köck, Pflichten- und Kontrollsystem, VerwA 1996, S. 644 (670); Waskow in: Feldhaus, BImSchR, 1997, Bd. 7 M 1 Rn. 189.
[891] vom 27.06.1996 in: BAnz. 1996 Nr. 211 S. 11985.
[892] vom 11.06.1996 in: BAnz. 1997 Nr. 83 S. 5572.
[893] vom 03.09.1997 in: BAnz. 1998 Nr. 61 S. 4846.
[894] vom 08.12.1997 in: BAnz. 1998 Nr. 105 S. 7942.
[895] vom 18.03.1998 in: BAnz. 1998 Nr. 123 S. 9435.
[896] Über die Erfahrungen mit dem Umweltgutachterausschuß hat die Bundesregierung erstmalig 1998 berichtet, vgl. BR-Drs. 656/98 S. 6.
[897] § 21 Abs. 1 Satz 2 Nr. 2 -4 UAG.
[898] § 23 Abs. 3 Nr. 1 UAG.
[899] BT-Drs. 13/1192, S. 31 f.
[900] § 23 Abs. 3 Nr. 2 und 3 UAG.
[901] § 21 Abs. 2 UAG.

Der Umweltgutachterausschuß steht unter der Rechtsaufsicht des Bundesumweltministeriums, d.h. die Aufsicht erstreckt sich auf die Rechtmäßigkeit der Ausschußtätigkeit.[902] Fachliche und Zweckmäßigkeitskontrollen darf die Aufsichtsbehörde nicht vornehmen. Weiterhin hat die Behörde ein Teilnahme- und Rederecht bei den Ausschußsitzungen und auch ein Akteneinsichtsrecht.[903] Beschlüsse des Ausschusses bedürfen der Genehmigung des Ministeriums, das rechtswidrige Beschlüsse beanstanden und dann aufheben kann.[904] Darüber hinaus kann bei Weigerung des Ausschusses die Aufsichtsbehörde die erforderlichen Maßnahmen anordnen oder sogar selbst durchführen.[905] Als ultima ratio bleibt dem Ministerium das Recht, den Ausschuß aufzulösen und einen neuen Umweltgutachterausschuß einzusetzen.[906]

Der Umweltgutachterausschuß ist als teilrechtsfähige Körperschaft des öffentlichen Rechts zu qualifizieren und insoweit Teil der mittelbaren Bundesverwaltung.[907] Teilrechtsfähig bedeutet, daß der Ausschuß nur im Hinblick auf die ihm durch das UAG zugewiesenen Aufgaben, also etwa im Hinblick auf den Erlaß von Richtlinien über die Zulassung und Aufsicht der Umweltgutachter[908] rechtsfähig ist. Ansonsten hat er keine eigene Rechtspersönlichkeit und kann daher keine organisatorische Infrastruktur einrichten und kein Personal einstellen; die Geschäftsstelle muß ihm durch das Bundesumweltministerium zur Verfügung gestellt werden.[909]

Das Bundesumweltministerium hat diese Aufgabe nach einem VOL/A-Ausschreibungsverfahren, an dem sich 29 private Einrichtungen beteiligt haben,

---

[902] § 27 Abs. 1 UAG.
[903] § 27 Abs. 2 UAG.
[904] § 27 Abs. 3 Satz 1 und 2 UAG.
[905] § 27 Abs. 3 Satz 3 bis 5 UAG.
[906] § 27 Abs. 4 UAG.
[907] BT-Drs. 13/1192, S. 22, 31; Lütkes, Umweltauditgesetz, NVwZ 1996, S. 230 (234); Schmidt-Preuß, Umweltschutz ohne Zwang in FS Kriele, S. 1157 (1175); Vetter, Umweltauditgesetz, DVBl. 1996, S. 1223 (1226); Waskow in: Feldhaus, BImSchR, 1997, Bd. 7 M 1 Rn. 186; ders., Betriebliches Umweltmanagement, 2. Aufl. 1997, S. 121; Breuer, Vielgestaltigkeit, NVwZ 1997, S. 833 (844); Scherer/Bartsch in: Landmann/Rohmer, UmweltR, 1998, Bd. III, Vorb. UAG Rn. 89; Feldhaus in: Rengeling, EUDUR, 1998, § 36 Rn. 89.
[908] § 21 Abs. 1 Nr. 1 UAG.
[909] § 26 UAG; Lütkes, Umweltauditgesetz, NVwZ 1996, S. 230 (234); Waskow in: BImSchR Bd. 7 M1 Rn. 186.

dem Verband der Technischen Überwachungsvereine e.V. übertragen.[910] Sitz der Geschäftsstelle ist Bonn.

II. Vereinbarkeit mit der EMAS-VO

Die EMAS-VO überläßt den Mitgliedstaaten die Wahl der aufsichtsrechtlichen Maßnahmen und damit auch die Wahl, welche Stelle Richtlinien für die Zulassungs- und Aufsichtsstelle festlegt. Im Hinblick auf die EMAS-VO ist die Schaffung des Umweltgutachterausschusses daher nicht zu beanstanden.

III. Bewertung

Die Schaffung des Umweltgutachterausschusses beruht auf dem Kompromiß zwischen den organisatorischen Vorstellungen der Wirtschaft, der Umweltverbände und der Verwaltungen im Rahmen des Gesetzgebungs-verfahrens des UAG.[911] Es sollte mit ihm ein Gegengewicht zur privaten Zulassungsstelle geschaffen und die öffentliche Kontrolle verstärkt werden, um das Vertrauen in die überwiegend private Zulassungstätigkeit herzustellen.[912] Allerdings ist dies nur teilweise gelungen. Denn der Umweltgutachterausschuß nimmt nur indirekt über seine Richtlinien Einfluß auf den Umweltgutachter eine Kontrollfunktion wahr. Im übrigen ist es bisher nicht gelungen, die Wahrnehmung und Akzeptanz des EMAS-Systems in der Öffentlichkeit und damit die öffentliche Kontrolle merklich zu verstärken.

B. Der Widerspruchsausschuß

I. Zusammensetzung und Aufgaben

Über Widersprüche gegen Verwaltungsakte der Zulassungsstelle - sowohl im Zulassungs- als auch Aufsichtsverfahren - entscheidet der Widerspruchsausschuß.[913] Die DAU leitet daher Widersprüche der Antragsteller und der zugelassenen Umweltgutachter an den Widerspruchsausschuß weiter. Er hat die rechtsprechende Funktion im Umweltgutachterzulassungs-, Standort-

[910] Lütkes, Umweltauditgesetz, NVwZ 1996, S. 230 (234); Scherer/Bartsch in: Landmann/Rohmer, UmweltR, 1998, Bd. III, Vorb. UAG Rn. 89.
[911] Scherer/Bartsch in: Landmann/Rohmer, UmweltR, 1998, Bd. III, Vorb. UAG Rn. 92.
[912] Köck, Pflichten- und Kontrollsystem, VerwA 1996, S. 644 (670).
[913] § 24 Abs. 1 Satz 2 UAG.

registrierungs- und Aufsichtsverfahren und ist beim Bundesumweltministerium angesiedelt[914]. Der aus einem ehrenamtlichen weisungsunabhängigen Vorsitzenden und zwei ebenfalls ehrenamtlichen weisungsunabhängigen Beisitzern bestehende Ausschuß[915] soll die Widersprüche gegen Entscheidungen der Zulassungsstelle mündlich, unbürokratisch und zweckmäßig erörtern.[916]

Die Mitglieder des Widerspruchsausschusses dürfen nicht dem Umweltgutachterausschuß angehören, müssen gründliche Fachkenntnisse im betrieblichen Umweltschutz besitzen und über eine mindestens dreijährige praktische Erfahrung verfügen.[917] Der Vorsitzende und seine Stellvertreter müssen die Befähigung zum Richteramt besitzen und Beamte in der Umweltverwaltung des Bundes sein.[918]

Durch Schaffung des Widerspruchsausschusses hat das UAG nicht der beliehenen Stelle, der DAU, sondern einem bei der Aufsichtsbehörde angesiedelten Ausschuß die Entscheidung über Widersprüche gegen Verwaltungsakte übertragen. Damit hat der Gesetzgeber in diesem Fall die sonst bei Beleihungen strittige Frage entschieden, ob Widerspruch beim Beliehenen oder den Aufsichtsbehörden einzulegen ist.[919] Besonderheit dieses Widerspruchsverfahrens ist die Pflicht zur mündlichen Erörterung vor Erlaß des Widerspruchsbescheides mit den Beteiligten, von der mit Einverständnis aller Beteiligten abgesehen werden kann.[920]

Die Kosten bestimmen sich nach § 36 Abs. 2 UAG i.V.m. § 2 UAGGebV. Bei erfolgreichem Widerspruch hat der private Rechtsträger der Zulassungsstelle dem Widerspruchsführer die nach § 80 Abs. 1 Satz 1 und 2 VwVfG entstandenen Aufwendungen zu erstatten.[921] Bemerkenswert an dieser Regelung ist, daß

---

[914] § 24 Abs. 1 Satz 1 UAG.
[915] § 24 Abs. 2 UAG.
[916] § 25 Abs. 1 UAG.
[917] § 24 Abs. 2 Satz 3 und 4 UAG.
[918] § 24 Abs. 2 Satz 5 UAG.
[919] Scherer/Bartsch in: Landmann/Rohmer, UmweltR, 1997, Vorb. UAG Rn. 93, vgl. Kopp/Schenke, VwGO, 1998, § 73 Rn. 3.
[920] § 25 Abs. 1 UAG.
[921] § 25 Abs. 2 UAG.

nicht die öffentliche Hand, etwa den Bund, sondern den private Rechtsträger die Kostenerstattungspflicht trifft.[922]

Mit Ausnahme dieser Sonderregelungen gelten die allgemeinen Vorschriften für das Widerspruchsverfahren nach §§ 68 ff. VwGO.

II. Vereinbarkeit mit der EMAS-VO

Insgesamt betrachtet hat daher das UAG hat die Ausführung seiner Zulassungs- und Aufsichtsregeln nicht schon bestehenden Verwaltungseinrichtungen sondern einer neu geschaffenen bundeseigenen Verwaltung übertragen.[923] Dies deckt sich mit dem direkten Regelungsauftrag nach der EMAS-VO[924], nach dem auch neu eingerichtete Stellen mit diesen Aufgaben betraut werden konnten.

11. Kapitel: Gebührenregelungen zu Zulassung und Aufsicht

A. EMAS-VO

Nach Modalitäten, die von den Mitgliedstaaten festgelegt werden, kann u.a. für die Kosten der Zulassung ein Gebührensystem eingerichtet werden.[925]

B. UAG und UAGGebV

Die Amtshandlungen der Zulassungsstelle und des Widerspruchsauschusses sind gebührenpflichtig[926] und werden durch die UAGGebV festgelegt.[927] Diese bestimmt in einem Gebührenverzeichnis die für die konkreten Amtshandlungen im Rahmen der Zulassung festehenden Gebührensätze. Für die Kosten des Widerspruchsverfahrens gilt die oben genannte Besonderheit der Erstattungspflicht des privaten Rechtsträgers bei Obsiegen des Widerspruchsführers.

---

[922] Kothe, UmweltauditR, 1997, Rn. 484.

[923] Scherer/Bartsch in: Landmann/Rohmer, UmweltR, 1997, Vorb. UAG Rn. 81, die von einem "organisations- und verfahrensrechtlichen Koloß" sprechen.

[924] Art. 6 Abs. 1 Satz 2 EMAS-VO.

[925] Art. 11 EMAS-VO, der ebenfalls einen Regelungsauftrag für Gebührensysteme für die Standorteintragung und die Förderung der Teilnahme von Unternehmen beinhaltet; Art. 16 Abs. 1 RevE EMAS-VO erstreckt den Regelungsauftrag auch auf Kosten der Aufsicht, bezieht sich aber nicht mehr auf die Eintragung und die Förderung der Teilnahme von Unternehmen.

[926] § 36 Abs. 1 UAG.

[927] § 36 Abs. 2 UAG.

C. Vereinbarkeit mit der EMAS-VO

Da die EMAS-VO den Mitgliedstaaten einen Regelungsauftrag hinsichtlich der Schaffung eines Gebührensystems, das die Verwaltungskosten deckt, erteilt hat, sind die nationalen Gebührentatbestände nicht zu beanstanden, sofern sie das Kostendeckungsprinzip beachten. Die Gebührensätze der UAGGebV seien nach Ansicht der Bundesregierung so bemessen, daß sie den jährlichen Finanzbedarf der DAU decken,[928] also dem Kostendeckungsprinzip entsprechen. An dieser Stelle kann nicht überprüft werden, ob der Finanzbedarf der DAU durch die Sätze abgedeckt ist, so daß von den Angaben der Bundesregierung auszugehen ist. Indiz dafür, daß die Gebührensätze zu hoch angesetzt sind, können allenfalls die Überwachungskosten der TGA im Rahmen der Akkreditierung der ISO-Zertifizierer sein, die nur ein Drittel der Gebühren der DAU betragen.[929]

12. Kapitel: Zusammenfassendes Ergebnis zu Zulassung und Aufsicht

Die umfassenden Bestimmungen zur Zulassung und Aufsicht stellen in hohem Maße die von der EMAS-VO an den Umweltgutachter gestellten Anforderungen sicher. "Gefälligkeitsbegutachtungen" werden durch präventive Kontrolle (Zulassung) und nachträgliche Überprüfung (Aufsicht) ausgeschlossen.

Nimmt man allerdings noch die Beauftragung der Industrie- und Handelskammern und Handwerkskammern als Registrierungsstellen hinzu, so ist an der deutschen Umsetzung zu kritisieren, daß die verschiedenen Kompetenzen zu vielfältig und fast schon unübersichtlich verteilt wurden und die deutsche Umwelt-Audit-Bürokratie zum Gegenteil einer "schlanken" Verwaltung aufgebläht wurde.[930] Dieser Umstand kann sowohl für die Unternehmen bei ihrer Entscheidung zur Teilnahme am EMAS-System als auch für die im Umweltschutzbereich tätigen Fachleute, die als Kandidaten für eine Gutachterzulassung in Frage kommen, abschreckend wirken. Eine Entscheidung für die Teilnahme an einem

---

[928] BR-Drs. 656/98 S. 6.

[929] Auf diesen Umstand weist hin: Friebel, Editoral in: IdU-News 4/99 S. 1.

[930] so auch Scherer/Bartsch in: Landmann/Rohmer, UmweltR, 1998, Bd. III, Vorb. UAG Rn. 76, 83.

mit EMAS im Wettbewerb stehenden System wie dasjenige der ISO-Normenreihe 14000 ff. könnte dadurch begünstigt werden.

13. Kapitel: Der Bezug zum Recht des Abschlußprüfers nach dem HGB

Einige Regelungen im UAG sind zwar nicht von den Regelungsaufträgen der EMAS-VO erfaßt, gehören jedoch auch nicht zum Regelungsbereich der Verordnung. Dies sind die Bestimmungen, die auf das Recht des Abschlußprüfers nach dem HGB verweisen.

In § 1 Abs. 2 UAG wird klargestellt, daß die Ergebnisse der Umweltprüfung keinen Einfluß auf die Verantwortung des Abschlußprüfers nach §§ 322, 323 HGB haben. Diese Regelung wurde entgegen der vom Bundesrat[931] geäußerten Kritik, daß sie systemwidrig und entbehrlich sei, in das UAG aufgenommen. Durch sie ist sichergestellt, daß die Ergebnisse des internen Audits nicht automatisch die Ergebnisse des Abschlußprüfers vorwegnehmen. Wenn schon dem internen Audit keine Bindungswirkung zukommt, so muß dies erst recht für die externe Überprüfung dieses internen Audits durch den Umweltgutachters gelten. Die Validierung hat daher ebenfalls keine rechtlichen Auswirkungen auf die Abschlußprüfung nach dem HGB. Die durch die Teilnahme am EMAS-System erstellten Unterlagen können aber in der Praxis zur Unterstützung der Unternehmenskontrolle durch den Abschlußprüfer herangezogen werden.

Diese Regelung ist sachgerecht. Die Validierung hat keine präjudizielle Wirkung für die Entscheidung der Registrierungsstelle, sondern ist nur eine wichtige Eintragungsvoraussetzung. Wenn sie schon nicht die am EMAS-System beteiligte Eintragungsbehörde rechtlich binden kann, darf sie erst recht nicht präjudizielle Wirkung für eine außerhalb des EMAS-Systems stehende private Stelle entfalten.

Darüber hinaus verweist das UAG auf die Haftungsbeschränkung des Abschlußprüfers[932], die entsprechend auf Umweltgutachter anzuwenden ist.[933] Mit dieser Regelung stellt das UAG klar, daß der Umweltgutachter einer zivilrechtlichen Haftung unterworfen ist.

---

[931] BT-Drs. 13/1687 S. 2.

[932] § 323 Abs. 2 HGB.

14. Kapitel: Die Zulassung und Aufsicht in anderen Mitgliedstaaten am Beispiel Großbritanniens

A. Lösung in anderen Mitgliedstaaten - organisationsbezogener Ansatz

Während Deutschland bei der Gutachterzulassung eine individualbezogenen Ansatz verfolgt, haben Großbritannien und auch andere Mitgliedstaaten, wie z.B. die Niederlande und Dänemark einen organisationsbezogenen Ansatz in den Vordergrund gerückt, der von einer modifizierten Anwendung der Norm EN 45012 (Allgemeine Kriterien für Stellen, die Qualitätsmanagementsysteme zertifizieren), Art. 4 und 5 ausgeht.[934]

In Großbritannien beruht die Zulassung auf den Kriterien des National Accreditation Council for Certification Bodies[935], die eine für Umweltmanagementsysteme entsprechende Anwendung der Norm EN 45012:1989 vorsehen, und auf einem Ergänzungsdokument[936], das die spezifischen Besonderheiten des EMAS-Systems bei der Gutachterzulassung berücksichtigt. Aufgeführt sind dort insbesondere auch Kriterien für die Einzelgutachterzulassung,[937] die bei der entsprechenden Anwendung der rein auf Organisationen zugeschnittenen Norm EN 45012:1989 nicht vorgesehen ist. Wegen des Schwerpunkts, die Gutachterzulassung entsprechend dieser Norm zu regeln, und der eher am Rande erwähnten Einzelgutachterzulassung überwiegt dementsprechend auch die Anzahl von zugelassenen Gutachterorganisationen gegenüber Einzelgutachtern.[938]

Diese Regelungen entsprechen ebenso wie die deutsche Regelung grundsätzlich dem Konzept der EMAS-VO, da sie die von der Verordnung[939] vorgesehe-

---

[933] § 30 UAG.

[934] Falk, Vergleich, NVwZ 1997, S. 144 f.; Köck, Pflichten- und Kontrollsystem, VerwA 1996, S. 644 (667).

[935] NACCB Environemental Accreditation Criteria (AU/2/23), published: January 1995; im folgenden NACCB-Kriterien genannt.

[936] The Accreditation of Environmental Verifiers for EMAS - Supplement to NACCB Environmental Accreditation Criteria (AU/2/23), issued July 1995.

[937] Annex II des Supplements der NACCB-Kriterien.

[938] In Großbritannien ist lediglich 1 von insgesamt 10 zugelassenen Umweltgutachtern ein Einzelgutachter.

[939] Anhang III A 1 EMAS-VO.

ne Möglichkeit des Rückgriffs auf EN 45012:1989 ausgeschöpft haben und darüber hinaus eine Einzelgutachterzulassung ermöglichen.

B. Zulassungsvoraussetzungen

In Großbritannien orientiert sich nicht nur die Unabhängigkeit sondern die Qualifikation insgesamt an dem Anforderungsprofil der Europäischen Norm EN 40512:1989. Nach britischem Umsetzungsmodell sind wie in Deutschland die Anforderungen an die Stellen, die gemäß Art. 12 EMAS-VO andere anerkannte Normen zertifizieren dürfen, die gleichen wie bei Umweltgutachtern. Während allerdings in Deutschland die Qualifikation der Zertifizierungsstellen von der Gutachterzulassung abhängig ist und von dieser abgeleitet wird, ist Großbritannien den entgegengesetzten Weg gegangen. Die Qualifikation der Umweltgutachter(organisationen) ist abgeleitet von der Qualifikations-anforderungen für die Zertifizierungsstelle und wird den Anforderungen des EMAS-Systems angepaßt.

Nach dem britischen Modell liegt der Schwerpunkt bei der Zulassung der Umweltgutachterorganisationen. Die Einzelgutachterzulassung ist daher auch keine Voraussetzung für die Zulassung als Organisation. Es kommt lediglich darauf an, daß die Zertifizierungsstelle über ein Managementsystem verfügt, das die Zusammenstellung eines kompetenten Prüfungsteams in jedem einzelnen Prüfungsfall sicherstellt ("head office competence").[940] Die Organisation muß in der Lage sein, solche Personen auszuwählen, zusammenzustellen und anzuleiten, deren gemeinsame Kompetenz die zu begutachtenden Aktivitäten umfaßt.[941] Es ist also durch organisatorische Maßnahmen zu gewährleisten, daß qualifizierte Begutachtungsteams zur Verfügung stehen.[942]

Für die Prüfung nach den Bestimmungen der EMAS-VO, und vor allem für die Validierung, ist über die Kriterien der EN 45012:1989 hinaus ein sog. lead verifier zu beschäftigen, der zumindest 5 Jahre Berufserfahrung im Umweltschutzbereich aufweisen muß.[943]

---

[940] Nr. 7 der NACCB-Kriterien; Waskow in: Feldhaus, BImSchR, 1997, Bd. 7 M 1 Rn. 56; ders., Betriebliches Umweltmanagement, 2. Aufl. 1997, S. 17.

[941] vgl. Falk, Vergleich, NVwZ 1997, S. 144 (145).

[942] Waskow in: Feldhaus, BImSchR, 1997, Bd. 7 M 1 Rn. 269.

[943] Nr. 5 des Supplements der NACCB-Kriterien.

Das Personal der Gutachterorganisation insgesamt muß fachkundig für die zu erfüllenden Aufgaben sein.[944] Die erforderlichen Fähigkeiten der Mitglieder der Prüfungsteams sind im Annex der NACCB-Kriterien sowie unter Nr. 6 des Supplements dargestellt und decken die Fachkundeanforderungen des Anhangs III A 1 EMAS-VO ab.

Die Unabhängigkeit der Gutachterorganisation ergibt sich aus einer entsprechenden Anwendung der EN 45012:1989, deren Anforderungen bereits dargestellt wurden.[945]

Während die Zulassungsanforderungen an die Gutachteroranisation umfangreich geregelt sind, ist die Zulassung des Einzelgutachters eher beiläufig erwähnt.[946] Der Einzelgutachter hat für den Umfang seiner beantragten Zulassung die nötige berufliche Qualifikation und Erfahrung nachzuweisen.[947] Konkrete Anforderungen an Ausbildung und Erfahrungen werden nicht gestellt. Darüber hinaus hat er auch seine praktischen Fähigkeiten unter Beweis zu stellen.[948] Auch hier fehlt es an konkreten Vorgaben.

Um sicherzustellen, daß der Gutachter unabhängig und unparteiisch handelt, hat er eine Erklärung abzugeben, in der er sich verpflichtet, unparteiisch zu handeln und Interessenkollisionen zu vermeiden.[949]

Ebenso haben sich die Niederlande und Dänemark bei den Anforderungen an den Standard EN 45012:1989 angelehnt.[950] Auch in Frankreich nehmen die Leitlinien für die Zulassung von Umweltgutachterorganisationen den Standard EN 45012:1989 als Basis.[951]

Österreich stellt ähnliche Anforderungen wie Deutschland an die Zulassung des Einzelgutachters.[952] Bei den Organisationen geht Österreich einen Mittel-

---

[944] Nr. 7 der NACCB-Kriterien.
[945] 8. Kapitel Abschnitt D. VI. 1. a.
[946] Annex II des Supplements der NACCB-Kriterien.
[947] Annex II Nr. 1 des Supplements der NACCB-Kriterien.
[948] Annex II Nr. 2 des Supplements der NACCB-Kriterien.
[949] Annex II Nr. 4 des Supplements der NACCB-Kriterien.
[950] Falk, Vergleich, NVwZ 1997, S. 144 (145), der darauf verweist, daß in diesen Staaten wie im Vereinigten Königreich dieser Standard mit Modifikationen Grundlage für die Einzelgutachterzulassung ist.
[951] Falk, Vergleich, NVwZ 1997, S. 144 (145) mit dem Hinweis, daß in Frankreich die Einzelgutachterzulassung getrennt von der Zulassung von Organisationen geregelt wurde.
[952] vgl. Waskow in: Feldhaus, BImSchR, 1997, Bd. 7 M 1 Rn. 342.

weg zwischen dem deutschen und den angelsächsischen Systemen: Es müssen zwar einzelne zugelassene Personen die Verantwortung für die Validierung tragen, aber die Fachkunde kann zum Teil auch durch (nachträgliche) Hinzuziehung sog. nichtverantwortlicher Mitglieder "gewährleistet" werden.[953]

Die Anlehnung an diesen Standard für die Gutachterorganisationen ist verordnungskonform, da sie die von der EMAS-VO vorgesehene Möglichkeit der Anwendung der Norm EN 45012 Art. 4 und 5 berücksichtigt. Für die Fachkundeanforderungen ist es nach der EMAS-VO ausreichend, wenn das Personal insgesamt diese erfüllt. Die sehr ausführlichen Regelungen der NACCB-Kriterien gewährleisten daher eine EMAS-konforme Zulassung der Organisationen.

Beim Einzelgutachter sind die Anforderungen sehr vage gehalten. Doch sie sind ebenfalls mit der Verordnung zu vereinbaren, da diese schon Vorgaben hinsichtlich der Bedingungen für die Zulassung des Umweltgutachters macht, die bei der konkreten Zulassung in Großbritannien zu berücksichtigen sind.

Nach den NACCB-Kriterien werden die Mindestanforderungen der EMAS-VO an die Zulassungsanforderungen daher gewahrt.

C. Zulassungsstelle

Ebenso wie Deutschland hat Großbritannien neben anderen Mitgliedstaaten, wie z.B. Dänemark[954] oder die Niederlande[955] eine private Organisation mit den Aufgaben der Zulassungsstelle betraut, die allerdings nicht wie die DAU hoheitlich tätig werden.[956]

Zulassungsstelle ist das National Accreditation Council for Certification Bodies (NACCB)[957], eine Unterorganisation des United Kingdom Accreditation Service (UKAS)[958]. UKAS nimmt aufgrund eines Memorandum of Understan-

---

[953] vgl. Waskow in: Feldhaus, BImSchR, 1997, Bd. 7 M 1 Rn. 343.
[954] Danish Agency for Development of Trade and Industry, DANAK.
[955] Dutch Council for Accreditation innerhalb des Raad for de Accreditatie.
[956] Außer in Griechenland ist in jedem Mitgliedstaat eine Zulassungsstelle vorhanden. Eine Übersicht ist im Internet abrufbar unter http://europa.eu.int/comm/environment/emas/ accreditation_bodies_1.htm.
[957] NACCB, Audley House, 13 Palace Street, London SW1E 5HS.
[958] United Kingdom Accreditation Service, UKAS, Queens Road, Teddington, Middlesex TW11 0NA.

ding mit dem britischen Handels- und Wirtschaftsministerium alle Akkreditierungsaufgaben im Vereinigten Königreich wahr. Das NACCB ist auch die Stelle, die im privaten Normenbereich die Umweltmanagementzertifizierer akkreditiert. Im Vereinigten Königreich können daher die Antragsteller die EMAS-Zulassung als auch die Akkreditierung nach anderen Normen, z.B. den EAC-Guidelines, aus einer Hand bekommen.

Frankreich hingegen trennt zwischen der Prüfung der Zulassungsvoraussetzungen und der abschließenden Entscheidung: nur die Feststellung der technischen Geeignetheit nach einer Prüfung wird einer privaten Akkreditierungsstelle überlassen[959]; das Umweltministerium erteilt die Zulassung, weil nach französischen Rechtskategorien nur die öffentliche Hand eine Zulassung ("agrément") erteilen darf.[960]

Österreich[961] und Luxemburg[962] dagegen haben die Zulassung einer staatlichen Stelle übertragen.

All diese Regelungen sind vom Regelungsauftrag der EMAS-VO gedeckt, sofern diese Zulassungsstellen neutral und unabhängig sind. Denn die nationalen Gesetzgeber hatten einen Regelungsspielraum, welche Stelle sie mit den Aufgaben der Zulassungsstelle betrauten. Es war unerheblich, ob sie der staatlichen Verwaltung zuzuordnen war oder nicht. Sie mußte lediglich eine geeignete Rechtsstellung besitzen, um die Aufgaben ordnungsgemäß zu erfüllen und eine unabhängige und neutrale Aufgabenwahrnehmung zu gewährleisten.[963] Großbritannien hat sich daher verordnungskonform für die Wahl einer schon bestehenden Stelle entschieden, die schon im Bereich der Umweltmanagementzertifizierung ihre Unabhängigkeit unter Beweis gestellt hat.

---

959 Comité Francais d'Accreditation, COFRAC.

960 Kromarek, Öko-Audit, NuR 1998, S. 475; dies entspricht in etwa dem Vorschlag des BMU vom Oktober 1993, der sich jedoch nicht durchgesetzt hat: Zulassung durch Umweltbundesamt, Eignungsprüfung durch die private Trägergemeinschaft für Akkreditierung GmbH, vgl. Waskow in: Feldhaus, BImSchR, 1997, Bd. 7 M 1 Rn. 130.

961 Akkreditierungsstelle des Bundes beim Bundesministerium für wirtschaftliche Angelegenheiten).

962 Ministere de l'Environment.

963 Art. 6 Abs. 1 Satz 3 EMAS-VO.

D. Zulassungsverfahren

Das Zulassungsverfahren wird in Großbritannien - wie in Deutschland - durch Stellung eines Zulassungsantrags, der den Umfang der begehrten Zulassung enthalten muß, und der Entrichtung der Zulassungsgebühr eingeleitet.[964]

Die Organisationen müssen zunächst ihre "Head Office Competence" nachweisen, bevor sie - im Gegensatz zum eher formalen Zulassungsverfahren in Deutschland - auf ihre praktischen Fähigkeiten hin überprüft werden. Bei diesen praktischen Prüfungen, den sog. "Witnessed Assessments" führen Mitarbeiter der zugelassenen Umweltgutachterorganisation eine Probebegutachtung am einem Standort durch und werden dabei von der Zulassungsstelle beobachtet.[965]

Der "Lead Verifier" der Organisation muß seine berufliche Qualifikation und Berufserfahrung nachweisen.[966] Im Rahmen der sog. "Witnessed Assessments" wird er vor allem auf seine Fähigkeit zur Validierung geprüft; ersatzweise kann auch eine mündliche Befragung erfolgen.[967]

Der Einzelgutachter muß ebenfalls einen Nachweis seiner beruflichen Qualifikation und Berufserfahrung erbringen.[968] Es folgt eine praktische Prüfung - entweder in Form direkten Beobachtens bei der gutachterlichen Tätigkeit oder nachträglicher Bewertung einer solchen Tätigkeit; gegebenenfalls können auch Nachweise von Gutachterorganisationen, für die der Antragsteller gearbeitet hat, herangezogen werden.[969] Diese drei Möglichkeiten können auch wahlweise miteinander kombiniert werden.

Hinsichtlich der Anforderungen an die Umwelterklärung erfolgt eine mündliche Prüfung über die Fachkenntnisse des Bewerbers.[970] Schließlich hat er noch die Erklärung vorzulegen, in der er sich verpflichtet, unparteiisch zu handeln, Interessenkollisionen zu vermeiden und nicht außerhalb des Geltungsbereichs seiner Zulassung tätig zu werden.[971]

---

[964] Nr. 4 des Supplements der NACCB-Kriterien.
[965] Nr. 4 des Supplements der NACCB-Kriterien.
[966] Nr. 5.1 des Supplements der NACCB-Kriterien.
[967] Nr. 5.2. des Supplements der NACCB-Kriterien.
[968] Annex II Nr. 1 des Supplements der NACCB-Kriterien.
[969] Annex II Nr. 2 des Supplements der NACCB-Kriterien.
[970] Annex II Nr. 3 des Supplements der NACCB-Kriterien.
[971] Annex II Nr. 4 des Supplements der NACCB-Kriterien.

Ebenso wie in Großbritannien sieht auch Österreich eine praktische Prüfung an einem Standort oder anhand eines Fallbeispiels vor.[972]

Die EMAS-VO setzt lediglich Rahmenbedingungen für das Zulassungsverfahren, wie die Anforderungen an die Antragstellung, das Prüfungsverfahren und die abschließende Entscheidung. Sie läßt offen, ob sich der Umweltgutachter für seine Zulassung einer praktischen Prüfung zu unterziehen hat, schließt dieses aber auch nicht aus. Insofern sind die an praktischen Prüfungen orientierten NACCB-Kriterien, nach denen sog. "Witness Assessments" sowohl bei den Organisationen als auch den Gutachtern durchzuführen sind, mit der EMAS-VO vereinbar.

Die NACCB-Kriterien sind insgesamt mit der EMAS-VO vereinbar. Dies gilt auch für die eher spärlichen Regelungen zur Zulassung des Einzelgutachters. Denn die Verordnung legt nicht fest, mit welcher Regelungsdichte die Mitgliedstaaten ihrer Verpflichtung nachkommen, ein funktionsfähiges Zulassungssystem einzurichten. Daß dieses in Großbritannien funktionsfähig ist, hat es in der Praxis schon unter Beweis gestellt, wie die 10 bereits zugelassenen Umweltgutachter zeigen.

15. Kapitel: Auswirkungen der Freizügigkeit für ausländische Gutachter auf die nationalen Zulassungssysteme

Mit der Freizügigkeit der Umweltgutachter innerhalb der EU ist die Gefahr verbunden, daß nationale Zulassungssysteme unterlaufen werden.[973] Denn die in einem anderen Mitgliedstaat zugelassenen Umweltgutachter dürfen nach der Anzeige ihrer gutachterlichen Tätigkeit Begutachtungen vornehmen, ohne das nationale Zulassungsverfahren durchlaufen zu haben. Sie werden folglich tätig, ohne - im Gegensatz zu ihren inländischen Kollegen - auf die inländischen Zulassungsanforderungen geprüft worden zu sein. Gutachter, in deren Mitgliedstaat strenge Zulassungsanforderungen gelten, wären gegenüber denjenigen aus anderen Mitgliedstaaten, in denen geringere Anforderungen an die Zulassung

[972] § 4 Abs. 4 UGStVG; vgl. Falk, Vergleich, NVwZ 1997, S. 144 (145).
[973] Waskow in: Feldhaus, BImSchR, 1997, Bd. 7 M 1 Rn. 35.

gestellt werden, benachteiligt, wenn letztere in dem Staat mit strengen Zulassungsbedingungen tätig werden.

Die bereits dargestellten Zulassungsanforderungen an Umweltgutachter in Großbritannien sind in zweierlei Hinsicht weniger streng als die deutschen Zulassungsanforderungen, so daß Gutachter aus dem Vereinigten Königreich insofern das deutsche Zulassungssystem unterlaufen könnten, wenn sie in Deutschland tätig werden.

Die Anforderungen an den Einzelgutachter sehen keine konkrete berufliche Qualifikation oder Berufserfahrung vor, sonder nur den Nachweis, daß der Gutachter qualifiziert sein muß. Die Beurteilung obliegt der Zulassungsstelle, so daß sie schon eine geringere Qualifikation als in Deutschland vorgesehen als ausreichend erachten kann.

Ähnliches gilt für die Anforderungen an die Gutachterorganisation. Nicht konkrete Fachkenntnisse auf Leitungs- und Mitarbeiterebene sind Zulassungsvoraussetzung, sondern die organisatorische Fähigkeit, kompetente Prüfungsteams zusammenzustellen. Durch diese flexible Regelung ist ein geringeres Fachkundeniveau der Mitarbeiter der Organisation möglich.

Doch die Gefahr einer Benachteiligung der vor allem in Deutschland unter den beschriebenen strengen und statischen Anforderungen zugelassenen Gutachter, gegenüber Gutachtern aus anderen Mitgliedstaaten mit niedrigen Zulassungs-anforderungen wird durch die EMAS-VO in mehrfacher Hinsicht minimiert.

Nach der EMAS-VO müssen die Regeln, Verfahren und wesentlichen Anforderungen dieselben sein, damit das System innerhalb der Gemeinschaft überall gleich angewandt wird.[974]

Daher legt die Verordnung bereits die wesentlichen Vorgaben hinsichtlich der Zulassungsanforderungen und auch des Zulassungsverfahrens selbst fest. An diese sind alle Mitgliedstaaten beim Erlaß ihrer nationalen Regelungen gebunden. Es sind Einzelgutachter und Gutachterorganisationen zuzulassen, die die Bedingungen der EMAS-VO[975] an Fachkunde, Unabhängigkeit und Objektivität erfüllen. Insofern haben alle Mitgliedstaaten einen Mindeststandard einzuhal-

---

[974] Einleitung Abschnitt 11 EMAS-VO.

[975] Anhang III A EMAS-VO; Anhang V 5.2. RevE EMAS-VO.

ten. Die Regelungen in Großbritannien sind mit der EMAS-VO vereinbar und halten daher die von der Verordnung geforderten Mindeststandards ein.

Fachkenntnisanforderungen über die Methodologien der Umweltbetriebsprüfung, Managementinformation und -verfahren, Umweltfragen und Technik dürften sich in den einzelnen Mitgliedstaaten daher kaum unterscheiden.

In dieser Hinsicht ist von einer schlechteren Qualifikation der ausländischen Gutachter nicht auszugehen, so daß insoweit die nationalen Zulassungssysteme nicht unterlaufen werden.

Gravierende Unterschiede zwischen den inländischen und ausländischen Gutachtern dürfte es allerdings bei der Kenntnis der einschlägigen mitgliedstaatlichen Rechtsvorschriften und Normen und der von der EMAS-VO nicht gesondert geforderten Sprachkenntnisse geben. Die nationalen Zulassungssysteme verlangen nach den Vorgaben der EMAS-VO keine Sprachkenntnisse für das Ausland und auch nur die Kenntnisse der einschlägigen Rechtsvorschriften, d.h. der internationalen und nationalen Vorschriften, nicht aber der nationalen Vorschriften eines anderen Mitgliedstaates.[976]

Zu einer Benachteiligung der inländischen Gutachter führen diese Unterschiede jedoch nicht. Zum einen dürfte bei unzureichenden Sprach- und Rechtskenntnissen eine der EMAS-VO entsprechende gutachterliche Tätigkeit nicht möglich sein und daher von den ausländischen Gutachtern gar nicht aufgenommen werden.

Zum anderen sieht die Verordnung selbst im Rahmen des Eintragungsverfahrens und der Aufsicht zwei Möglichkeiten vor, die die Tätigkeit eines ausländischen Gutachters ohne die erforderlichen Sprach- und Rechtskenntnisse von vornherein verhindern dürften.

Die Validierung führt nicht zu einen Eintragungsautomatismus, denn das Unternehmen muß die Übereinstimmung mit den Vorgaben der EMAS-VO auch glaubhaft machen. Ergeben sich Zweifel für die Eintragungsstelle, daß der Standort EMAS-konform ist, etwa weil ein Gutachter aus einem anderen Mitgliedstaat die Validierung vorgenommen hat, kann sie weitere Nachweise fordern.

[976] vgl. z.B. für Großbritannien: Annex der NACCB-Kriterien unter "Skills required" Nr. 3.

Im übrigen untersteht der ausländische Gutachter der Aufsicht des Mitgliedstaates, in dem er tätig wird, so daß im Rahmen dieser Aufsicht zumindest im Rahmen einer ex-post-Kontrolle der Tätigkeit eines sprach- und rechtsunkundigen Gutachters entgegengewirkt werden kann.[977]

Dementsprechend wird nach den deutschen Regelungen eine Nachkontrolle der Qualität der vorgenommenen Begutachtungen vorgenommen, so daß spätestens zu diesem Zeitpunkt fehlende Sprach- und Rechtskenntnisse zu Tage treten. Ein Gutachter aus einem anderen Mitgliedstaat ohne die erforderlichen Kenntnisse läuft daher Gefahr, daß ihm deswegen die Gutachtertätigkeit untersagt wird. Er wird deshalb kaum auf dem deutschen Markt tätig, ohne der deutschen Sprache hinreichend mächtig zu sein und über Kenntnisse der einschlägigen deutschen Rechtsvorschriften und Normen zu verfügen.

Wegen dieser Regelungen, die der Tätigkeit eines Rechts- und Sprachunkundigen ausländischen Umweltgutachters entgegenwirken, besteht kaum die Gefahr, daß das deutsche Zulassungssystem unterlaufen wird. Die geringe Anzahl der auf dem deutschen Markt tätigen ausländischen Gutachter[978] bestätigt diese These.

Für noch weiterhin bestehende - wegen der Vorgaben der Verordnung allerdings nur geringfügige - Zulassungsunterschiede gibt die EMAS-VO selbst ein Instrument zur Vermeidung dieses Konflikts vor: Die Kommission fördert im Einklang mit dem Verfahren nach Art. 19 EMAS-VO die Vermeidung von Unstimmigkeiten über die Zulassungskriterien.[979] Dieses Verfahren beinhaltet ein Vorschlagsrecht der Kommission für die zu treffenden Maßnahmen, die unter bestimmten Voraussetzungen von der Kommission erlassen werden können.[980] Die Kommission hat bisher keine Maßnahmen zur Harmonisierung vorgenommen, sondern lediglich die verschiedenen Zulassungssystem und insbesondere ihre Gemeinsamkeiten - kleinster gemeinsamer Nenner - dokumentiert. Wie viele Mitgliedstaaten ist sie der Ansicht, daß sich keine Harmonisierungsver-

[977] Lübbe-Wolff, EG-Verordnung, DVBl. 1994, S. 361 (367).
[978] 9. Kapitel Abschnitt B. II.
[979] Art. 6 Abs. 6 EMAS-VO.
[980] Art. 4 Abs. 7, Art. 14 RevE EMAS-VO sehen ebenfalls eine Förderung durch ein entsprechendes Verfahren vor. Dieses Art. 14-Verfahren ist allerdings noch komplizierter ausgestaltet als das bisherige Art. 19-Verfahren.

pflichtung ergebe und eine Harmonisierung auch praktisch nicht durchsetzbar sei.[981]

Nach der Gegenauffassung[982] geht die Verpflichtung der Kommission über die bloße deskriptive Dokumentation hinaus. Da Art. 6 Abs. 6 und Art. 19 EMAS-VO Ausdruck der Durchführungsbefugnisse der Kommission seien, wie sie ihr nach Art. 145, 155 EG-Vertrag (jetzt Art. 202, 211 EG) übertragen seien, habe sie auch operative Maßnahmen zu ergreifen, aus denen sich für die Mitgliedstaaten (auch) Rechtsfolgen ergäben.

Dem ist zuzustimmen. Denn schon aus dem Wortlaut der Verordnung selbst ergibt sich eine Verpflichtung, operative Maßnahmen zu ergreifen. Art. 6 Abs. 6 EMAS-VO spricht von "fördern", also einem aktiven Tätigwerden. Das Verfahren nach Art. 19 EMAS-VO setzt Vorschläge von Maßnahmen, d.h. verbindlichem Handeln voraus. Durch die reine Beschreibung der Zulassungssysteme wird die Kommission diesen Anforderungen nicht gerecht. Sofern sie daher bei ihrer Dokumentation wesentliche Diskrepanzen zwischen den verschiedenen Zulassungssystemen entdeckt, hätte sie nach diesem Verfahren tätig werden müssen. Nur wenn sie ihrer Verpflichtung nachkommt, auch tatsächlich Maßnahmen zu ergreifen, wird die Gefahr, daß nationale Zulassungssysteme unterlaufen werden, in noch stärkerem Maße gebannt.

Da die Kommission ihrer Verpflichtung aus Art. 6 Abs. 6 EMAS-VO bisher nicht nachgekommen ist, hat dieses Verfahren in der Praxis nicht zu einer weiteren Verringerung der Gefahr, daß nationale Zulassungskriterien unterlaufen werden, geführt.

Durch die EMAS-VO wird diese Gefahr daher zwar minimiert, aber nicht völlig ausgeschlossen. Im Interesse der Wettbewerbs- und Niederlassungsfreiheit ist diese geringfügige Gefahr allerdings hinzunehmen.

Es ist allerdings zu begrüßen, daß nach der RevE EMAS-VO die Gefahr des Unterlaufens der nationalen Zulassungssysteme wegen der möglichen Tätigkeit rechts- und sprachunkundiger ausländischer Gutachter keine Rolle mehr spielen wird. Denn die Akkreditierungsstelle darf vor Aufnahme der gutachterlichen Tätigkeit Auskünfte über Rechts- und Sprachkenntnisse verlangen, und die no-

---

981 Waskow in: Feldhaus, BImSchR, 1997, Bd. 7 M 1 Rn. 36.
982 Waskow in: Feldhaus, BImSchR, 1997, Bd. 7 M 1 Rn. 37.

tifizierenden ausländischen Gutachter müssen gegebenenfalls Maßnahmen im Zusammenhang mit diesen Kenntnisse angeben.[983] Durch diese Regelung wird wirksam verhindert werden, daß Gutachter aus anderen Mitgliedstaaten tätig werden, ohne die erforderlichen Sprach- und Rechtskenntnisse zu haben.

Darüber hinaus wird eine weitere Angleichung der Zulassungskriterien durch das weiterhin bestehende Verfahren zur Förderung der Zusammenarbeit[984] und das neu zu errichtende Forum der Akkreditierungsstellen[985] bewirkt werden.

Schon mit den bisherigen Regelungen besteht kaum die Gefahr, daß nationale Zulassungssysteme, allen voran das deutsche, unterlaufen werden. Spätestens mit der Neuregelung ist sie so gut wie ausgeschlossen.

16. Kapitel: Verfassungsrechtliche Prüfung der Bestimmungen zur Zulassung und Aufsicht

Bei der verfassungsrechtlichen Beurteilung des Berufsrechts des Umweltgutachters ist zwischen der EMAS-VO und den nationalen Umsetzungsnormen, insbesondere dem UAG, zu unterscheiden.

A. Überprüfung der EMAS-VO

Die EMAS-VO ist ein Rechtsakt der Kommission und des Rates, von Organen der Europäischen Gemeinschaften, ein Gemeinschaftsrechtsakt und damit kein Akt der deutschen öffentlichen Gewalt wie die deutschen Umsetzungsnormen. Grundsätzlich sind nur Akte der deutschen öffentlichen Gewalt am Grundgesetz zu messen.

Für EU-Verordnungen gilt das Vorrangprinzip gegenüber Grundrechten und dem grundrechtlichen Gesetzesvorbehalt, so daß diese nicht auf ihre Verfassungsmäßigkeit hin überprüft werden und innerstaatlich anzuwenden sind, sofern sie nicht den Wesensgehalt der vom Grundgesetz anerkannten Grundrechte

[983] Anhang V 5.3.2. RevE EMAS-VO.
[984] Art. 4 Abs. 7, Art. 14 RevE EMAS-VO.
[985] Art. 4 Abs. 8 RevE EMAS-VO.

verletzen und sich auf eine ausreichende Handlungsermächtigung im EWG-Vertrag stützen.[986]

Für die EMAS-VO bedeutet dies konkret, daß dieser Vorrang für ihren unmittelbar geltenden Verordnungsteil gilt. Dieser Teil regelt nur die Aufgaben des Gutachters und legt erst das Berufsbild des Umweltgutachters fest. Die Regeln des Verordnungsteils verletzen daher nicht den Wesensgehalt irgendeines Grundrechts, vor allen nicht Art. 12 GG. Im übrigen hält sich die EMAS-VO an den Regelungsauftrag des Art. 130 r und s EG-Vertrag (jetzt Art. 174, 175 EG), Maßnahmen zum Schutz der Umwelt zu ergreifen.

Hinsichtlich des Richtlinienteils gilt dieser Vorrang nicht. Denn durch die Regelungsaufträge für Zulassung und Aufsicht hat der Verordnungsgeber bewußt nationale Bestimmungen in Kauf genommen, die nach den Maßstäben der innerstaatlichen Verfassung zu beurteilen sind. Anderenfalls könnte der nationale Gesetzgeber bei der Umsetzung von Richtlinienbestimmungen ohne Bindung an die Verfassung tätig werden.[987] Urheber für die Regeln über Zulassung und Aufsicht ist der nationale Gesetzgeber,[988] so daß nur dessen Regelungen am Maßstab des Grundgesetzes zu prüfen sind.

Eine verfassungsrechtliche Prüfung der EMAS-VO kommt dagegen nicht in Betracht.

B. Überprüfung des UAG

I. Das Berufsrecht gemessen an Art. 12 GG

1. Zulassung

a. Schutzbereich und Schranken von Art. 12 GG

Art. 12 GG schützt die Freiheit der Berufswahl und -ausübung. Der Vorbehalt des Art. 12 Abs. 1 Satz 2 GG, der in der Sache ein Gesetzesvorbehalt ist,[989] betrifft entgegen dem Wortlaut nicht nur die Berufsausübung-, sondern die gesam-

---

[986] BVerfG Beschluß vom 22.10.1986 - 2 BvR 197/83 - in: BVerfGE 73, 339 (376) - "Solange II". Ob es sich dabei um einen Anwendungs- oder Geltungsvorrang handelt, wird an dieser Stelle nicht erörtert.

[987] so auch Waskow in: Feldhaus, BImSchR, 1997, Bd. 7 M 1 Rn. 105.

[988] Schmidt-Preuß, Umweltschutz ohne Zwang in FS Kriele, S. 1157 (1173); ebenso Waskow in: Feldhaus, BImSchR, 1997, Bd. 7 M 1 Rn. 105.

[989] BVerfG Beschluß vom 09.05.1972 - 1 BvR 518/62 - in: BVerfGE 33, 125 (159); Urteil vom 29.04.1980 - 1 BvR 247/75 - in: BVerfGE 54, 237 (246).

te Berufsfreiheit, also auch die Wahl des Berufes.[990] Eingriffe in die Berufsfreiheit dürfen daher nur durch Gesetz oder aufgrund eines Gesetzes erfolgen.

b. Eingriff

Eingriff ist jedes hoheitliche Tätigwerden im Schutzbereich. Mit dem UAG hat der Gesetzgeber sowohl die Zulassung als auch die Ausübung durch die Aufsichtsregeln geregelt und insofern in die Berufsfreiheit des Umweltgutachters eingegriffen.

aa. Zulassung als Berufswahlregel

Bei den Zulassungsbestimmungen stellt sich die Frage, ob diese die Zulassung zu einem völlig neuen Beruf festlegen oder nur die quantitative Ausweitung einer anderweitigen Berufstätigkeit im Sachverständigenwesen bestimmen. Bei letzterem handelte es sich trotz des Begriffs der Zulassung nicht um eine Berufswahlregel im Sinne des Art .12 GG sondern nur um eine Berufsausübungsregel im Sinne dieses Grundrechts.

bb. Generell Berufsausübungsregeln

Teilweise wurde, ohne zwischen Zulassung und Aufsicht zu differenzieren, die Ansicht vertreten, bei den Bestimmungen des UAG handelte es sich um Berufsausübungsregeln.[991] Der Gesetzgeber zog als Begründung die Rechtsprechung des Bundesverfassungsgerichts zu § 36 GewO[992] heran. Seiner Auffassung lag die Überlegung zugrunde, wenn schon die öffentliche Bestellung von Sachverständigen im Geweberecht eine Berufsausübungsregelung sei, dann müsse dies erst recht für die Zulassung von Umweltgutachtern gelten.[993]

Andererseits wurde - auch von der damaligen Bundesregierung[994] - die Tätigkeit als Umweltgutachter als neuer Beruf bezeichnet.[995]

---

990 BVerfG Urteil vom 11.06.1958 - 1 BvR 596/56 - in: BVerfGE 7, 377 (402); Urteil vom 29.04.1980 - 1 BvR 247/75 - in: BVerfGE 54, 237 (246).

991 BT-Drs. 13/1192 S. 18; Schnutenhaus, Umsetzung, ZUR 1995, S. 9 (11).

992 BVerfG Beschluß vom 25.03.1992 - 1 BvR 298/86 - in: BVerfGE 86, 28 (38 f.).

993 Waskow bei der Diskussion am 07.12.1993 in Bonn vom VdTÜV.

994 BT-Drs. 13/1687 S. 11.

995 Schnutenhaus, Umsetzung, ZUR 1995, S. 9 (11); ebenso Dyllick, EU-Verordnung, ZfU 1995, S. 229 (302), der sich allerdings nicht zum Grundrechtseingriff äußert.

cc. Differenzierung zwischen Zulassung und Aufsicht

Andere Autoren differenzierten zwischen den Bestimmungen zur Zulassung als Eingriffen in die Berufswahl und den Regelungen zur Aufsicht als Eingriffen in die Berufsausübungsfreiheit.[996] Die Zulassungsregeln beträfen die Berufswahl, da sie ein neues Berufsbild prägten, Parallelen zur Tätigkeit des Wirtschaftsprüfers aufwiesen und weit über eine bloße Variante anderweitiger freiberuflicher Tätigkeit hinausgingen.[997]

dd. Stellungnahme

Zutreffenderweise ist zwischen Zulassung und Aufsicht zu differenzieren. Da die Tätigkeit des Umweltgutachters nicht nur eine Ausübungsform einer anderweitigen beruflichen Tätigkeit, etwa einer Tätigkeit als Umweltberater oder (anerkannter) Sachverständiger ist, stellt sie eine eigenständige berufliche Tätigkeit dar. Denn bei der öffentlichen Bestellung von Sachverständigen nach § 36 GewO ändert sich durch die Bestellung das Bild ihrer beruflichen Tätigkeit nicht. Mit der öffentlichen Bestellung wird lediglich eine bestimmte Qualifikation staatlich bestätigt, so daß sie zuvor schon (auch ohne staatliche Bestellung) ausüben konnten, einen stärkeren amtlichen Anstrich erhalten.[998] Ein nicht zugelassener Sachverständiger kann nicht dieselben Tätigkeiten und Funktionen, insbesondere die Validierung, erfüllen wie ein Umweltgutachter.[999]

Die Zulassungsregeln nach dem UAG richten sich auch nicht an schon praktizierende Umweltgutachter, die nur noch öffentlich bestellt werden müßten. Nur in diesem Fall wäre die Umweltgutachterzulassung mit der öffentlichen Bestellung von Sachverständigen nach § 36 GewO vergleichbar. Vielmehr richtet sich das UAG an bereits im Umweltmanagement tätige Personen, die 3 Jahre Berufserfahrung haben, wie z.B. Umweltprüfer oder Umweltberater, deren Tätig-

---

[996] Waskow in: Feldhaus, BImSchR, 1997 Bd. 7 M 1 Rn. 101; ders., Betriebliches Umweltmanagement, 2. Aufl., 1997, S. 106 f.; Schmidt-Preuß, Umweltschutz ohne Zwang in FS für Kriele, S. 1157 (1172); Kothe, UmweltauditR, 1997, Rn. 20.

[997] Waskow in: Feldhaus, BImSchR, 1997 Bd. 7 M 1 Rn. 101; ders., Betriebliches Umweltmanagement, 2. Aufl., 1997, S. 106 f.; Schmidt-Preuß, Umweltschutz ohne Zwang in FS für Kriele, S. 1157 (1172).

[998] BVerfG Beschluß vom 25.03.1992 - 1 BvR 298/86 - in: BVerfGE 86, 28 (38); Waskow in: Feldhaus, BImSchR, 1997, Bd. 7 M 1 Rn. 101; ders., Betriebliches Umweltmanagement, 2. Aufl., 1997, S. 107.

keitsbereich bisher noch nicht gesetzlich geregelt war. Durch die Bestimmungen des UAG wird daher ein völlig neues Berufsbild fixiert.

Die insoweit entgegenstehenden Ausführungen des Gesetzgebers sind dahingehend zu verstehen, daß er sich lediglich undifferenziert geäußert hat. Für die Gesetzesbegründung reichte es seinerzeit aus, das Bedürfnis für eine gesetzliche Regelung mit einem Eingriff in die Berufsausübungsfreiheit zu rechtfertigen.

Die Bestimmungen zur Zulassung sind daher als Berufszulassungsregeln im Sinne des Art. 12 GG und nicht nur als quantitative Ausweitung einer anderweitigen Berufstätigkeit (Berufsausübungsregel) zu verstehen.[1000] Die Regeln zur Aufsicht stellen hingegen einen Eingriff in die Berufsausübung dar.[1001]

c. Verfassungsmäßige Rechtfertigung

Bei einem Eingriff durch Berufszulassungsregeln ist danach zu differenzieren, ob sie an die persönlichen Eigenschaften und Fähigkeiten, erworbene Abschlüsse und erbrachte Leistungen des Bewerbers anknüpft oder sich an vom Bewerber unabhängigen objektiven Kriterien ausrichtet. Bei ersterem handelt es sich um subjektive, bei letzterem um objektive Zulassungsvoraussetzungen. Bei den Zulassungsregelungen des UAG sind allein die Eigenschaften und Fähigkeiten des Antragstellers - Fachkunde, Unabhängigkeit, Zuverlässigkeit - entscheidend sind. Es handelt sich bei den Bestimmungen zur Zulassung daher um subjektive Zulassungsbeschränkungen.

Subjektive Zulassungsvoraussetzungen sind zum Schutz wichtiger Gemeinschaftsgüter gerechtfertigt.[1002] Die Zulassungsbestimmungen des UAG sind durch hochrangige Gemeinwohlgründe - die Aufrechterhaltung der für einen effektiven betrieblichen Umweltschutz gebotenen Prüfungsqualität - legitimiert.[1003]

---

[999] Waskow in: Feldhaus, BImSchR, 1997, Bd. 7 M 1 Rn. 100.

[1000] Waskow in: Feldhaus, BImSchR, 1997, Bd. 7 M 1 Rn. 101; ders., Betriebliches Umweltmanagement, 2. Aufl., 1997, S. 106 f.

[1001] Waskow in: Feldhaus, BImSchR, 1997, Bd. 7 M 1 Rn. 104; ders., Betriebliches Umweltmanagement, 2. Aufl. 1997, S. 107.

[1002] BVerfG Beschluß vom 17.07.1961 - 1 BvL 44/55 - in: BVerfGE 13, 97 (107); Beschluß vom 12.03.1985 - 1 BvL 25, 45 und 52/83 - in: BVerfGE 69, 209 (218).

[1003] Schmidt-Preuß, Umweltschutz ohne Zwang in FS für Kriele, S. 1157 (1173).

Die Fachkundeanforderungen an den Umweltgutachter sind auch verhältnismäßig.

Sie sind geeignet, eine Prüfung des Gutachters auf hohem Niveau zu gewährleisten. Denn diese Anforderungen sind sehr detailliert und fordern dem Umweltgutachter vertiefte und überprüfbare Kenntnisse sowohl hinsichtlich des Rechts und der Technik als auch des Umweltmanagements und der Umweltbetriebsprüfung ab. Für diese Fachkenntnisse sorgen zusätzlich die Anforderungen an Berufsausbildung und -erfahrung. Denn nur wer in der Praxis Erfahrungen auf den einschlägigen Gebieten nachweisen kann, ist zur Überprüfung der Anforderungen der EMAS-VO befähigt.

Weniger geeignete Mittel sind nicht ersichtlich. Abstriche bei der Ausbildung und Berufserfahrung sowie bei den nachzuweisenden Fachkenntnisse würden dazu führen, daß die Prüfqualität abnehmen würde. Diese Zulassungsanforderungen sind daher erforderlich.

Sie sind auch angemessen. Die Abwägung des Berufsrechts und des Umweltschutzes ergibt, daß nur durch diese hohen Fachkundeanforderungen eine Verbesserung des Umweltschutzes durch die Prüfung des Gutachters gewährleistet ist.

Die Anforderungen an die Unabhängigkeit sind ebenfalls verhältnismäßig. Sie sind geeignet, eine objektive von Einflußnahmen seitens der Unternehmen freie Überprüfung zu gewährleisten.

Es war auch erforderlich, beamtete Hochschullehrer von der Tätigkeit als Umweltgutachter regelmäßig auszuschließen[1004]. Denn durch diese Regelung wird vermieden, daß Hochschullehrer, die in großem Maße auf Forschungsaufträge und Zuwendungen aus der Industrie finanziell angewiesen sind, nicht in Interessenkonflikte geraten.[1005]

Nach einer entgegenstehenden Ansicht[1006] sei im Hinblick auf Art. 12 GG der im Gegensatz zu § 43 Abs. 4 WPO vorgesehene Ausschluß der beamteten Hochschullehrer im UAG bedenklich. Denn das Argument der Interessenkollisionen gelte auch für die Angestellten privater Forschungseinrichtungen, die aber durch die Regelbeispiele der Weisungsgebundenheit und der Verflech-

---

[1004] § 6 Abs. 2 Nr. 1 c UAG.
[1005] BT-Drs. 13/1192 S. 26.

tung mit Dritten[1007] nur im Einzelfall erfaßt sind. Zum anderen sei nicht ersichtlich, warum beamtete Hochschullehrer eher in einen Interessenkonflikt geraten sollten als die nach 6 III UAG zugelassenen Bediensteten wirtschaftsnaher Kammern.

Der Verweis auf die Angestellten privater Forschungseinrichtungen und Kammerbediensteter vermag nicht überzeugen. Denn auf Hochschullehrer, die einer öffentlich-rechtlichen Selbstverwaltungskörperschaft angehören, sind die Regelbeispiele der Weisungsgebundenheit und der Verflechtung mit Dritten nicht anwendbar, so daß es eines eigenen Regelbeispiels bedurfte, um die Interessenkollisionen im Forschungsbereich zu vermeiden.

An der Erforderlichkeit der übrigen Unabhängigkeitsanforderungen und an der Angemessenheit der Bestimmungen zur Unabhängigkeit bestehen keine Bedenken.

Die Verhältnismäßigkeit der Regelungen zur Zuverlässigkeit, die sich an dem Zuverlässigkeitsbegriff im Gewerberecht und nach § 10 der 5. BImSchV orientiert, steht außer Zweifel.

d. Ergebnis

Die Zulassungsbestimmungen verletzen daher nicht Art. 12 GG.

2. Aufsicht

Die Regelungen über die Aufsicht stellen einen Eingriff in die Berufsausübungsfreiheit dar.

a. Verfassungsmäßige Rechtfertigung

Ein Eingriff auf in die Freiheit der Berufsausübung ist verfassungsmäßig, wenn er durch vernünftige Erwägungen des Gemeinwohls gerechtfertigt ist, die gewählten Mittel zur Erreichung des verfolgten Zwecks geeignet und erforderlich sind und die durch sie bewirkte Beschränkung dem Betroffenen zumutbar ist.[1008]

1006 Metzler/Alt, Umweltgutachter, 1996, S. 37.

1007 § 6 Abs. 2 Nr. 2, 3 UAG.

1008 BVerfG Urteil vom 11.06.1958 - 1 BvR 596/56 - in: BVerfGE 7, 377 (405); Beschluß vom 04.10.1983 - 1 BvR 1633 und 1549/82 in: BVerfGE 65, 116 (125); Beschluß vom

Bei den Aufsichtsregeln ist zwischen der Regel- und der Anlaßaufsicht zu unterscheiden. Die Regelaufsicht dient dem Zweck dauerhaft und regelmäßig zu gewährleisten, daß der Umweltgutachter seine Prüfungstätigkeit ordnungsgemäß vornimmt und die Validierung verläßlich ist. Sie ist auch zu diesem Zweck erforderlich. Denn sie hat insbesondere einen präventiven Effekt, weil der Gutachter mit einer ständigen und regelmäßigen Kontrolle rechnen muß. Als gleich geeignetes Mittel kommt eine reine Anlaßaufsicht - wie bei anderen freien Berufen - nicht in Betracht. Eine Kontrolle ausschließlich bei Störfällen im Rahmen einer Anlaßaufsicht kann nicht im gleichen Maße gewährleisten, daß der Gutachter entsprechend seiner Zulassung arbeitet. Er hat nur dann mit einem Eingreifen der Aufsichtsbehörde zu rechnen, wenn sein Pflichtenverstoß offen zu Tage tritt. Die Regeln zur Anlaßaufsicht, die innerhalb von 36 Monaten vorzunehmen ist, sind im Verhältnis zur Ausübung der Gutachtertätigkeit auch angemessen und daher verhältnismäßig.

Die Regeln zur Anlaßaufsicht, insbesondere Widerruf und Rücknahme der Zulassung, dienen ebenfalls dem Zweck die ordnungsgemäße Gutachtertätigkeit zu gewährleisten. Sie sind zu diesem Zweck auch geeignet, da der Umweltgutachter bei nicht ordnungsgemäßer Aufgabenerfüllung damit rechnen muß, daß ihn diese Maßnahmen treffen. Er wird daher darauf bedacht sein, ordnungsgemäß seiner Tätigkeit nachzugehen, damit ihn keine aufsichtsrechtlichen Maßnahmen treffen. Weniger eingreifende, aber gleich geeignete Mittel sind nicht ersichtlich. Die Regeln zur Anlaßaufsicht sind daher erforderlich und auch angemessen.

b. Ergebnis

Die Aufsichtsregeln verletzen nicht Art. 12 GG.

14.05.1985 - 1 BvR 449, 523, 700 und 728/82 in: BVerfGE 70, 1 (28); Beschluß vom 10.05.1988 - 1 BvR 111/77 in: BVerfGE 78, 155 (162).

II. Das Berufsrecht gemessen an Art. 13 GG - Betreten der Geschäftsräume durch die Aufsichtsbehörde

Da auch Geschäftsräume dem Schutz des Art. 13 GG (Unverletzlichkeit der Wohnung) unterliegen,[1009] ist das Betretungsrecht der Aufsichtsbehörde[1010] im Lichte dieses Grundrechts zu betrachten. Bloße Betretungen von Geschäftsräumen sind nach der Rechtsprechung des Bundesverfassungsgerichts[1011] zulässig, wenn sie folgende Bedingungen erfüllen:

- Eine besondere gesetzliche Vorschrift ermächtigt zum Betreten der Räume;
- das Betreten, die Vornahme der Besichtigungen und Prüfungen müssen einem erlaubten Zweck dienen und für dessen Erreichung erforderlich sein;
- das Gesetz muß den Zweck des Betretens, den Gegenstand und den Umfang der zugelassenen Besichtigung und Prüfung deutlich erkennen lassen;
- das Betreten und die Besichtigung und Prüfung sind nur in den üblichen Geschäftszeiten statthaft.

Diese Anforderungen erfüllt das Betretungsrecht der Aufsichtsbehörde nach dem UAG. Das Betreten der Geschäftsräume des Umweltgutachters ist durch Gesetz geregelt und zur Feststellung der Zulassungsanforderungen erforderlich. Das Betretungsrecht läßt hinreichend den Zweck, Gegenstand und Umfang der Besichtigung und Prüfung erkennen und wird nur zu den üblichen Geschäftszeiten gewährt.

Das Betretungsrecht der Aufsichtsbehörde verstößt nicht gegen Art. 13 GG und ist verfassungsmäßig.

III. Das Berufsrecht gemessen an Art. 3 Abs. 1 GG

1. Die Zulassungsanforderung der Unabhängigkeit

Das Regelbeispiel, das beamtete Hochschullehrer im Rahmen der Unabhängigkeitsprüfung von der Zulassung regelmäßig ausschließt, verstößt auch nicht gegen den allgemeinen Gleichheitssatz aus Art. 3 Abs. 1 GG.

[1009] BVerfG Beschluß vom 13.10.1971 - 1 BvR 280/66 - in: BVerfGE 32, 54.

[1010] § 15 Abs. 4 UAG.

[1011] BVerfG Beschluß vom 13.10.1971 - 1 BvR 280/66 - in: BVerfGE 32, S. 54 (75 ff.).

Der Schutzbereich des Art. 3 Abs. 1 GG ist betroffen, wenn wesentlich Gleiches ungleich behandelt wird,[1012] aber auch wenn wesentlich Ungleiches gleich behandelt wird[1013].

Die Ansicht, die auch den Ausschluß der Hochschullehrer im Rahmen von Art. 12 GG als bedenklich betrachtet, hält auch einen Verstoß gegen Art. 3 GG für denkbar. Hochschullehrer sind jedoch weder mit Angestellten privater Forschungseinrichtungen noch Bediensteten wirtschaftsnaher Kammern vergleichbar. Denn bei ihnen fehlt es vor allem an einer Weisungsgebundenheit, die für die anderen Berufsgruppen typisch ist. Eine Gleichbehandlung ist wegen der fehlenden Vergleichbarkeit verfassungsrechtlich nicht geboten.

Ebensowenig sind Hochschullehrer, die die Befähigung zum Umweltgutachter haben könnten, mit ihren Kollegen, die eine Wirtschaftsprüfertätigkeit aufnehmen möchten, vergleichbar. Es handelt sich um den Zugang zu zwei unterschiedlichen Berufen, die zwar Gemeinsamkeiten aufweisen, aber vom Aufgabenfeld derart differieren, daß eine Gleichbehandlung ebenfalls nicht geboten ist.

Ein Verstoß gegen Art. 3 Abs. 1 GG kommt insoweit nicht in Betracht.

2. Die Pflicht zur Berücksichtigung der Rechts- und Verwaltungsvorschriften

Ebensowenig verstößt die Verpflichtung des Gutachters, die Rechts- und Verwaltungsvorschriften bei seiner Standortkontrolle lediglich zu berücksichtigen,[1014] nicht gegen den Gleichheitssatz i.S.v. Art. 3 Abs. 1 GG.

Nach einer Ansicht[1015] soll in dieser Bestimmung des UAG ein Verstoß gegen den Gleichheitsgrundsatz i.S.v. Art. 3 Abs. 1 GG liegen, da das Gesetz nicht die Verwaltungsvorschriften als Mindeststandard für die Bewertungsentscheidungen des Umweltgutachters vorsieht.

[1012] BVerfG Beschluß vom 12.10.1951 - BvR 201/51 in: BVerfGE 1, 14 (52); Beschluß vom 30.09.1987 - 2 BvR 933/82 in: BVerfGE 76, 256 (329); Beschluß vom 08.06.1988 - 2 BvL 9/85 - in: BVerfGE 78, 249 (287).

[1013] BVerfG Beschluß vom 13.05.1986 in: BVerfGE 72, 141 (150); Urteil vom 24.04.1991 - 1 BvR 1341/90 - in: BVerfGE 84, 133 (158).

[1014] § 15 Abs. 2 Nr. 5 UAG.

[1015] Bohnen, Umweltauditgesetz, BB 1995, S. 1757 (1758).

Diese Ansicht ist nicht zutreffend. Erstens ist schon schwer auszumachen, wo hier die Vergleichsgruppen liegen, da bei allen Standorten die Verwaltungsvorschriften lediglich heranzuziehen, aber nicht verpflichtend zu prüfen sind und insofern Gleiches gleich behandelt wird. Zweitens geht diese Ansicht davon aus, daß der Umweltgutachter eine Bewertung der umweltorientierten Leistung, und zwar gerade hinsichtlich der Einhaltung des Rechts vornimmt. Diese Bewertung ist aber vorrangig Aufgabe des Umweltbetriebsprüfers.[1016] Der Umweltgutachter prüft nur die Zuverlässigkeit der gemachten Angaben und der eingerichteten Verfahren und ob diese imstande sind, die Einhaltung des Rechts auf lange Sicht zu gewährleisten. Eine eigenständige Bewertung, deren Mindeststandard die Verwaltungsvorschriften sein sollen, ist vom Umweltgutachter nicht vorzunehmen. Da es also keine Bewertungsentscheidung gibt, die mindestens die Verwaltungsvorschriften als Grundlage haben müßte, ist ein Verstoß gegen den Gleichheitssatz durch die vom UAG vorgesehene Pflicht, Rechts- und Verwaltungsvorschriften lediglich zu berücksichtigen, nicht ersichtlich.

VI. Verfassungsrechtliche Prüfung der Schaffung der verschiedenen Stellen

1. Schaffung der DAU als Zulassungsstelle

Verfassungsrechtliche Grundlage für die Beleihung der DAU mit den Aufgaben der Zulassungsstelle ist Art. 87 Abs. 3 Satz 1 GG.[1017] Aus dieser Vorschrift folgt die Befugnis zur bundeseigenen Verwaltung bei Angelegenheiten, für die dem Bund die Gesetzgebung zusteht. Die konkurrierende Gesetzgebungskompetenz des Bundes für die Regelung der materiellen Anforderungen an die Zulassung und die Beaufsichtigung von Umweltgutachtern und für die Registrierung geprüfter Betriebsstandorte ergibt sich aus den unterschiedlichen umweltrechtlichen Kompetenztiteln der Art. 74 Nr. 11 a, 24, Art. 75 Nr. 3, 4 und aus der Kompetenz für das Recht der Wirtschaft nach Art. 74 Nr. 11 GG.[1018]

Auch wenn Art. 87 Abs. 3 Satz 1 GG keine ausdrückliche Regelung trifft, ob neben der Schaffung der dort genannten Stellen auch eine Beleihung eines Privaten möglich ist, kann die Befugnis zur Erteilung von Berufszulassungen aber

[1016] 4. Kapitel Abschnitt A. II.
[1017] vgl. BT-Drs. 13/1192 S. 19.

auch einem beliehenem Unternehmer übertragen. Denn der Bund hat einen weiten Spielraum bei der organisatorischen Ausgestaltung seiner Verwaltungseinrichtungen und ist nicht auf die in Art. 87 Abs. 3 Satz 1 GG vorgesehenen Organisationsformen beschränkt, sondern kann auch Private mit der Wahrnehmung öffentlicher Aufgaben betrauen.[1019]

Die Regelung nicht nur der Rechtsaufsicht sondern auch der Fachaufsicht gemäß § 29 UAG ist verfassungsrechtlich nicht zu beanstanden. Die Entscheidungen der Zulassungsstelle stellen Eingriffe in die Berufsfreiheit nach Art. 12 GG dar. Bei Ermessensentscheidungen, bei denen Zweckmäßigkeitserwägungen angestellt werden können, kann es aufgrund des Demokratiegebots (Art. 20 Abs. 2 GG) geboten sein, im Wege der Aufsicht diese Entscheidungen einem gegenüber dem Parlament verantwortlichen Minister zuzurechnen.[1020] Eine solche Zurechnung kann nur dann erfolgen, wenn der Minister auch fachliche Eingriffsbefugnisse im Wege der Fachaufsicht hat.

2. Verfassungsrechtliche Prüfung der Schaffung des Umweltgutachterausschusses

Verfassungsrechtliche Grundlage für die Schaffung des Umweltgutachterausschusses ist Art. 87 Abs. 3 Satz 1 GG.[1021] Die Kompetenz für den Erlaß der Richtlinien beruht auf Art. 86 GG, da diese grundsätzlich der Bundesregierung zustehende Befugnis zum Erlaß von Verwaltungsvorschriften auch auf eine andere Bundeseinrichtung übertragen werden kann, sofern diese dem Bund substantiell zuzuordnen ist.[1022] Allerdings stehen dem Umweltgutachterausschuß diese Kompetenzen nur zu, wenn er vor allem auch demokratisch legitimiert ist, Art. 20 Abs. 2 GG. Ausübung von Staatsgewalt, zu der auch der Erlaß von behördeninternen Verwaltungsvorschriften gehört, setzt voraus, daß sich die Bestellung der Amtsträger demokratisch herleiten läßt (personelle Legitimation) und daß das Handeln der Amtsträger selbst eine ausreichende sachlich-

---

[1018] BT-Drs. 13/1192 S. 18/19.
[1019] Waskow in: Feldhaus, BImSchR, 1997, Bd. 7 M 1 Rn. 208 m.w.N.
[1020] Waskow in: Feldhaus, BImSchR, 1997, Bd. 7 M 1 Rn. 211.
[1021] BT-Drs. 13/1192 S. 19; Waskow in: Feldhaus, BImSchR, 1997, Bd. 7 M 1 Rn. 212.
[1022] Lerche in: Maunz/Dürig, GG, Art. 86, Rn. 104; Waskow in: Feldhaus, BImSchR, 1997, Bd. 7 M 1 Rn. 221.

inhaltliche Legitimation erfährt[1023]. Aufgaben von politischer Tragweite dürfen dabei nicht auf ein weisungsfreies Gremium übertragen werden.[1024]

Die demokratische Legitimation des Umweltgutachterausschusses als einem mit ehrenamtlich tätigen und weisungsunabhängigen Fachleuten besetzten Beratungsgremium, dem die Befugnis zum Erlaß rechtlich verbindlicher Verwaltungsvorschriften für die Verwaltung übertragen wird, ist umstritten.

a. Verfassungswidrige Übertragung der Richtlinienkompetenz

Nach einer Auffassung[1025] sei diese Kombination von abschließender Entscheidungskompetenz und - vorbehaltlich der Rechtsaufsicht - Weisungsfreiheit verfassungswidrig. Die Übertragung staatlicher Aufgaben auf ein gemischt zusammengesetztes, staatlichen Weisungen nicht unterworfenes Gremium widerspreche den Anforderungen des Demokratieprinzips. Denn es handele sich bei dem Erlaß zulassungsbezogener Richtlinien durch den Umweltgutachterausschuß um Aufgaben von politischer Tragweite, die nach der Rechtsprechung des BVerfG nicht auf weisungsunabhängige Stellen übertragen werden dürften.

Die demokratische Legitimation könne auch nicht durch eine verfassungskonforme Auslegung dahingehend hergestellt werden, daß die Erteilung der Genehmigung nach § 27 Abs. 3 Satz 1 UAG für den Erlaß von Richtlinien im Ermessen der Aufsichtsbehörde stehe und dem Ministerium damit der Sache nach eine fachaufsichtliche Kompetenz eingeräumt sei. Nach der Gesetzesbegründung sei diese Genehmigung nur als Instrument der Rechtsaufsicht zu verstehen. Gegen ein Ermessen bei der Genehmigung stehe auch die Verpflichtung, die Richtlinien im Bundesanzeiger zu veröffentlichen,[1026] im Widerspruch. Der Umweltgutachterausschuß sei daher nicht hinreichend demokratisch legitimiert.

[1023] BVerfG Beschluß vom 24.05.1995 - 2 BvF 1/92 -, in: BVerfGE 93, S. 37 (67).

[1024] BVerfG a.a.O.

[1025] Lübbe-Wolff, Umweltauditgesetz, NuR 1996, S. 217 (220).

[1026] § 21 Abs. 1 Satz 3 UAG.

b. Verfassungsmäßige Übertragung der Richtlinienkompetenz

Ganz überwiegend[1027] wird die Übertragung der Richtlinienkompetenz auf den Umweltgutachterausschuß trotz Weisungsfreiheit als verfassungsgemäß angesehen.

Die im UAG vorgesehene staatliche Einflußnahme des Bundesumweltministeriums gegenüber dem Umweltgutachterausschuß sei ausreichend, um die für die Richtlinientätigkeit des Umweltgutachterausschusses nach Art. 20 Abs. 2 GG erforderliche demokratische Legitimation zu gewährleisten.

Wesentlich sei für die personelle Legitimation des Ausschusses insoweit, daß das Bundesumweltministerium zwar auf Vorschlag der Verbände die Mitglieder des Umweltgutachterausschusses berufe (§ 22 Abs. 3 UAG), jedoch nur bis zu den Ermessensgrenzen des § 22 Abs. 2 UAG; für die sachlich-inhaltliche Legitimation sei entscheidend, daß die Beschlüsse und Entscheidungen des Umweltgutachterausschusses der Rechtsaufsicht des Bundesumweltministeriums (§ 27 Abs. 1 UAG) unterlägen und dem Bundesumweltministerium darüber hinaus Genehmigungs-, Beanstandungs-, Aufhebungs- und Anordnungsbefugnisse nach § 27 Abs. 3 UAG zuständen und daß schließlich als ultima ratio der Umweltgutachterausschuß vom Bundesumweltministerium aufgelöst und neu eingesetzt werden könne (§ 27 Abs. 4 UAG).[1028] Zudem sei die Bundesregierung befugt, nach Anhörung des Umweltgutachterausschusses eigene Rechtsverordnungen zu erlassen, unabhängig davon, ob der Umweltgutachterausschuß in entsprechenden Bereichen Verwaltungs-vorschriften erlassen habe (§§ 4 Abs. 5, 11 Abs. 5 und 20 UAG).[1029]

Weitere vereinzelt[1030] vorgetragene Argumente für die hinreichende Einflußnahme sind die Sperrminorität der Bundes- und Ländervertreter bei Beschlüssen des Ausschusses, außerordentlich intensive Einwirkungsmöglichkeiten des Bundesumweltministeriums - etwa im Hinblick auf die Teilnahme an

[1027] BT-Drs. 656/98 S. 11; Köck, Pflichten- und Kontrollsystem, VerwA 1996, S. 644 (671 Fn. 122); Vetter, Umweltauditgesetz, DVBl. 1996, S. 1223 (1226); Schmidt-Preuß, Umweltschutz ohne Zwang in FS für Kriele, S. 1157 (1176); Waskow in: Feldhaus, BImSchR, 1997, Bd. 7 M 1 Rn. 212 ff.; Scherer/Bartsch in Landmann/Rohmer, UmweltR, 1997, Vorb. UAG Rn. 92.

[1028] Waskow in: Feldhaus, BImSchR, 1997, Bd. 7 M 1 Rn. 214 f.; Scherer/Bartsch in Landmann/Rohmer, UmweltR, 1997, Vorb. UAG Rn. 92.

[1029] Waskow in: Feldhaus, BImSchR, 1997, Bd. 7 M 1 Rn. 214 f.; Scherer/Bartsch in Landmann/Rohmer, UmweltR, 1997, Vorb. UAG Rn. 92.

[1030] Schmidt-Preuß, Umweltschutz ohne Zwang in FS für Kriele, S. 1157 (1176).

Bundesumweltministeriums - etwa im Hinblick auf die Teilnahme an den Sitzungen oder Anforderung von schriftlichen Berichten und Akten (§ 27 Abs. 2 UAG) - sowie[1031] der Umstand, daß den Verwaltungsvorschriften keine unmittelbare Außenwirkung zukommt.

c. Verfassungsmäßige Übertragung bei verfassungskonformer Auslegung

Eine weitere Auffassung[1032] hält die Übertragung der Richtlinienkompetenz an den Umweltgutachterausschuß verfassungsgemäß, allerdings nur bei einer verfassungskonformen Auslegung des § 22 Abs. 3 UAG, durch die erst die organisatorisch-personelle Legitimation der Mitglieder des Ausschusses begründet werden könne.

Die sachlich-inhaltlich demokratische Legitimation sei entgegen der vorgenannten Auffassung nicht durch die durch das UAG eingeräumte staatliche Einflußnahme des Ministeriums gerechtfertigt. Denn entsprechend der Rechtsprechung des Bundesverfassungsgerichts[1033] sei der weisungsfreie Raum in diesem Bereich der staatlichen Verwaltung zulässig, da die gesetzlich übertragene und umschriebene Aufgabe eine Weisungsfreiheit zwingend erfordere. Dies ergebe sich aus Art. 6 Abs. 1 Satz 3 EMAS-VO. Die insoweit zwingend gebotene Unabhängigkeit und Neutralität sei nicht nur auf die Zulassungsstelle selbst beschränkt, sondern müsse ebenso auch für den Umweltgutachterausschuß gewährleistet sein, da der Erlaß der Richtlinien und das Führen der Prüferliste die Zulassungsstelle verwaltungsintern lenkten.

Auch sei die vom Bundesverfassungsgericht[1034] geforderte Grenze einer solcher Übertragung bei Regierungsaufgaben, die wegen ihrer politischen Tragweite nicht generell der Regierungsverantwortung entzogen werden dürften, nicht überschritten.

Außerdem habe das Bundesverfassungsgericht lediglich ausgesprochen, daß es solche Aufgaben gebe. Folglich sei auch die Annahme der Auffassung einer

---

[1031] Köck, Pflichten- und Kontrollsystem, VerwA 1996, S. 644 (671 Fn. 122).

[1032] Mayen, Umweltgutachterausschuß, NVwZ 1997, S. 215 ff.; ders. in: Ewer/Lechelt/Theuer, Hdb. Umweltaudit, 1998, Teil G Rn. 14 ff..

[1033] BVerfG Urteil vom 27.04.1959 - 2 BvF 2/58 - in: BVerfGE 9, 268 (281 ff.); BVerfG Beschluß vom 20.06.1967 - 2 BvL 10/64 - in: BVerfGE 22, 106 (113 f.).

[1034] BVerfG Urteil vom 27.04.1959 - 2 BvF 2/58 - in: BVerfGE 9, 268 (282).

verfassungswidrigen Richtlinienkompetenz, daß Aufgaben politischer Tragweite generell niemals auf weisungsunabhängige Stellen übertragen werden dürften, unzutreffend. Im übrigen werde auch die politische Tragweite der Richtlinien überschätzt, da sie nur die Vorgaben des UAG bereichsspezifisch konkretisierten.

Die organisatorisch-personelle demokratische Legitimation werde allerdings weder durch die Sperrminorität noch durch die Ernennungsbefugnis des Ministeriums hergestellt. Einerseits stehe gar nicht fest, ob die Sperrminorität überhaupt genutzt werde. Andererseits fehle es an der parlamentarischen Legitimation, wenn die Vorschläge der Verbände für die Ernennung der Mitglieder verbindlich wären. Daher sei § 22 Abs. 3 UAG im folgenden Sinn verfassungskonform auszulegen: Entsprechend der Rechtsprechung des Bundesverfassungsgerichts für die Ernennung ehrenamtlicher Richter der Sozialgerichtsbarkeit und der anwaltlichen Mitglieder der Ehrengerichtshöfe, müßte das Bundesumweltministerium nicht an die Vorschläge der Verbände gebunden sein und die Zahl der Vorschläge sollte 50% der zu besetzenden Sitze überschreiten. Bei einer solchen Lösung bliebe das vom Demokratiegebot geforderte staatliche Letztentscheidungsrecht bei der Benennung der Mitglieder des Umweltgutachterausschusses gewahrt und damit auch die parlamentarische Verantwortlichkeit des Bundesumweltministeriums als Kreationsorgan.

d. Stellungnahme

Der verfassungsrechtlich erforderliche Legitimationszusammenhang besteht.

Die sachlich-inhaltliche demokratischen Legitimation ist durch die weitgehende Einflußnahme im Rahmen der Rechtsaufsicht gewährleistet. Daß in fachlicher Hinsicht bei Zweckmäßigkeitsentscheidungen ein weisungsfreier Raum besteht, ist durch die spezifische Eigenart der Aufgabe des Richtlinienerlasses bedingt. Da die EMAS-VO indirekt auch eine Unabhängigkeit des Umweltgutachter-ausschusses fordert, muß dieser in seinen fachlichen Entscheidungen frei sein und das Ministerium auf die Rechtsaufsicht beschränkt werden. Im übrigen ist dieser weisungsfreie Entscheidungsspielraum durch die Vorgaben der EMAS-VO und des UAG hinsichtlich der Zulassungsanforderungen schon erheblich eingeschränkt, so daß es sich bei dem Richtlinienerlaß nur um eine

Konkretisierung dieser Anforderungen und nicht um eine Aufgabe von politischer Tragweite im Sinne der Rechtsprechung des Bundesverfassungsgerichts handelt.

Hinsichtlich der organisatorisch-personellen demokratischen Legitimation ist zwar einzuräumen, daß ausschließlich auf Seiten der jeweiligen Verbände das Vorschlagsrecht besteht. Doch die Letztentscheidungskompetenz verbleibt durch die Benennung durch das Ministerium bei der staatlichen Verwaltung. Denn die Vorschläge sind nicht verbindlich, da das Bundesumweltministerium in seiner Entscheidung an die Vorgaben des § 22 Abs. 2 UAG gebunden ist und insofern die Vorschläge der Verbände ablehnen kann. Das Vorschlagsrecht führt daher nicht zu einem Benennungsautomatismus. Nur bei einem solchem würde das Bundesumweltministerium nicht parlamentarisch verantwortlich handeln. Eine verfassungskonforme Auslegung, nach der 50 % mehr Bewerber als Sitze vorzuschlagen seien, ist daher nicht erforderlich.

Die Schaffung des Umweltgutachterausschusses als pluralistisches weisungsunabhängiges Gremium mit der Kompetenz zum Erlaß von Richtlinien verstößt wegen der ausreichenden demokratischen Legitimation nicht gegen das Demokratieprinzip.

Die Kompetenz des Umweltgutachterausschusses zum Erlaß der Richtlinien ist daher verfassungsgemäß.

3. Verfassungsrechtliche Prüfung der Schaffung des Widerspruchausschusses

Gegenüber der Schaffung des Widerspruchsausschusses bestehen auch keine verfassungsrechtlichen Bedenken. Verfassungsrechtliche Grundlage ist Art. 86, 87 Abs. 3 Satz 1 GG. Wegen seiner Anbindung an das Bundesumweltministerium bleibt die im Hinblick auf die demokratische Legitimation des Grundrechtseingriffs nach Art. 12 GG notwendige staatliche Kontrolle über das Selbstverwaltungssystem erhalten.[1035]

[1035] so auch Waskow in: Feldhaus, BImSchR, 1997, Bd. 7 M 1 Rn. 222.

V. Verfassungsmäßigkeit der Gebührenregelung

Die Erhebung der Gebühren für die Amtshandlungen der Zulassungsstelle und des Widerspruchsausschusses[1036] verstößt nicht gegen Art. 12 Abs. 1 GG. Zwar sind dies Regelungen der Berufszulassung bzw. Berufsausübung und stellen insoweit einen Eingriff in die Berufsfreiheit dar. Sie sind allerdings wie die anderen Zulassungs- und Aufsichtsregeln gerechtfertigt. Die Gebührentatbestände sind auch verhältnismäßig, sofern sie, was hier nicht untersucht werden kann, dem Kostendeckungsprinzip entsprechen.

Die Gebührenregelungen verletzen auch nicht die Rechte der Antragsteller aus Art. 3 Abs. 1 GG. Denn eine Ungleichbehandlung gegenüber einem vergleichbaren Sachverhalt, die nicht durch einen sachlichen Grund gerechtfertigt ist, liegt nicht vor. Zwar wird von den Interessenvertretungen der Umweltgutachter angeführt, daß die Zulassungsgebühren dreimal so hoch wie die Kosten der Akkreditierung durch die TGA seien[1037]. Doch die Antragsteller nach dem UAG und diejenigen, die eine Akkreditierung durch die TGA anstreben, sind nicht miteinander vergleichbar. Zwar begehren beide eine Zulassung, um eine Umweltmanagementkontrollen vornehmen zu können. Dies geschieht jedoch bei unterschiedlichen Stellen aufgrund unterschiedlicher Normen und zwar einmal im öffentlichen Bereich (DAU) und einmal im privaten Bereich (TGA). Die Verfassungswidrigkeit der Gebührenregelungen kommt daher nur in Betracht, wenn sie das Kostendeckungsprinzip verletzen. Dann wären sie auch nicht mit der EMAS-VO vereinbar.[1038]

17. Kapitel: Die Qualifizierung der gutachterlichen Tätigkeit

Die Tätigkeit des Umweltgutachters bildet die "Schnittstelle" zwischen unternehmensinterner Überprüfung durch die Umweltbetriebsprüfung und der Eintragung in das Register, verbunden mit der Befugnis zur Verwendung eines öffentlich-rechtlichen Zeichens, der Teilnahmeerklärung. Wegen dieser Schnittstellenfunktion kann sowohl eine privatrechtliche als auch öffentlich-rechtliche Qualifizierung seiner Prüfung und Validierung in Betracht kommen. Insbeson-

---

[1036] § 36 Abs. 1 UAG, UAGGebV.
[1037] Friebel, Editoral in: IdU-News 4/99 S. 1.

dere für das Rechtsverhältnis zwischen Gutachter und Unternehmen und mögliche Rechtsstreitigkeiten ist eine exakte Einordnung unerläßlich.

A. Anforderungen der EMAS-VO

Nach der EMAS-VO wird der Umweltgutachter aufgrund "einer schriftlichen Vereinbarung mit dem Unternehmen "[1039] und nicht einer gesetzlichen Verpflichtung tätig. Die Vereinbarung legt den Gegenstand und der Umfang der Arbeit fest, sichert die Unabhängigkeit des Gutachters vom Unternehmen und beinhaltet die unternehmerische Verpflichtung zur Zusammenarbeit in dem jeweils erforderlichen Umfang.[1040] Das Unternehmen kann den Umweltgutachter zwar frei wählen,[1041] doch die Aufgaben des Umweltgutachters sind nach Abschluß des Vertrages nicht mehr disponibel, da sie von der EMAS-VO vorgegeben sind[1042]. Wie diese Vereinbarung rechtlich zu qualifizieren ist, läßt die Verordnung offen.

B. Einstufung als zivilrechtlicher Vertrag

Nach allgemeiner Auffassung[1043] handelt sich bei dieser Vereinbarung um einen privatrechtlichen Vertrag, bei dem die Überprüfung des Unternehmens und der Umwelterklärung einschließlich einer abschließenden Entscheidung, d.h. der Validierung bei positivem Prüfungsergebnis, geschuldet wird. Hinsichtlich der

---

[1038] vgl. 11. Kapitel Abschnitt C.

[1039] Anhang III B 2 Abs. 1 Satz 1 EMAS-VO; Anhang V 5.5.1. RevE EMAS-VO stellt zusätzlich klar, daß diese Vereinbarung nur entsprechend dem Umfang der Akkreditierung getroffen werden darf.

[1040] Anhang III B 2 Abs. 1 Satz 2 und 3 EMAS-VO. Vorschläge zur möglichen Ausgestaltung eines Vertrages finden sich bei: Schottelius, Umweltgutachter, BB 1996, S. 1235 (1236); Metzler/Alt, Umweltgutachter, 1996, S. 77 ff.

[1041] Kritisch dazu Ekardt, Leitlinien, NJ 1998, S. 187 (189).

[1042] Lübbe-Wolff, EG-Verordnung, DVBl. 1994, S. 361 (368); Köck, Pflichten- und Kontrollsystem, VerwA 1996, S. 644 (662); Schottelius, Umweltgutachter, BB 1996, S. 1235 (1236); Kothe, UmweltauditR, 1997, Rn. 279.

[1043] Sellner/Schnutenhaus, Umweltmanagement, NVwZ 1993, S. 928 (934); Falk/Frey, Prüftätigkeit, UPR 1996, S. 58; Müggenborg, Prüfungsumfang, DB 1996, S. 125 (129); Köck, Pflichten- und Kontrollsystem, VerwA 1996, S. 644 (662); Schottelius, Umweltgutachter, BB 1996, S. 1235 (1236); Kothe, UmweltauditR, 1997, Rn. 279; Schmidt-Preuß, Umweltschutz ohne Zwang in: FS für Kriele, S. 1157 (1166); Zimmermann, Öko-Audit, AgrarR 1996, S. 137 (144); Pohl, Umweltaudits, 1998, S. 381 (384); Feldhaus in: Rengeling, EUDUR, 1998, § 36 Rn. 63; Ewer in: Ewer/Lechelt/Theuer, Hdb. Umweltaudit, 1998, Teil E Rn. 40.

genauen rechtlichen Qualifizierung reichen die Ansichten von einem Werkvertrag[1044], über einen Dienstvertrag mit werkvertraglichen Bestandteilen[1045] bis hin zu einem Geschäftsbesorgungsvertrag[1046].

Da der Gutachter aufgrund dieses privatrechtlichen Vertrages tätig werde, sei seine gesamte Tätigkeit nach überwiegender Auffassung als privatrechtlich einzustufen.

Der Umweltgutachter sei weder eine staatliche Kontrollinstanz, noch ein "privatisierter Gewerbeaufsichtsbeamter"[1047] und schon gar kein Beliehener, der dem Unternehmen hoheitlich gegenüber trete.[1048] Er stelle auch kein Vollzugsorgan der öffentlichen Verwaltung dar.[1049] Der Gutachter übe keinerlei hoheitliche Funktionen aus. Daß die Validierung der Umwelterklärung durch den Umweltgutachter eine unabdingbare Voraussetzung für die amtliche Registrierung und damit für die Erlangung eines öffentlich-rechtlichen Zeichens, der Teilnahmeerklärung, sei, mache Streitigkeiten zwischen Umweltgutachtern und Unternehmen darüber, ob den Validierungserfordernissen Genüge getan worden sei (siehe Anhang III B Nr. 4), nicht zu einer öffentlich-rechtlichen Streitigkeit im Sinne des § 40 VwGO. Er könne seine Prüfungsbefugnisse ausschließlich auf die Vereinbarung mit dem Unternehmen stützen.[1050]

Darüber hinaus stelle der Umweltgutachter auch kein Zertifikat aus, mit dem das Unternehmen eigenständig agieren (z.B. werben) könne. Vielmehr sei die Validierung der Umwelterklärung nur ein (notwendiger) Zwischenschritt, um die Registrierung des Standortes im Standortregister zu ermöglichen. Daher sei

---

[1044] Falk/Frey, Prüftätigkeit, UPR 1996, S. 58; Müggenborg, Prüfungsumfang, DB 1996, S. 125 (129); Schottelius, Umweltgutachter, BB 1996, S. 1235 (1236); Kothe, UmweltauditR, 1997, Rn. 279; Feldhaus in: Rengeling, EUDUR, 1998, § 36 Rn. 63; Ewer in: Ewer/Lechelt/Theuer, Hdb. Umweltaudit, 1998, Teil E Rn. 40; Falk, EG-Umwelt-Audit-Verordnung, 1998, S. 90.

[1045] Zimmermann, Öko-Audit, AgrarR 1996, S. 137 (144); ähnlich Metzler/Alt, Umweltgutachter, 1996, S. 76.

[1046] Schmidt-Preuß, Umweltschutz ohne Zwang in: FS für Kriele, S. 1157 (1166).

[1047] Lütkes, Umweltauditgesetz, NVwZ 1996, S. 230 (233).

[1048] Müggenborg, Prüfungsumfang, DB 1996, S. 125 (129); Köck, Pflichten- und Kontrollsystem, VerwA 1996, S. 644 (662); Schmidt-Preuß, Umweltschutz ohne Zwang in: FS für Kriele, S. 1157 (1166); von Bon/Müller in: Doktoranden-Netzwerk, S. 86.

[1049] So die Ansicht der Bundesregierung, die sich im Gesetzgebungsverfahren durchgesetzt hat, vgl. BT-Drs. 13/1687 S. 12; BT-Drs. 13/1755 S. 31.

[1050] Köck, Pflichten- und Kontrollsystem, VerwA 1996, S. 644 (662).

der Umweltgutachter nur berechtigt, die vom Unternehmen vorgelegte Umwelterklärung mit einem Prüfvermerk, der das Datum ihrer Gültigkeitserklärung und eine Unterschrift trage, zu versehen.[1051]

Konsequenz der zivilrechtlichen Tätigkeit des Umweltgutachters ist, daß Streitigkeiten zwischen ihm und dem Unternehmen über Prüfungsumfang, Prüfungstiefe, Prüfungsbefugnisse und Prüfungsergebnis vor die ordentlichen Gerichte gehören.[1052] Insbesondere seine Weigerung, eine Umwelterklärung für gültig zu erklären, könne daher zum Gegenstand einer zivilprozessualen Auseinandersetzung gemacht werden.[1053] Darüber hinaus seien auch Haftungs- und Regreßansprüche gegenüber dem Umweltgutachter bei mangelhafter gutachterlicher Tätigkeit zivilrechtlich einzustufen.[1054] Auch nach Ansicht des Gesetzgebers richteten sich mit Ausnahme der Haftungsobergrenze des § 323 Abs. 2 HGB für die Tätigkeit des Umweltgutachters die Haftungsgrundlagen nach dem allgemeinen Delikts- und Vertragsrecht.[1055]

C. Öffentlich-rechtliche Wirkung der gutachterlichen Tätigkeit

Trotz dieser privatrechtlichen Einordnung wird der Tätigkeit durchaus eine öffentlich-rechtliche Wirkung beigemessen.

Nach einer Auffassung[1056] bekleide der Umweltgutachter durch die umfassenden Regelungen des UAG eine zumindest quasi-öffentlich-rechtliche Stellung mit hohem Anforderungsprofil.

Ein weiterer Betrachtungsansatz[1057] sieht in der Validierung durch den Umweltgutachter eine "vorgeschriebene Kontrolle" im Sinne des § 6 Abs. 4 UmwHG. Die bei der Teilnahme am EMAS-System verpflichtend vorgeschriebenen Überprüfungen durch den Gutachter als unabhängige Stelle be-

---

1051 Waskow, Betriebliches Umweltmanagement, 2. Aufl. 1997, S. 160; Lütkes in: Ewer/Lechelt/Theuer, Hdb. Umweltaudit, 1998, Teil F Rn. 73.

1052 Müggenborg, Prüfungsumfang, DB 1996, S. 125 (129); Köck, Pflichten- und Kontrollsystem, VerwA 1996, S. 644 (662); Pohl, Umweltaudits, 1998, S. 381 (384); Feldhaus in: Rengeling, EUDUR, 1998, § 36 Rn. 63.

1053 Sellner/Schnutenhaus, Umweltmanagement, NVwZ 1993, S. 928 (934).

1054 Sellner/Schnutenhaus, Umweltmanagement, NVwZ 1993, S. 928 (934); Müggenborg, Prüfungsumfang, DB 1996, S. 125 (129).

1055 BT-Drs. 13/1192 S. 33.

1056 Schottelius, EG-Umwelt-Audit, BB 1995, S. 1549 (1551).

1057 Falk, EG-Umwelt-Audit-Verordnung, EuZW 1997, S. 593 (595 f.).

säßen eine vergleichbare Qualität mit den Kontrollen durch die staatlichen Überwachungsbehörden.

Es wird auch nicht verkannt, daß die Gültigkeitserklärung unabdingbare Voraussetzung für die amtliche Registrierung und damit für die Erlangung eines öffentlich-rechtlichen Zeichens, der Teilnahmeerklärung sei.[1058]

Da die Gültigerklärung die Bestätigung der Übereinstimmung des Standorts mit allen Anforderungen der EMAS-VO sei, genüge im Regelfall die Vorlage der gültig erklärten Umwelterklärung.[1059] Der Umwelterklärung komme somit eine Beweiswirkung zu, die sie allerdings verliere, wenn die Registerstelle vor Eintragung unterrichtet werde.[1060]

Mit Einschaltung der Umweltbehörde in das Registerverfahren und den möglichen Sanktionen werde die Verbindung zwischen dem EMAS-System und dem Umweltordnungsrecht hergestellt und dadurch eine über das Testat des Umweltgutachters hinausgehende Qualitätssicherung erreicht.[1061]

Bei der Prüfung der Umwelterklärung nehme der Umweltgutachter gegenüber der Öffentlichkeit eine **Garantenstellung** ein, denn er garantiere mit seiner Unterschrift für die Zuverlässigkeit und Glaubwürdigkeit der vom Unternehmen gemachten Angaben und Beurteilungen.[1062]

Allerdings unterbleibt meist eine exakte rechtliche Einordnung der Validierung. Statt dessen wird sie als formaler Akt, mit dem die externe Prüfung endet,[1063] als Bestätigung der einzigen materiell-rechtlichen Eintragungsvoraussetzung, daß der Standort alle Anforderungen der EMAS-VO erfüllt,[1064] oder als Prüfvermerk[1065] beschrieben. Es wird auch nicht untersucht, ob die Gültigkeitserklärung ein zumindest im deutschen Recht neuartiges Rechtsinstitut darstellt. Die Deregulierungsdiskussion befaßt sich weder mit dem öffentlich-rechtlichen Charakter der Validierung noch ihrer Rechtsqualität im allgemei-

[1058] Köck, Pflichten- und Kontrollsystem, VerwA 1996, S. 644 (662).
[1059] Feldhaus in Rengeling, EUDUR, 1998, Bd. I, § 36 Rn. 72.
[1060] Feldhaus in Rengeling, EUDUR, 1998, Bd. I, § 36 Rn. 73.
[1061] Feldhaus in Rengeling, EUDUR, 1998, Bd. I, § 36 Rn. 77.
[1062] Wohlfarth/Signon, Aufbau und Inhalt der Umwelterklärung in: Ewer/Lechelt/Theuer, Hdb. Umweltaudit, 1998, Teil E Rn. 99.
[1063] Köck, Pflichten- und Kontrollsystem, VerwA 1996, S. 644 (662).
[1064] Sellner/Schnutenhaus, Umweltmanagement, NVwZ 1993, S. 928 (934); Feldhaus in Rengeling, EUDUR, 1998, Bd. I, § 36 Rn. 72.

nen, sondern nur mit ihrem Aussagegehalt. Durch die Vorlage einer validierten Umwelterklärung sollten Vollzugserleichterungen eintreten, weil die Prüfung und Validierung durch den Umweltgutachter funktional äquivalent mit der ordnungsbehördlichen Überwachung seien.

Lediglich eine Einzelmeinung[1066] sieht in der Gültigerklärung eine hoheitliche Tätigkeit, da sie dem Dokument einen besonderen Status verleihe, der dem einer amtlich geprüften Unterlagen ähnlich, wenn nicht sogar vergleichbar sei. Dies folge daraus, daß die Prüfung des Betriebsstandorts nach § 32 UAG Voraussetzung für die Eintragung in das Standortregister sei.

D. Eigene Untersuchung

Wegen der vorliegenden Anhaltspunkte für ein öffentlich-rechtliches Tätigwerden des Umweltgutachter ist zunächst zu untersuchen, ob die überwiegende Auffassung aufrechterhalten werden kann, daß die Vereinbarung zwischen dem Unternehmen und dem Umweltgutachter insgesamt privatrechtlich einzustufen ist.

I. Abgrenzung zwischen privatrechtlichem und öffentlich-rechtlichem Vertrag

Maßgeblich für die Abgrenzung eines privatrechtlichen von einem öffentlich-rechtlichen Vertrag ist der Vertragsinhalt; entscheidend ist also, ob sich der Vertrag auf einen von der Rechtsordnung öffentlich-rechtlichen oder privatrechtlichen Gegenstand bezieht.[1067] Der Vertragsgegenstand ist dann als öffentlich-rechtlich anzusehen, wenn er sich auf einen Sachverhalt bezieht, der nach den Vorschriften und Grundsätzen des öffentlichen Rechts zu beurteilen ist.[1068] Für die Unterscheidung zwischen öffentlichen und privaten Recht kann man u.a. den zwingenden Charakter des öffentliches Rechts im Gegensatz zu der das

---

[1065] Waskow, Betriebliches Umweltmanagement, 2. Aufl. 1997, S. 160.

[1066] Zimmermann, Öko-Audit, AgrarR 1996, S. 137 (144)

[1067] BGH, Urteil vom 22.11.1979 - III ZR 186/77 - in: BGHZ 76, 16 (20); Palandt-Heinrichs, BGB, 1998, Einf. v. § 305 Rn. 36.

[1068] BVerwG, Urteil vom 06.07.1973 - IV C 22.72 - in: BVerfGE 42, 331 (332); Urteil vom 29.05.1981 - 4 C 72.78 - in: DÖV 1981, S. 878; Kopp, VwVfG, 1997, § 54 Rn. 6 m.w.N.; Scherzberg, Grundfragen, JuS 1992, S. 205 (206); Lange, Abgrenzung, NVwZ 1983, S. 313 ff.

Privatrecht beherrschenden Privatautonomie heranziehen, sog. "Verfügungskriterium".[1069]

Das Unternehmen und der Umweltgutachter vereinbaren, daß dieser den Standort auf die Übereinstimmung mit den Bedingungen der EMAS-VO überprüft und bei positivem Ergebnis die Umwelterklärung validiert. Gegenstand des Vertrages ist somit die Standortkontrolle und die Validierung, die unter der Bedingung der Übereinstimmung mit den Vorgaben der Verordnung steht.

Für die privatrechtliche Einordnung spricht, daß das Unternehmen frei entscheiden kann, ob es am EMAS-System teilnimmt und welcher Gutachter ihr Vertragspartner sein soll. Erst wenn es sich entscheidet, am System teilzunehmen, unterwirft es sich den Bedingungen dieses Systems. Die Prüfung des Gutachters erfolgt nicht aufgrund zwingender Bestimmungen sondern erst aufgrund der Initiative des Unternehmens. Darüber hinaus unterliegt die Regelung der Prüfungsmodalitäten der freien Vereinbarung der Parteien.

Für die öffentlich-rechtliche Einordnung spricht, daß die Aufgaben des Umweltgutachters von der EMAS-VO vorgegeben sind, er im Rahmen einer grundsätzlich öffentlichen Aufgabe, dem Umweltschutz,[1070] durch Überprüfung des betrieblichen Umweltschutzes tätig wird, er einer strengen behördlichen Zulassung und Aufsicht unterliegt und die bei positivem Prüfungsergebnis vereinbarte Validierung unabdingbare Voraussetzung für die Eintragung in das öffentlich-rechtliche Register ist. Insofern bestehen Anhaltspunkte dafür, daß die Validierung einen Akt auf dem Gebiet des öffentlichen Rechts darstellt. Dann hätte der Vertrag sowohl privatrechtliche (Prüfung) als auch öffentlich-rechtliche Elemente (Validierung) und wäre ein sog. gemischter Vertrag.

1. Einordnung eines gemischten Vertrages

Betrifft der Vertrag Gegenstände sowohl des öffentlichen als auch des privaten Rechts, sog. gemischter Vertrag, ist seine Einordnung umstritten.

[1069] Wolff/Bachof/Stober, VerwR I, 1999, § 22 Rn. 17.

[1070] vgl. Art. 130 r EG-Vertrag (jetzt Art. 174 EG) und die Staatszielbestimmung des Art. 20 a GG.

Während nach der in zivilrechtlicher Rechtsprechung und Literatur vertretenen Ansicht[1071] sein Regelungsschwerpunkt entscheidet, wird nach der Auffassung der Rechtsprechung und dem Schrifttum im öffentlichen Recht ein gemischter Vertrag mit öffentlich-rechtlichen und privatrechtlichen Bestandteilen als einheitlicher öffentlicher Vertrag behandelt.[1072]

Hinsichtlich der Einordnung der Vereinbarung zwischen Unternehmen und Umweltgutachter ist dieser Streit daher nur dann zu entscheiden, wenn die Vereinbarung nicht nur rein privatrechtlicher Natur ist. Es kommt daher entscheidend darauf an, ob die Validierung eine öffentlich-rechtliche Erklärung darstellt.

a. Belieheneneigenschaft des Gutachters

Die Validierung ist dann als öffentlich-rechtlich einzustufen, wenn sie nicht nur eine mittelbare Wirkung auf das öffentliche Recht im Hinblick auf die Eintragung hat sondern der Gutachter mit dem Gültigkeitsvermerk tatsächlich hoheitlich tätig wird. Das ist wiederum davon abhängig, ob der Umweltgutachter Beliehener ist und insofern überhaupt hoheitlich tätig werden kann.

Unter einem Beliehenen versteht man eine vom Staat beauftragte Person des Privatrechts, die hoheitliche Kompetenzen selbständig und im eigenen Namen wahrzunehmen hat.[1073] Ein Beliehener kann Behörde im Sinne des § 1 Abs. 4 VwVfG sein, so daß er auch im Rahmen seiner Kompetenzen Verwaltungsakte erlassen kann.

Im Sachverständigenwesen ist die Subsumtion unter den Beliehenenbegriff vom Gegenstand der Beleihung abhängig, so daß die Subsumtion unter diese Allgemeindefinition nicht weiterhelfen kann.

Die sog. "Aufgabentheorie" geht von der Natur der übertragenen Aufgabe aus, die Beleihung als Übertragung einer Staatsfunktion an ein Subjekt des Privatrechts definiert.[1074] Diese Ansicht stellt im wesentlichen auf den Inhalt der

---

[1071] BGH, Urteil vom 22.11.1979 - III ZR 186/77 - in: BGHZ 76, 20; Palandt-Heinrichs, BGB, 1998, Einf. v. § 305 Rn. 36.

[1072] BVerwG, Urteil vom 01.02.1980 - 4 C 40.77 - in: DVBl. 1980, S. 686 (687); str. vgl. Kopp, VwVfG, 1997, § 54 Rn. 8.

[1073] Steiner, Unternehmer, JuS 1969, S. 69 (70); Wolff/Bachof/Stober, VerwR II, 1987, § 104 Rn. 2; Maurer, Allg. VerwR, 1999, § 23 Rn. 56.

[1074] Steiner, Unternehmer, JuS 1969, S. 69 (70) m.w.N.

Tätigkeit ab. Bestimmte staatliche oder öffentliche Aufgaben sind kraft Natur der Sache dem Staat zugewiesen und ausschließlich demselben vorbehalten. Solche staatlichen oder öffentlichen Aufgaben können nur in Form des gesetzlichen Beleihungsaktes übertragen werden.

Durch die Prüfung des Standorts auf die Übereinstimmung mit den Vorgaben der EMAS-VO, insbesondere der Kontrolle des Umweltmanagementsystems und der Umweltbetriebsprüfung wird der Umweltgutachter auf dem Gebiet des Umweltschutzes tätig. Gemäß Art. 20 a GG ist der Umweltschutz Staatsziel und damit staatliche Aufgabe. Allerdings gibt es auch im Rahmen des Umweltschutzes Bereiche, die der privaten Eigenverantwortung unterliegen. So ist das Umweltmanagement, das der Umweltgutachter prüft, ein Bereich, den das staatliche Recht der unternehmerischen Eigenverantwortung überlassen hat. Im Rahmen der Privatrechtsordnung obliegt es dem einzelnen Unternehmen, selbst und eigenverantwortlich seine Organisation und die internen Abläufe zu gestalten und zu kontrollieren. Nur ausnahmsweise, bei den Vorschriften über die Betriebsbeauftragten z.B. für Immissionsschutz, Gewässerschutz und Abfall[1075] gibt es ordnungsrechtliche Anforderungen an die betriebsinterne Organisation, wenn sie der Gefahrenabwehr dienen. Daher liegt es nahe, trotz der Staatszielbestimmung des Art. 20 a GG die Überprüfung des Umweltmanagementsystems durch den Umweltgutachter dem privaten Bereich zuzuordnen.
Da aber im Rahmen der Stichprobenprüfung auf die Einhaltung der Rechtsvorschriften zu achten ist, nimmt der Umweltgutachter auch Aufgaben im Bereich der Gefahrenabwehr auf dem Gebiet des Umweltschutzes, einer primär staatlichen Aufgabe, wahr.

Folglich ist nach der Aufgabentheorie die Prüfung durch den Umweltgutachter zumindest teilweise staatliche Aufgabe, die ihm durch die EMAS-VO übertragen wurde.

Die "Rechtstellungstheorie" stellt auf die Form der Tätigkeit ab. Wenn dem Privaten die Wahrnehmung hoheitlicher Befugnisse gegenüber Dritten übertragen worden ist, liegt eine Beleihung vor.[1076] Eine Privatperson, der bestimmt hoheitliche Verwaltungskompetenzen übertragen worden sind, ist nach dieser

[1075] Vgl. §§ 53 ff. BImSchG, §§ 21 a ff. WHG, §§ 54 ff. KrW-/AbfG.

Ansicht Beliehener. Mit anderen Worten muß die Tätigkeit bzw. Rechtsstellung des Umweltgutachters sich durch hoheitliche Kompetenz ausweisen. Die Betrachtung der bloßen Rechtsstellung des Umweltgutachters läßt keine Anzeichen für eine Belieheneneigenschaft erkennen. Das Unternehmen kann sich den Umweltgutachter selbst aussuchen und braucht dies der Aufsichtsbehörde noch nicht einmal anzeigen. Die Einflußnahme der Aufsichtsbehörde ist auch noch insoweit beschränkt, als daß sie zwar nach § 17 UAG Umweltgutachter abberufen kann, nicht jedoch solche, die ihr nur für die Begutachtung in dem jeweiligen Unternehmen als ungeeignet erscheinen. Es fehlt auch ein direkter Bezug des Umweltgutachters zur Aufsichtsbehörde, da er zwar verpflichtet ist, seine Unterlagen fünf Jahre aufzubewahren und auf Verlangen vorzulegen, doch eine regelmäßige Dokumentationspflicht besteht nicht, durch die ein gezielter Einfluß der Aufsichtsbehörde möglich wäre.

Ebenso wenig ist der Gutachter mit hoheitlichen Kompetenzen ausgestattet, da seine Entscheidung, die Validierung, keine unmittelbare Rechtswirkung gegenüber der Eintragungsstelle entfaltet, noch dieser unmittelbar zuzurechnen ist. Haben die Feststellungen des Umweltgutachters nur unter Mitwirkung von anderen Organen Entscheidungskraft, werden sie erst durch die Verwaltungsbehörden in einen Verwaltungsakt transformiert, so gestaltet sich seine Tätigkeit als eine privatrechtliche Tätigkeit aus.[1077]

Zwar reicht die Vorlage der Gültigkeitserklärung meist zur Glaubhaftmachung aus. Die Glaubhaftmachung ist eine Erleichterung der Beweisführung, die die Behörde nicht von der Sachverhaltserforschung nach § 24 VwVfG entbindet, aber das Erfordernis der vollständigen Überzeugung durch einen geringeren Wahrscheinlichkeitsgrad ersetzt. Das heißt jedoch nicht, daß die Eintragungsbehörde bei Vorlage der validierten Umwelterklärung an die Feststellungen des Gutachters gebunden wäre. Ergeben sich für die Behörde Anhaltspunkte, daß die Angaben in der validierten Umwelterklärung nicht ausreichen zu dokumentieren, daß der Standort alle Anforderungen der EMAS-VO erfüllt, kann sie eine weitere Aufklärung veranlassen. Im übrigen hat sie die Eintragung zu verweigern, wenn ihr von der zuständigen Vollzugsbehörde Rechtsverstöße mitgeteilt

[1076] Steiner, Unternehmer, JuS 1969, S. 69 (71); Weber/Seitz, Sachverständige, GewA 1980, S. 151 (153).

werden, Art. 8 Abs. 4 EMAS-VO. Nicht die Gültigerklärung, sondern erst die Eintragung hat für das Unternehmen konstitutive öffentlich-rechtliche Wirkung, daß dokumentiert wird, der Standort entsprechen den Vorgaben der EMAS-VO. Die Validierung nimmt daher weder die Entscheidung der Eintragungsstelle vorweg, noch ist die Stelle an die Gültigerklärung gebunden.

Dem Umweltgutachter wird damit nicht die letztverbindliche Entscheidungskompetenz übertragen, sondern seine Aufgabe ist es lediglich, im Vorfeld der behördlichen Entscheidung tätig zu werden.

Gegen hoheitliche Kompetenzen sprechen auch die von der EMAS-VO vorgegebene Pflicht, einen Bericht für die Unternehmensleitung zu auszuarbeiten[1078], die in diesem Bericht aufgeworfenen Fragen zu klären[1079] und die Pflichten, wenn Fehler in der Umwelterklärung selbst liegen,[1080] oder der Standort nicht den Anforderungen der EMAS-VO entspricht[1081]. Der Umweltgutachter hat mit der Unternehmensleitung die Fehler zu "erörtern"[1082], bzw. nötigenfalls einen "Hinweis" zu erteilen oder aber "entsprechende Empfehlungen"[1083] an die Unternehmensleitung zu richten. All diese Formulierungen lassen die für hoheitliches Tätigwerden typische Verbindlichkeit bzw. sogar Zwangswirkung vermissen, sondern stellen auf die Kooperation zwischen Unternehmen und Umweltgutachter ab. Die Durchsetzung der Verbesserungsvorschläge verbleibt daher auch im Ermessen des Unternehmens. Wäre der Gutachter mit hoheitlichen Kompetenzen gegenüber dem Unternehmen ausgestattet, hätten ihm Anordnungs- oder Entscheidungsrechte übertragen werden müssen. Dies ist nicht der Fall. Ihm stehen keine Mittel zur Verfügung, um die Pflichten des Unternehmens zwangsweise durchzusetzen. Sein einziges Druckmittel ist die Verweigerung der Validierung.

Der Gutachter hat daher keine hoheitlichen Kompetenzen. Er ist damit nach der Rechtstellungstheorie kein Beliehener und die Validierung keine hoheitliche Tätigkeit.

[1077] Vgl. Steiner, Öffentliche Verwaltung durch Private, 1975, S. 130.
[1078] Anhang III B 2, 3 EMAS-VO.
[1079] Anhang III B 2 EMAS-VO.
[1080] Anhang III B 4 b EMAS-VO.
[1081] Anhang III B 4 c EMAS-VO.
[1082] Anhang III B 4 b EMAS-VO.
[1083] Anhang III B 4 c EMAS-VO.

Gegen die Anwendung der Aufgabentheorie beim Umweltgutachter spricht, daß es durchaus staatliche Aufgaben gibt, die in privater Eigenverantwortung wahrgenommen werden. Gerade die Einrichtung eines Umweltmanagementsystems und eine interne Betriebsprüfung sind Instrumente, mit denen der Umweltschutz innerbetrieblich verbessert werden kann. Die Implementierung solcher Instrumente kann auch privatrechtlich kontrolliert werden, wie die Existenz der Umweltmanagementnormen, allen voran die Reihe ISO 14000 ff., belegt. Im übrigen ist die Prüfung des Standortes durch den Umweltgutachter nicht schwerpunktmäßig auf die staatliche Aufgabe der Abwehr von Gefahren für die öffentliche Sicherheit und Ordnung gerichtet. Im deutschen Umweltverwaltungsrecht wird die Einhaltung materieller Standards kontrolliert, so daß auch nur ein erreichter technischer Stand im Sinne des Bestimmbaren, Machbaren und Vollziehbaren vorgeschrieben ist. Die EMAS-VO zielt hingegen auf die kontinuierliche Verbesserung des Umweltschutzes, mithin auf die Festlegung vorauseilender Optimierungsziele ab. Nicht die Abwehr von Gefahren für die Umwelt, wie bei der Gefahrenabwehr im Umweltordnungsrecht, sondern die Übereinstimmung mit den Vorgaben der EMAS-VO und damit der Einsatz bestimmter Instrumente zur Verbesserung des Umweltschutzes bildet den Schwerpunkt der Kontrolle durch den Umweltgutachter. Seine Kontrolle hat auch "unbeschadet"[1084] der Vollzugsbehörden zu erfolgen, so daß ihm ausdrücklich nicht die Befugnisse der Vollzugsbehörden übertragen werden. Er wird daher nicht schwerpunktmäßig im Bereich der Gefahrenabwehr tätig, sondern seine Kontrolle des Standortes ergänzt das ordnungsrechtliche Instrumentarium.[1085] Es ist daher dem Ergebnis der Rechtstellungstheorie zu folgen. Der Umweltgutachter ist kein Beliehener, der hoheitliche Kompetenzen hat, und die Validierung demzufolge auch keine hoheitliche Tätigkeit.

b. Validierung als Sachverständigengutachten im Verwaltungsverfahren

Die Validierung könnte jedoch öffentlich-rechtlich einzustufen sein, wenn sie eine Erklärung auf dem Gebiet des öffentlichen Rechts ist.

[1084] Anhang B 1 EMAS-VO.

[1085] so auch Breuer, Vielgestaltigkeit, NVwZ 1997, S. 833 (842).

In Betracht kommt zunächst, daß sie als Bestätigung des Prüfungsergebnisses als Sachverständigengutachten im Sinne des VwVfG darstellt.

Der Sachverständige im Verwaltungsverfahren ist eines der in § 26 VwVfG benannten Beweismittel. Sachverständige sind Personen, die der Behörde das ihr fehlende Fachwissen zur Beurteilung von Tatsachen vermitteln.[1086] Der Umweltgutachter, der die erforderlichen Fachkenntnisse für die Standortüberprüfung hat,[1087] stellt durch seine Prüfung fest, ob der Standort den Bedingungen der EMAS-VO entspricht und vermittelt so durch sein Fachwissen die Beurteilung dieser Tatsache durch die Eintragungsstelle.

Weiterhin steht nach § 26 Abs. 1 Satz 1 VwVfG die Hinzuziehung eines Sachverständigen grundsätzlich im Ermessen der Behörde, soweit sie nicht durch Rechtsvorschrift vorgesehen ist, § 26 Abs. 3 VwVfG, wie z.B. nach § 65 VwVfG im förmlichen Verwaltungsverfahren. Eine spezielle Ermessensvorschrift zur Einholung von Sachverständigengutachten stellt z.B. § 13 der 9. BImSchV dar.

Die EMAS-VO schreibt zwingend die Beteiligung des Umweltgutachters vor. Denn ohne seine Tätigkeit, die Validierung, sind nicht alle Eintragungsvoraussetzungen erfüllt. Sofern es sich bei der Validierung und dem Prüfungsbericht um Sachverständigengutachten handelt, ist sie eine zwingende Rechtsvorschrift im Sinne des § 26 Abs. 3 VwVfG.

Gegen die Qualifizierung als Sachverständigengutachten in einem Verwaltungsverfahren spricht nicht, daß der Umweltgutachter **vor** Stellung des Antrags auf Eintragung in das Verzeichnis und damit vor Beginn des Verwaltungsverfahrens tätig wird und seine Prüfung bereits **vor** dem Verwaltungsverfahren abgeschlossen ist. Da auch die Verwendung von Gutachten, die schon in anderen Verwaltungsverfahren erstellt wurden, zulässig ist, [1088] dürfte auch ein vor dem Eintragungsverfahren gefertigtes Gutachten des Umweltgutachters grundsätzlich zur Entscheidungsfindung herangezogen werden.

Die Einstufung als Sachverständigengutachten im Verwaltungsverfahren ist jedoch abzulehnen, da die Validierung die weiteren Voraussetzungen des § 26 Abs. 3 VwVfG nicht erfüllt.

[1086] Kopp, VwVfG, 1997, § 26 Rn. 19.
[1087] vgl. 8. Kapitel Abschnitt B. II.

Selbst wenn die Einholung von Sachverständigengutachten zwingend vorgeschrieben ist und die Behörde daher kein Entschließungsermessen hat, wird im Verwaltungsverfahren der Gutachter von der Genehmigungsbehörde bestimmt ("die Behörde bedient sich der Beweismittel"), d.h. es steht im Ermessen der Behörde, welchen Gutachter sie heranzieht. Darüber hinaus wird dieser vom Staat entschädigt, § 26 Abs. 3 Satz 2 VwVfG. Diesen Anforderungen genügt die Tätigkeit des Umweltgutachters nicht. Er wird nicht von der Registrierungsstelle oder von einer anderen Behörde sondern vom Unternehmen ausgesucht und auch von diesem vergütet. Die Registrierungsstelle bedient sich daher zwar fremden Sachverstandes, aber nicht aus eigener Entscheidung, sondern aufgrund der Auswahl des Unternehmens. Anders als bei den Sachverständigengutachten im Verwaltungsverfahren hat nicht die Behörde die Tatsachenfeststellung und -bewertung fremden Sachverstand übertragen, sondern das Unternehmen legt Unterlagen vor, die auf der Tatsachenfeststellung und -bewertung des Sachverstandes des Umweltgutachters beruhen. Aus Sicht der Eintragungsstelle steht der Umweltgutachter "im Lager" des Unternehmens. Er hat die Umwelterklärung für das Unternehmen für gültig erklärt. Es handelt sich bei seiner Validierung um ein sog. Privatgutachten des Unternehmens. Ein solches von den Beteiligten des Verwaltungsverfahrens zur Stützung ihres Vorbringens vorgelegtes Privatgutachten ist kein Gutachten im Sinne des § 26 Abs. 1 VwVfG, da es nicht von der Behörde veranlaßt ist.[1089]

Die Validierung stellt im Zusammenhang mit der Prüfung daher kein Sachverständigengutachten im Sinne des § 26 Abs. 1 VwVfG und insoweit keine Erklärung auf dem Gebiet des öffentlichen Rechts dar.

c. Validierung als sonstiges Beweismittel im Verwaltungsverfahren

Die Validierung könnte ein anderes Beweismittel im Verwaltungsverfahren und insofern eine Erklärung auf dem Gebiet des öffentlichen Rechts darstellen.

Mit der für gültigerklärten Umwelterklärung wird in der Regel glaubhaft gemacht, daß am Standort alle Bedingungen der Verordnung erfüllt werden.[1090]

[1088] Kopp, VwVfG, 1997, § 26 Rn. 19.
[1089] Clausen in: Knack, VwVfG, 1998, § 26 Rn. 4.2.2; Kopp, VwVfG, 1997, § 26 Rn. 24.
[1090] Art. 8 Abs. 1 Satz 1 EMAS-VO i.V.m. § 33 Abs. 1 UAG; vgl. Feldhaus in Rengeling, EUDUR, 1998, Bd. I, § 36 Rn. 72.

Die Glaubhaftmachung ist zwar nicht ausdrücklich im VwVfG genannt. Doch die Aufzählung der Beweismittel in § 26 Abs. 1 Satz 2 VwVfG ist nicht abschließend: die Behörde kann sich der dort aufgeführten Mittel "insbesondere" bedienen. Da Art. 8 EMAS-VO die Glaubhaftmachung sogar zwingend voraussetzt, hat die Eintragungsbehörde sich nach dieser Spezialvorschrift dieses Beweismittels zu bedienen. Die Glaubhaftmachung ist eine Erleichterung der Beweisführung.[1091] Daher ist die Glaubhaftmachung durch Vorlage der validierten Umwelterklärung ein Beweismittel im Verwaltungs-verfahren, in dem über die Eintragung des Standorts entschieden wird.

Die validierte Umwelterklärung stellt als Beweismittel auch eine Urkunde im Sinne von § 26 Abs. 1 Satz 2 Nr. 3 VwVfG dar. Eine Urkunde ist die schriftlich niedergelegte Äußerung von Personen, die einen bestimmten Gedankeninhalt vermitteln.[1092] Auch schriftliche Sachverständigengutachten stellen eine solche Äußerung und damit eine Urkunde dar.[1093] Zwar handelt es sich bei der Validierung nicht um Sachverständigengutachten im Verwaltungsverfahren, doch mit der Validierung, dem Prüfvermerk, gibt der Umweltgutachter schriftlich wieder, daß er den Inhalt der Umwelterklärung, bestätigt und nach seiner Überprüfung der Standort alle Anforderungen der EMAS-VO erfüllt.

Damit stellt die Validierung als Mittel der Glaubhaftmachung und als Urkunde ein Beweismittel im Verwaltungsverfahren dar.

d. Keine Erklärung auf dem Gebiet des öffentlichen Rechts

Aus der Eigenschaft als Beweismittel im öffentlich-rechtlichen Eintragungsverfahren folgt aber noch nicht zwingend, daß die Validierung als Erklärung auf dem Gebiet des öffentlichen Rechts abgegeben wird.

Entscheidend für eine solche Einstufung ist, ob diese Erklärung unmittelbar auf eine Rechtsfolge des öffentlichen Rechts gerichtet ist. Das ist wiederum abhängig vom Adressaten der Erklärung. Wird die Erklärung, ähnlich wie der Antrag auf Eintragung, gegenüber der Eintragungsstelle abgegeben, ist sie unmittelbar darauf gerichtet, daß die Stelle sie als Mittel der Glaubhaftmachung bei ihrer Entscheidung berücksichtigt und insoweit öffentlich-rechtlich. Wird sie

[1091] Clausen, in: Knack, VwVfG, 1998, § 32 Rn. 7.1.
[1092] Kopp, VwVfG, 1997, § 26 Rn. 27.

hingegen nur gegenüber dem Unternehmen abgegeben, ist sie unmittelbar nur darauf gerichtet, daß das Unternehmen eine Bestätigung seiner internen privatrechtlichen Prüfung erhält. Lediglich mittelbar wäre sie auf die öffentlichrechtliche Wirkung gerichtet, daß sie bei der Entscheidung der Eintragungsbehörde erforderlich ist. Für letzteres spricht, daß die validierte Umwelterklärung vom Unternehmen eingereicht wird und der Gutachter selbst nichts gegenüber der Behörde unmittelbar erklärt. Es sind auch keine Maßnahmen der Registerstelle gegenüber dem Gutachter vorgesehen. Auch wenn der Validierung die Zweckbestimmung innewohnt, daß sie im Eintragungsverfahren dokumentieren soll, der Standort stimme mit den Bedingungen der EMAS-VO überein, steht es im Belieben des Unternehmens, ob es sie zur Vorlage verwendet. Der Gutachter bestätigt die Verordnungskonformität für und gegenüber dem Unternehmen, und zwar aufgrund der getroffenen Verein-barung. Er erklärt die Umwelterklärung daher gegenüber seinem Auftraggeber für gültig. Die Erklärung ist daher nur mittelbar auf eine öffentlich-rechtliche Rechtsfolge, die Eintragung, gerichtet. Sie ist daher keine Erklärung auf dem Gebiet des öffentlichen Rechts.

2. Zwischenergebnis

Als Zwischenergebnis ist daher festzuhalten, daß der Umweltgutachter kein Sachverständiger im Verwaltungsverfahren ist, mit seiner Validierung dieses Verfahren und dessen abschließende Entscheidung vorbereitet. Sein Gültigkeitsvermerk ist das von der EMAS-VO vorgesehene entscheidende Beweismittel im Registrierungsverfahren. Der validierten Umwelterklärung kommt damit eine eingeschränkte Beweiswirkung zu, die allerdings durch eine Intervention der Vollzugsbehörde nach Art. 8 Abs. 4 EMAS-VO hinsichtlich Rechtsverstößen aufgehoben werden kann. Sie stellt keine öffentlich-rechtliche sondern eine gegenüber dem Unternehmen abgegebene privatrechtliche Erklärung dar, die in Erfüllung des privatrechtlichen Vertrages zwischen Gutachter und Unternehmen abgegeben wird.

[1093] Kopp, VwVfG, 1997, § 26 Rn. 27.

II. Vergleichbarkeit mit der Tätigkeit des Abschlußprüfers

Für dieses Ergebnis spricht ebenfalls die Vergleichbarkeit mit der handelsrechtlichen Tätigkeit des Abschlußprüfers gemäß den §§ 316 ff. HGB.

Es finden sich zahlreiche strukturelle Ähnlichkeiten mit der Tätigkeit des Abschlußprüfers und der des Umweltgutachters.

Beide haben von Unternehmen vorgelegte Unterlagen auf ihre Richtigkeit und Übereinstimmung mit bestimmten Vorgaben zu kontrollieren. Während der Abschlußprüfer den Jahresabschluß und den Lagebericht von Kapitalgesellschaften zu überprüfen hat,[1094] kontrolliert der Umweltgutachter die Übereinstimmung des Standortes mit den Anforderungen der EMAS-VO und die Zuverlässigkeit der Angaben in der Umwelterklärung[1095].

Beide Prüfer sind berichtspflichtig gegenüber ihrem Auftraggeber: Der Abschlußprüfer hat an die gesetzlichen Vertreter der Kapitalgesellschaften einen unterzeichneten Abschlußbericht vorzulegen.[1096] Der Umweltgutachter hat ebenfalls über seine Prüfung der Unternehmensleitung zu berichten.[1097]

Beide Prüfer haben ihr Prüfungsergebnis in einem Abschlußvermerk zu dokumentieren.

Der Abschlußprüfer hat das Ergebnis seiner Prüfung in einem Bestätigungsvermerk zusammenzufassen.[1098] Der Umweltgutachter hat die Umwelterklärung für gültig zu erklären.[1099]

Die Auftraggeber können die Prüfer frei wählen, allerdings ist ihre Auswahl auf zugelassene Prüfer beschränkt. Abschlußprüfer können nur Wirtschaftsprüfer bzw. Wirtschaftsprüfungsgesellschaften und teilweise vereidigte Buchprüfer sein.[1100] Die Unternehmen dürfen nur zugelassene Umweltgutachter auswählen.[1101]

1094 § 316 Abs. 1 Satz 1 HGB.
1095 Art. 4 Abs. 3 EMAS-VO.
1096 § 321 HGB.
1097 Anhang III B Nr. 2, 3 EMAS-VO.
1098 § 322 HGB.
1099 Art. 4 Abs. 3 EMAS-VO.
1100 § 319 HGB.
1101 Art. 6 EMAS-VO i.V.m. UAG.

In einigen Punkten unterscheiden sich die Regelungen des Abschlußprüferrechts von denen für den Umweltgutachter. Diese Unterschiede sprechen aber nicht gegen eine zivilrechtliche Einordnung der gutachterlichen Tätigkeit.

So ist die Rechtswegzuweisung bei Streitigkeiten zwischen Kapitalgesellschaften und Abschlußprüfern über die Prüfung nicht auf die Meinungsverschiedenheiten zwischen Unternehmen und Umweltgutachtern übertragbar. Während § 324 HGB explizit Zuständigkeiten und Rechtsmittel regelt, fehlt eine solche Regelung in der EMAS-VO oder im UAG.

Die Rechtswegzuweisung des § 324 HGB ist auch nicht analog für den Umweltgutachter anzuwenden. Eine analoge Anwendung kommt nur dann in Betracht, wenn das UAG eine planwidrige Regelungslücke aufweist. Die umfangreichen Regelungen des UAG zum Recht des Umweltgutachterrechts lassen eine solche planwidrige Regelungslücke gerade nicht erkennen. Das UAG verweist ausdrücklich nur in § 30 UAG auf die Haftung des Abschlußprüfers, und in diesem Zusammenhang auch nur auf die Haftungsbeschränkung nach § 323 Abs. 2 HGB. Die übrigen Vorschriften sind damit bewußt ausgeschlossen. Im übrigen hat der Gesetzgeber sich ausdrücklich gegen eine weitere Anwendung des Abschlußprüferrechts ausgesprochen. Für die gutachterliche Tätigkeit habe er die Haftungsobergrenze des § 323 Abs. 2 HGB eingeführt. Die Haftungsgrundlagen richteten sich nach dem allgemeinen Delikts- und Vertragsrecht.[1102] Er betont auch, daß die Regelungen für Wirtschaftsprüfer zwar Regelungsvorbilder, z.B. für die Anforderungen an die Unabhängigkeit und Fachkunde, seien, aber im UAG eigenständige Regelungen für den Umweltgutachter getroffen wurden.[1103]

Damit steht fest, daß der Gesetzgeber bewußt keine weiteren Regelungen getroffen hat, weil er nicht die weiteren Regelungen für den Abschlußprüfer auf den Umweltgutachter angewandt wissen will. Das bedeutet, daß die Rechtswegzuweisung nicht nach § 324 HGB, auch nicht in entsprechender Anwendung erfolgt. Nach dem Willen des Gesetzgebers ist vielmehr auf die allgemeinen zivilrechtlichen Regelungen zurückzugreifen. Da Ansprüche aus Vertrag und Delikt vor den Zivilgerichten zu verfolgen sind, gilt dies auch für die Ansprü-

---

[1102] BT-Drs. 13/1192 S. 33.
[1103] BT-Drs. 13/1192 S. 19 f.

che zwischen Unternehmen und Umweltgutachter. Der nach den Regelungen des UAG und dem ausdrücklichen Willen des Gesetzgebers zu beschreitende Zivilrechtsweg spricht daher für eine zivilrechtliche Einordnung der gutachterlichen Tätigkeit.

Auch der unterschiedliche Aussagegehalt der Gültigerklärung des Umweltgutachters und des Bestätigungsvermerks des Abschlußprüfers läßt wegen § 1 Abs. 2 UAG auf eine zivilrechtliche Erklärung schließen. Die Aufnahme des Betriebsprüfungsberichts in Jahresabschlüsse oder Lageberichte entbindet den Abschlußprüfer nicht von seiner Verantwortlichkeit, so daß er trotz Vorlage dieser Unterlagen weiterhin zur eigenständigen Prüfung verpflichtet bleibt. Der Betriebsprüfungsbericht kann allenfalls als Indiz bei dieser Prüfung herangezogen werden. Das bedeutet gleichzeitig, daß die Validierung, die auch das Betriebsprüfungsergebnis bestätigt, ebenfalls für den Abschlußprüfer keine unmittelbare rechtliche Wirkung entfaltet. Im Gegensatz zu einer Bindungswirkung, die durch einen bestandskräftigen Verwaltungsakt eintreten kann, sind die Feststellungen des Umweltgutachters für den Abschlußprüfer unverbindlich. Die Unverbindlichkeit der Entscheidung des Gutachters spricht daher ebenfalls für eine zivilrechtliche Tätigkeit.

III. Privatrechtliche Einordnung

Die Validierung hat zwar als (zwingende) Eintragungsvoraussetzung eine mittelbare öffentlich-rechtliche Funktion, da nur mit ihr die Eintragung möglich ist. Sie ist gleichwohl als privatrechtlicher Bestätigungsvermerk gegenüber dem Unternehmen einzustufen. Hinsichtlich der Validierung kann der Umweltgutachter seine Befugnisse nur aus dem Vertrag stützen, auch wenn diese Befugnisse im wesentlichen von der EMAS-VO vorgegeben sind.

IV. Einstufung als Werkvertrag

Dabei handelt es sich auch entgegen anders lautender Ansichten um einen Werkvertrag. Der Gutachter schuldet nicht nur eine Tätigkeit, was für einen Dienstvertrag spräche, sondern auch ein konkretes Ergebnis seiner Prüfung, ähnlich einem Sachverständigengutachten und damit einen Erfolg. Gegen die Einordnung als Werkvertrag spricht auch nicht, daß die Validierung nur bedingt geschuldet wird, da sie nur bei dem Ergebnis, daß der Standort alle Anforderungen der EMAS-VO erfüllt, erteilt wird. Denn eine Leistungshandlung kann auch von Bedingungen abhängig gemacht werden.[1104] Folglich ist in der Vereinbarung zwischen Unternehmen und Umweltgutachter ein Werkvertrag zu sehen, der die Prüfung und vom Prüfungsergebnis abhängige Abschlußentscheidung zum Inhalt hat. Prüfung und Abschlußentscheidung, d.h. gegebenenfalls Validierung, stellen die Erfüllung dieses Werkvertrages dar. Streitigkeiten zwischen Unternehmen und Umweltgutachter, z.B. die Klage auf Validierung oder Regreßprozesse sind daher grundsätzlich vor den Zivilgerichten auszutragen.

Das Unternehmen hat auch aus diesem Vertrag einen gegen den Umweltgutachter gerichteten Erfüllungsanspruch auf Erteilung der Validierung, wenn der Standort alle Bedingungen der EMAS-VO erfüllt.

Insofern ist die Rechtslage beim Bestätigungsvermerk des Abschlußprüfers mit dieser Situation wiederum vergleichbar.

Auf die Erteilung des Bestätigungsvermerks hat die Kapitalgesellschaft einen vor dem Prozeßgericht einklagbaren Anspruch, wenn gegen den Jahresabschluß keine wesentlichen Einwendungen zu erheben sind, dieser also den Anforderungen der §§ 297 ff. HGB entspricht.[1105] Dies ergibt sich im Umkehrschluß aus § 322 Abs. 4 Satz 1 HGB.

Der Bestätigungsvermerk ist Gesamturteil auf Grund der Prüfung. Rein rechtlich ist seine Bedeutung begrenzt, da § 316 Abs. 1 Satz 2 HGB nur die Prüfung, nicht aber die Erteilung des uneingeschränkten Bestätigungsvermerks fordert. Tatsächlich ist die Bedeutung allerdings groß.[1106]

Auch der Umweltgutachter ist verpflichtet, die Umwelterklärung für gültig zu erklären, wenn der Standort den Vorgaben der Verordnung entspricht, Art. 4 Abs. 3 und Anhang III EMAS-VO. Wenn der Gutachter bei diesen Voraussetzungen verpflichtet ist, zu validieren, muß sich konsequenterweise auch ein Recht des Unternehmens auf die Validierung ergeben.

[1104] BGH, Urteil vom 10.10.1984 - VIII ZR 244/83 - in: NJW 1985, S. 376 (377); Palandt-Heinrichs, BGB, 2000, § 362 Rn. 11; OLG Dresden, Urteil vom 26.04.1995 - 8 U 1551/94 - in: NJW-RR 1996, S. 625.
[1105] Baumbach/Duden/Hopt, HGB, 1995, § 322 Rn. 2, 6.
[1106] Baumbach/Duden/Hopt, HGB, 1995, § 322 Rn. 1.

Da diese Bestimmungen notwendiger Bestandteil des Vertrages sind, ergibt sich der Anspruch bereits aus dem Vertrag.

Es besteht daher auch ein vor den Zivilgerichten einklagbarer Anspruch auf Validierung, wenn der Standort alle Anforderungen der EMAS-VO erfüllt.

Bei Verweigerung der Validierung besteht auch keine Möglichkeit des Unternehmens, die Registrierungsstelle als Verwaltungsbehörde auf Eintragung vor dem Verwaltungsgericht zu verklagen, da gemäß Art. 8 Abs. 1 Satz 1 EMAS-VO die Gültigerklärung Voraussetzung für die Eintragung ist. Die Registrierungsstelle ist gezwungen, bei Verweigerung der Validierung des Gutachters keine Eintragung vorzunehmen, da die Eintragungsvoraussetzung validierte Umwelterklärung fehlt.

V. Funktion und Wirkung der Validierung

Gegenüber der Öffentlichkeit entfaltet die Validierung für sich isoliert betrachtet, keine Rechtswirkung. Nicht der Prüfvermerk des Gutachters dokumentiert für die Öffentlichkeit unmittelbar, daß der Standort die Bedingungen der EMAS-VO erfüllt, sondern erst, wenn das Unternehmen die Teilnahmeerklärung in Verbindung mit der Umwelterklärung und der darin enthaltenden Validierung verwendet. Lediglich mittelbar bestätigt die Validierung für die Öffentlichkeit die Verordnungskonformität des Standorts.

Von der Funktion her hat die Validierung gegenüber der Eintragungsstelle die gleiche wie das ISO-Zertifikat gegenüber Mitbewerbern und Vertragspartnern. Das Unternehmen legt einen Nachweis vor, daß es den Bedingungen des jeweiligen Umweltmanagementsystems entspricht und zwar durch Überprüfung einer externen Stelle. Inhaltlich ist sie allerdings umfangreicher, wie sich aus Art. 12 EMAS-VO ergibt. Internationale Normen können nur soweit anerkannt werden, wie sich nach ihren System dokumentieren läßt, daß ein Standort bestimmte Anforderungen der EMAS-VO erfüllt. Die Überprüfung der darüber hinaus gehenden Anforderungen der EMAS-VO können durch ein solches Zertifikat nicht ersetzt werden.

E. Ergebnis

Die Validierung stellt daher einen neuen Typus auf der Ebene des europäischen Umweltrechts dar. Sie ist ein von einem staatlich zugelassen privaten Gutachter privatrechtlicher Bestätigungsvermerk, der mittelbare öffentlich-rechtliche Wirkungen hat. Seine Tätigkeit entbindet die Eintragungsstelle zwar nicht völlig von der Tatsachenfeststellung, erleichtert ihr aber diese Feststellung in erheblichem Maße. Die Validierung stellt daher ein weiteres Beispiel für die Nutzung privaten Sachverstandes zur Verbesserung des Umweltschutzes dar.

F. Rechtsschutzprobleme

I. Streitigkeiten zwischen Unternehmen und Umweltgutachter

Da es sich um einen Werkvertrag zwischen Gutachter und Unternehmen handelt, sind Rechtstreitigkeiten vor den Zivilgerichten auszutragen.[1107]

Die Haftung des Umweltgutachters ist weitgehend wie die des handelsrechtlichen Abschlußprüfers ausgestaltet, mit der Ausnahme der Haftungsbegrenzung bzw. des Haftungsausschlusses.[1108]

II. Amtshaftungsansprüche

Fraglich ist, ob sich aus der behördlichen Zulassung von Umweltgutachtern Amtspflichten gegenüber Dritten ableiten lassen, wobei zum einen an die Unternehmen selbst, zum anderen an betroffenen Dritte zu denken ist.[1109]

Nach einer Ansicht[1110] scheiden Amtshaftungsansprüche scheiden aus, da der Umweltgutachter anders als TÜV-Sachverständige bei Untersuchungen gemäß § 29 StVZO keine behördliche Entscheidung vorprägen.

Der Sachverständige des TÜV übt im Rahmen der Untersuchung eines Fahrzeugs nach § 29 StVZO eine hoheitliche Tätigkeit aus, so daß für seine Amts-

---

[1107] vgl. zum Inhalt möglicher Ansprüche und Rechtstreitigkeiten: Sellner/Schnutenhaus, Umweltmanagement, NVwZ 1993, S. 928 (934); Schneider, Öko-Audit, Die Verwaltung 1995, S. 361 (383); Müggenborg, Prüfungsumfang, DB 1996, S. 125 (129); Kothe, UmweltauditR, 1997, Rn. 382 ff..

[1108] siehe Kothe, UmweltauditR, 1997, Rn. 387 Fn. 314.

[1109] Diese Frage wurde aufgeworfen von Sellner/Schnutenhaus, Umweltmanagement, NVwZ 1993, S. 928 (934)

[1110] Schneider, Öko-Audit, Die Verwaltung, 1995, S. 361 (383).

pflichtverletzungen nicht der TÜV sondern der Staat einzustehen hat.[1111] Zur Begründung wird angeführt, daß der Sachverständige in die polizeiliche Überwachungstätigkeit nach § 29 StVZO maßgeblich eingeschaltet sei, auch wenn der TÜV selbst keine Verwaltungsakte erlasse. Die Entscheidung der Behörde sei mit der Tätigkeit des Sachverständigen praktisch gefallen, seine Tätigkeit hinge aufs engste mit der Erteilung der Prüfplakette zusammen.

Ebenso übt der TÜV-Sachverständige bei der Überprüfung einer überwachungsbedürftigen Anlage im Sinne des § 24 GewO i.V.m. der Druckbehälterverordnung eine hoheitliche Tätigkeit aus.[1112]

Allerdings ist nicht jede Sachverständigentätigkeit als hoheitlich zu bewerten. So hat der BGH[1113] die Tätigkeit eines Hochschulinstituts als Prüfstelle für Haushaltsgeräte nicht als hoheitlich eingestuft. Zwar mache sich der Staat die besondere Sachkunde der Prüfstelle zu eigen, doch sie sei nicht derart eng in die hoheitliche Verwaltungstätigkeit eingeschaltet, als daß sie die behördliche Entscheidung vorpräge.

Im Rahmen des EMAS-Systems macht sich die Registrierungsstelle das besondere Fachwissen des Umweltgutachters, das dieser bei seiner Prüfung eingesetzt hat, zu eigen. Doch im Gegensatz zum TÜV nimmt der Umweltgutachter die Entscheidung der Registrierungsstelle nicht vorweg. So kann die Eintragung auch noch abgelehnt werden, etwa weil das Unternehmen nicht alle Unterlagen vorlegt oder aber die Eintragungsstelle auf andere Weise davon erfährt, daß der Standort nicht alle Bedingungen der Verordnung erfüllt, oder aber die Vollzugsbehörde von einem Rechtsverstoß am Standort unterrichtet. Die Validierung ist daher eine wichtige, aber nicht die einzige Voraussetzung der Eintragung und nimmt diese Entscheidung daher nicht vorweg. Der Umweltgutachter wird deswegen auch nicht hoheitlich tätig. Eine Amtshaftung scheidet daher aus.

[1111] OLG Köln, Urteil vom 16.12.1988 - 6 U 83/88 - in: NJW 1989, S. 2065.
[1112] BGH, Urteil vom 25.03.1993 - III ZR 34/92 - in: BGHZ 122, 85 ff.

III. Strafrechtliche Verantwortlichkeit des Umweltgutachters

Eine strafrechtliche Verantwortlichkeit des Umweltgutachters kommt nur bei fehlerhafter Validierung in Betracht und entspricht in etwa der Verantwortlichkeit des Betriebsbeauftragten für Umweltschutz.[1114]

Hinzuweisen ist darauf, daß die Verletzung seiner Verschwiegenheitspflicht zu keiner Strafbarkeit führt. Denn der einschlägige § 203 Abs. 2 Nr. 5 StGB erfaßt nur den nach § 36 GewO öffentlich bestellten Sachverständigen.[1115]

Der Umweltgutachter kann aber bei Verletzung seiner Pflichten eine Ordnungswidrigkeit nach § 37 UAG begehen, die mit einer Geldbuße mit zu DM 50.000,- geahndet werden kann.[1116]

IV. Streitigkeiten zwischen Zulassungsstelle und Umweltgutachter

Bereits im Rahmen der Darstellung des Zulassungsverfahrens[1117] wurde darauf hingewiesen, daß es sich bei der Erteilung von Zulassungen und Fachkenntnisbescheinigungen um Verwaltungsakte handelt, gegen die Rechtsschutz vor den Verwaltungsgerichten gegeben ist.[1118]

Gegen die Entscheidungen der Zulassungsstelle (Erteilung von Zulassung und Fachkenntnisbescheinigungen und Aufsichtsmaßnahmen) ist zunächst Widerspruch einzulegen, über den der Widerspruchsausschuß nach den Vorschriften der §§ 25 UAG, 68 bis 73 VwGO entscheidet.[1119]

Bei erfolglosem Widerspruch können die Rechte im verwaltungsgerichtlichen Verfahren im Wege der Anfechtungs- oder Verpflichtungsklage und entsprechend §§ 80, 123 VwGO im vorläufigen Rechtsschutzverfahren durch-gesetzt werden; Konkurrentenklagen sind nicht denkbar, da die Zulassungen und Fachkenntnisbescheinigungen nicht kontingentiert sind.[1120]

1113 BGH, Urteil vom 09.02.1978 - III ZR 160/75, Karlsruhe - in: VersR 1978, S. 518 ff.

1114 zur strafrechtlichen Verantwortung des Gutachters insgesamt: Kothe, UmweltauditR, 1997, Rn. 490 ff.

1115 Ewer in: Ewer/Lechelt/Theuer, Hdb. Umweltaudit, 1998, Teil E Rn. 59; Tröndle/Fischer, StGB, 1999, § 203 Rn. 25.

1116 vgl. zum Bußgeldkatalog des UAG: 9. Kapitel Abschnitt A. II. 2.

1117 8. Kapitel Abschnitt F. II.

1118 generell: Sellner/Schnutenhaus, Umweltmanagement, NVwZ 1993, S. 928 (934); Kothe, UmweltauditR, 1997, Rn. 484.

1119 10. Kapitel Abschnitt B. I.

1120 Kothe, UmweltauditR, 1997, Rn. 485.

Da die Entscheidung über die mündliche Prüfung unselbständiger Teil des Zulassungsverfahrens ist,[1121] scheidet eine selbständige Anfechtung des Prüfungsergebnisses aus; sie kann nur mit der abschließenden Sachentscheidung angefochten werden, § 44 a VwGO.[1122]

Die Zulassung bzw. Erteilung der Fachkenntnisbescheinigung kann nur im Wege der Verpflichtungsklage, nicht aber im Wege der Bescheidungsklage, erreicht werden, da es sich nach §§ 8 Abs. 2, 9 Abs. 1 und 10 Abs. 2 UAG jeweils um gebundene Entscheidungen handelt; mit Ausnahme der Feststellung der Fachkenntnisse handelt sich um objektiv bestimmbare Zulassungskriterien, die einer uneingeschränkten gerichtlichen Kontrolle unterliegen.[1123]

Bei der Beurteilung der Fachkenntnisse durch die mündliche Prüfung handelt es sich hingegen nicht um eine Ermessensentscheidung, die nach § 114 VwGO einer gerichtlichen Prüfung zugänglich wäre, sondern um eine Prüfungsentscheidung, die den Prüfern einen nicht gerichtlich überprüfbaren Beurteilungsspielraum eröffnet; ihre Entscheidung ist nur darauf hin vom Gericht zu kontrollieren, ob Verfahrensvorschriften (§§ 12 UAG, 4 UAGZVV und Richtlinien des Umweltgutachterausschusses) eingehalten wurden, verfassungsrechtliche Grundsätze, wie z.B. der Gleichheitssatz nach Art. 3 GG, beachtet wurden, die Prüfungsentscheidung auf richtige Tatsachen beruhte, allgemeine Bewertungsgrundsätze beachtet wurden und die Prüfer nicht von sachfremden Erwägungen ausgingen.[1124]

Eine wohl selten vorkommende Klage dürfte diejenige aus dem Anspruch auf Informationsgewährung gemäß § 14 Abs. 2 UAG sein; dieser Anspruch ist mittels einer Verpflichtungsklage - bei Überschreitung der zweimonatigen Bescheidungsfrist des § 5 Abs. 2 Satz 2 UIG in Form der Untätigkeitsklage[1125] - vor den Verwaltungsgerichten zu verfolgen.

Auch hinsichtlich des Rechtsschutzes gegenüber Maßnahmen der Aufsicht durch die Zulassungsstelle ist der Verwaltungsrechtsweg gegeben.

1121 § 12 Abs. 1 Satz 1 UAG.
1122 BT-Drs. 13/1192 S. 92; Kothe, UmweltauditR, 1997, Rn. 486.
1123 Kothe, UmweltauditR, 1997, Rn. 487.
1124 BVerwG, Beschluß vom 23.02.1962 - VII B 21.61 - in: BVerfGE 14, 31 (35); Kothe, UmweltauditR, 1997, Rn. 488; Kopp/Schenke, VwGO, 1998, § 114 Rn. 30.
1125 § 75 VwGO.

Bei der Ausgestaltung der Rechtsschutzmöglichkeiten des Umweltgutachters gegenüber der Zulassungsstelle kommt nochmals klar zum Ausdruck, daß der Gutachter nicht der Verwaltung angehört. Er ist ein außerhalb der Verwaltung stehendes Privatrechtssubjekt.

V. Streitigkeiten zwischen Umweltgutachter und Registrierungsstelle

Rechtsschutz gegenüber Maßnahmen der Registrierungsstelle hat der Umweltgutachter nicht. Eine Ablehnung der Eintragung des Standorts wegen angeblicher fehlerhafter Validierung führt nicht zu einem Anspruch des Gutachters auf Eintragung, der gerichtlich durchzusetzen wäre. Anspruchs-inhaber ist das jeweilige Unternehmen mit seinem Standort. Ein solcher Anspruch ergibt sich mittelbar aus Art. 8 Abs. 1 EMAS-VO, nachdem die Eintragung zu erfolgen hat, wenn das Unternehmen die erforderlichen Unterlagen vorlegt.

VI. Zusammenfassung

Streitigkeiten zwischen Umweltgutachter und Unternehmen gehören ausschließlich vor die Zivilgerichte. Verwaltungsrechtsschutz ist gegen jedwede Tätigkeit der Zulassungsstelle gegeben. Gegenüber der Registrierungsstelle besteht kein Rechtsschutz. Strafrechtlich ist der Umweltgutachter in etwa wie der Betriebsbeauftragte für Umweltschutz verantwortlich. Der Umweltgutachter nimmt insofern als Freiberufler keine Sonderstellung ein.

4. Teil: Die Unterschiede zum Zertifizierer nach ISO 14001:1996

18. Kapitel: Die Normenserie ISO 14000 ff.

Parallel zur Verabschiedung der EMAS-VO wurde auf internationaler Normierungsebene von der Internationalen Standardisierungs-Organisation die Normenserie ISO 14000 ff. entwickelt. Sie umfaßt die Norm ISO 14001:1996 (Umweltmanagementsysteme - Spezifikation mit Anleitung zur Anwendung)[1126] und die dazugehörigen Leitfäden ISO 14004:1996 (Umweltmanagementsysteme - Allgemeiner Leitfaden über Grundsätze über Systeme und Hilfs-

[1126] Als DIN EN ISO 14001 im Oktober 1996 veröffentlicht.

instrumente)[1127], ISO 14010:1996 (Leitfäden für Umweltaudits - Allgemeine Grundsätze)[1128], ISO 14011:1996 (Leitfäden für Umweltaudits - Auditverfahren - Audit von Umweltmanagementsystemen)[1129] und ISO 14012:1996 (Leitfäden für Umweltaudits - Qualifikationskriterien für Umweltauditoren)[1130], die keinen Normcharakter haben.[1131] In Vorbereitung ist die Norm ISO 14050 ("Umweltmanagement - Begriffe und Definitionen") sowie Normen zur Umweltkennzeichnung (ISO 14020 - 14025: Environmental labelling), zur Evaluierung von umweltbezogenem Verhalten (ISO 14031: Environmental performance evaluation methodology) und zur Produkt-Ökobilanzierung (ISO 14040-14043: Life cycle assessment).[1132]

19. Kapitel: Vergleich von ISO 14001:1996 und der EMAS-VO

A. Kurzdarstellung des ISO 14001 - Systems

Die weltweit geltende[1133] Norm ISO 14001:1996 (Umweltmanagementsysteme - Spezifikation mit Anleitung zur Anwendung) hat als Normenvorbild die Normenfamilie zum Qualitätsmanagement ISO 9000. Aufgrund dieses Vorbilds, das sich nicht an inhaltlichen Qualitätsanforderungen, sondern Management-strukturen zur Erreichung eines selbstgesteckten Qualitätsziels für die Produkte ausrichtet, ist auch die Norm ISO 14001:1996 weitgehend unabhängig von materiellen Ansprüchen und beschreibt eine umweltbezogene Aufbau- und Ablauforganisation.[1134]

Adressaten der Norm sind alle Arten von Organisation[1135], d.h. jedwede Gesellschaft, Körperschaft, Betrieb, Unternehmen, Institution oder Kombination oder

---

[1127] Als DIN EN ISO 14004 im Januar 1998 veröffentlicht.
[1128] Als DIN EN ISO 14010 im November 1996 veröffenltlicht.
[1129] Als DIN EN ISO 14011 im November 1996 veröffentlicht.
[1130] Als DIN EN ISO 14012 im November 1996 veröffenltlicht.
[1131] Feldhaus, Wettbewerb, UPR 1998, S. 41.
[1132] Scherer/Bartsch in: Landmann/Rohmer, UmweltR, 1998, Bd. III, Vorb. UAG Rn. 148.
[1133] Auf die wegen dieser Geltung benutzten kompromißhaften Formulierungen und den insoweit gefundenen kleinsten gemeinsamen Nenner weist hin: Waskow, Betriebliches Umweltmanagement, 2. Aufl., 1997, S. 87 f.
[1134] Waskow, Betriebliches Umweltmanagement, 2. Aufl. 1997, S. 87.
[1135] ISO 14001:1996 Art. 4.1. Nach Art. 3 RevE EMAS-VO sind Organisation teilnahmeberechtigt am EMAS-System.

Teil davon, eingetragen oder nicht, öffentlich oder privat, mit eigener Funktion oder Verwaltung.[1136]

Das zyklische Konzept nach ISO 14001:1996 beinhaltet die Elemente Planung, Umsetzung, Kontrolle und Systemüberprüfung.[1137]

Basis für die konkrete Maßnahmenplanung ist die Festlegung einer Umweltpolitik durch die Organisation.[1138] Die Umweltpolitik ist von der obersten Leitung der Organisation festzulegen. Sie muß dokumentiert, allen Beschäftigten der Organisation bekanntgegeben werden und der Öffentlichkeit zugänglich sein.[1139]

Sie muß die Verpflichtung zur Einhaltung der relevanten gesetzlichen Umweltbestimmungen beinhalten.[1140] Die Organisation muß auch sicherstellen, daß die Umweltpolitik eine Verpflichtung zur kontinuierlichen Verbesserung enthält.[1141]

Darüber hinaus muß die Umweltpolitik eine Verpflichtung zur Verhütung von Umweltbelastungen beinhalten.[1142] Die Umweltpolitik bildet dabei den Rahmen von umweltbezogenen Zielsetzungen und Einzelzielen.[1143]

Im normativen Teil von ISO 14001:1996 ist eine Umweltprüfung nicht vorgesehen.[1144]

Die nach Festlegung der Umweltpolitik folgende Planungsphase beinhaltet vier Elemente: Die Einführung eines Verfahrens für die Ermittlung von Umweltaspekten als Grundlage der Zielfestlegungen[1145], die Einführung eines Verfahrens zur Ermittlung und Zugänglichmachung von relevanten gesetzlichen und anderen Forderungen[1146], die Festlegung von Zielsetzungen und Endzie-

---

1136 ISO 14001:1996 Art. 3.12. Art. 2 s RevE EMAS-VO übernimmt diesen Organisationsbegriff.

1137 vgl. ISO 14001:1996 Nr. A.1.

1138 ISO 14001:1996 Art. 4.2.

1139 ISO 14001:1996 Art. 4.2. e, f.

1140 ISO 14001:1996 Art. 4.2. c.

1141 ISO 14001:1996 Art. 4.2. b.

1142 ISO 14001:1996 Art. 4.2. b.

1143 ISO 14001:1996 Art. 4.2. d.

1144 Auf diesen Umstand weist hin: Waskow, Betriebliches Umweltmanagement, 2. Aufl. 1997, S. 91.

1145 ISO 14001:1996 Art. 4.3.1.

1146 ISO 14001:1996 Art. 4.3.2.

len[1147] und die Erstellung eines oder mehrerer Umweltmanagementprogramme zur Verwirklichung der Zielsetzungen und Endziele[1148].

Danach sind die Planungsvorgaben umzusetzen und durchzuführen.[1149] Die Umsetzung der Zielvorgaben wird durch Überwachung und Korrekturmaßnahmen sichergestellt.[1150] Letztes Element des zyklisch-dynamischen Planungsprozesses ist die Überprüfung und Bewertung des Umweltmanagementsystems durch die oberste Leitung,[1151] wobei der Wortlaut offen läßt, ob es sich um eine Prüfung der Umweltleistung oder nur des Managementsystems handelt.[1152]

B. Gemeinsamkeiten von beiden Systemen

ISO 14001:1996 und die EMAS-VO weisen einige Gemeinsamkeiten auf.

Unternehmen, die sich freiwillig an den Systemen beteiligen, werden Instrumente angeboten, durch deren Anwendung der betriebliche Umweltschutz verbessert werden kann und soll. Es ist ein Umweltmanagementsystem zu etablieren, aufrechtzuerhalten und weiterzuentwickeln und eine Umweltbetriebsprüfung bzw. ein Umweltaudit vorzunehmen. Nach ISO 14001:1996 sind innerhalb des Umweltmanagementsystems ebenfalls eine Umweltpolitik und ein Umweltprogramm festzulegen. Beide System stehen daher wegen dieser gemeinsamen, wenn auch in Einzelheiten unterschiedlich ausgestalteten Elemente im Wettbewerb zueinander[1153].

C. Unterschiede zwischen beiden Systemen

Es bestehen allerdings auch beträchtliche Unterschiede zwischen beiden Systemen.

1147 ISO 14001:1996 Art. 4.3.3.

1148 ISO 14001:1996 Art. 4.3.4.

1149 ISO 14001:1996 Art. 4.4.

1150 ISO 14001:1996 Art. 4.5.

1151 ISO 14001:1996 Art. 4.6.

1152 Auf diesen Umstand weist hin: Waskow, Betriebliches Umweltmanagement, 2. Aufl. 1997, S. 94.

1153 zum Wettbewerb der beiden Systeme: Dyllick, EU-Verordnung, ZfU 1995, S. 299; Feldhaus, Wettbewerb, UPR 1998, S. 41.

Bei der ISO-Normenreihe handelt es sich um eine rein privatwirtschaftliche Lösung, während die EMAS-VO durch die Regelungen über Zulassung, Aufsicht und Standortregistrierung hoheitliche Elemente aufweist.

ISO 14001:1996 beansprucht weltweite Geltung. Dagegen ist der Geltungsbereich der EMAS-VO auf den Wirtschaftsraum von EU und EWR beschränkt.

Folgende Elemente sind bei der ursprünglichen EMAS-VO und der Normenreihe ISO:14000 ff. noch unterschiedlich ausgestaltet, werden jedoch bei der Revision der EMAS-VO angeglichen werden:

Während die EMAS-VO eine Standortüberprüfung vorsieht, ist die ISO-14000er-Reihe organisations- bzw. unternehmensbezogen.

Am EMAS-System können fast ausschließlich Standorte teilnehmen, an denen eine gewerbliche Tätigkeit ausgeübt wird, sofern keine Ausdehnung auf andere Bereiche wie z.B. in der UAG-ErwV vorgesehen ist. ISO 14001:1996 steht jeder Organisation offen.

ISO 14001:1996 bezieht sich auch auf Produkte und deren ökologische Wirkung, während die EMAS-VO Produkte zunächst weitgehend[1154] ausgeklammert hat.

Die EMAS-VO sieht in der Umweltpolitik die Verpflichtung zu kontinuierlichen Verbesserung des Umweltschutzes vor[1155] und damit eine Verbesserung des Zustandes.[1156] ISO 14001:1996 fordert hingegen eine "Verpflichtung zur kontinuierlichen Verbesserung"[1157], worunter eine "Weiterentwicklung des Umweltmanagements, um ... Verbesserungen der umweltorientierten Leistung insgesamt zu erzielen"[1158], verstanden wird. Es wird also lediglich eine Verbesserung des Instruments Umweltmanagementsystems verlangt.[1159] Die Verbesserung des Umweltmanagementsystems dient zwar der Absicht, hierdurch auch

[1154] Eine Ausnahme stellen insoweit die Bestimmungen des Anhangs I D Nr. 2 und 10 EMAS-VO dar, die aber lediglich eine bloße Vorausbeurteilungs- und Beratungspflicht bezogen auf die Produkte beinhalten und keine Anforderungen an die Umweltverträglichkeit der Produkte stellen; vgl. Ewer in: Ewer/Lechelt/Theuer, Hdb. Umweltaudit, 1998, Teil E. Rn. 14.

[1155] Art. 3 a EMAS-VO.

[1156] Feldhaus, Wettbewerb, UPR 1998, S. 41 (43).

[1157] ISO 14001:1996, Art. 4.2. b.

[1158] ISO 14001:1996, Art. 3.1.

[1159] Waskow, Betriebliches Umweltmanagement, 2. Aufl. 1997, S. 90; Feldhaus, Wettbewerb, UPR 1998, S. 41 (43).

die Umweltleistung zu verbessern, ob es dies effektiv tut, ist jedoch nicht im Rahmen der ISO-Norm zu prüfen.[1160]

Die Leistungsmaßstäbe der EMAS-VO beziehen sich auf die Einhaltung der einschlägigen Umweltvorschriften und die Verbesserung des betrieblichen Umweltschutzes mit der wirtschaftlich vertretbaren Anwendung der besten verfügbaren Technik (EVABAT).[1161] ISO 14001:1996 verlangt hingegen die Einhaltung der relevanten Umweltgesetze und -regulierungen sowie anderer Verpflichtungen, die das Unternehmen eingegangen ist, sowie ein Bekenntnis zur kontinuierlichen Verbesserung und zur Vermeidung von Umweltbelastungen,[1162] ohne einen Maßstab hierfür zu geben.[1163] Die Anwendung der besten verfügbaren Technologie ist nicht erforderlich, sondern wird nur allgemein empfohlen: Das Umweltmanagementsystem soll lediglich dazu anhalten, die beste verfügbare Technik einzusetzen, sofern dies wirtschaftlich durchführbar und kostensparend ist und als geeignet beurteilt wird.[1164] Das materielle Anspruchsprofil ist daher bei der EMAS-VO höher.[1165]

Die Unterschiedlichkeit der materiellen Anforderungen wird auch nach der Revision der EMAS-VO bestehen bleiben. Zwar wird innerhalb der Umweltpolitik nicht mehr verlangt werden, die Verbesserung des betrieblichen Umweltschutzes mit der wirtschaftlich vertretbaren Anwendung der besten verfügbaren Technik zu erreichen, und es wird bei den Anforderungen an das Umweltmanagementsystem auf ISO 14001:1996 verwiesen werden[1166]. Doch an das Umweltmanagementsystem nach der EMAS-VO werden zusätzlich materielle Anforderungen gestellt werden.[1167] So müssen die teilnehmenden Organisation die

---

[1160] vgl. ISO 14001: 1996, Art. 3.1. und Anhang A.1. Dyllick, EU-Verordnung, ZfU 1995, S. 299 (336); ebenso Feldhaus, Wettbewerb, UPR 1998, S. 41 (43), der darauf hinweist, daß das in der Praxis vorgetragene Argument der "praktischen Vernunft" nicht greift, nach dem es beiden Systemen letztendlich auf eine Verbesserung der umweltorientierten Leistung ankomme, da die Weiterentwicklung des Umweltmanagementsystems nicht genauso meßbar sei wie die Überprüfung der tatsächlichen Verbesserung des betrieblichen Umweltschutzes im Rahmen der Umweltbetriebsprüfung.

[1161] Art. 3 a EMAS-VO.

[1162] ISO 14001:1996, Art. 4 c und b.

[1163] Feldhaus, Wettbewerb, UPR 1998, S. 41 (43).

[1164] ISO 14001:1996, Einleitung S. 5, Abschnitt 3 und Anhang A.3.3.

[1165] Feldhaus, Wettbewerb, UPR 1998, S. 41 (43).

[1166] Anhang I A RevE EMAS-VO.

[1167] Anhang I B RevE EMAS-VO.

Einhaltung von Rechtsvorschriften [1168] und den betrieblichen Umweltschutz nachweisen[1169], einen offenen Dialog mit externen Kreisen führen[1170] und die Arbeitnehmer mit einbeziehen[1171]. Die Errichtung des Umweltmanagementsystems nach der EMAS-VO wird daher ein System nach ISO 14001:1996 mit diesen zusätzlichen Anforderungen verlangen.

Nach der EMAS-VO ist die Umweltbetriebsprüfung regelmäßig, d.h. spätestens alle drei Jahre durchzuführen, so daß die Dynamisierung des betrieblichen Umweltschutzes durch die regelmäßige Anwendung des Systems garantiert ist. Innerhalb von ISO 14001:1996 wird der obersten Geschäftsleitung lediglich aufgetragen, in gewissen Zeitabständen das Umweltmanagementsystem dahingehend zu überprüfen, ob es noch den Umständen entspricht, angemessen und effektiv ist.[1172] Eine Pflicht zur regelmäßigen Überprüfung ist nicht vorgesehen, so daß es den Organisationen frei steht, wann sie sich dem nächsten Audit unterziehen.

Die inhaltlichen Unterschiede hinsichtlich des Umweltmanagementsystems und der Umweltbetriebsprüfung zeigen, daß die EMAS-VO inhaltlich strengere Anforderungen an die Teilnehmer stellt. Ein Standort bzw. eine Organisation, die bereits ein Umweltmanagementsystem nach ISO 14001:1996 aufgebaut hat, kann dies jedoch als Grundlage für eine Teilnahme am EMAS-System verwenden. Dies zeigt auch Art. 12 EMAS-VO in Verbindung mit der Anerkennungsentscheidung der Kommission. Denn soweit der Standort bzw. die Organisation die Anforderungen von den anerkannten Normen der ISO 14001:1996 erfüllt und dies von einem Umweltgutachter bescheinigt wird, gelten die Anforderungen der EMAS-VO als erfüllt. Mit der Revision der EMAS-VO, die die Anforderungen an das Umweltmanagementsystem nach ISO 14001:1996 übernimmt, wird diese Zertifizierung obsolet. Die Organisation muß aber noch die o.g. zusätzlichen Anforderungen erfüllen, damit es den Bedingungen der EMAS-VO entspricht, so daß es bei einem höheren materiellen Standard bei der EMAS-VO verbleibt.

[1168] Anhang I B 9 RevE EMAS-VO.
[1169] Anhang I B 10 RevE EMAS-VO.
[1170] Anhang I B 11 RevE EMAS-VO.
[1171] Anhang I B 12 RevE EMAS-VO.
[1172] ISO 14001:1996, Art. 4.6.

Ein weiterer grundlegender Unterschied zwischen beiden Systemen, der auch nach der Revision der EMAS-VO bestehen bleiben wird, ist, daß die EMAS-VO im Gegensatz zu ISO 14001:1996 eine Reihe von außenwirksamen Elementen aufweist.

Dies sind namentlich die Pflicht zur Erstellung einer Umwelterklärung für Öffentlichkeit, die vorgeschriebene Prüfung durch einen staatlich zugelassenen und beaufsichtigten unabhängigen externen Umweltgutachter sowie die Eintragung in das Standortregister und die Befugnis zur Verwendung der Teilnahmeerklärung.

Nach ISO 14001:1996 besteht keine Veröffentlichungspflicht, wie sie von der EMAS-VO für die Umwelterklärung verlangt wird. Es wird nur unverbindlich gefordert, daß entsprechende externe Kommunikationen zu prüfen und in Betracht zu ziehen sind[1173] und die Umweltpolitik der Öffentlichkeit zugänglich zu machen ist.[1174]

Die Organisation ist weder verpflichtet, eine Umwelterklärung für die Öffentlichkeit zu erstellen, noch diese von einem staatlich zugelassenen und beaufsichtigten unabhängigen Umweltgutachter kontrollieren zu lassen, um dann in ein Register eingetragen zu werden und eine Teilnahmeerklärung bzw. Logo benutzen zu dürfen.

ISO 14001:1996 ist daher eine reine, betriebsinterne Umweltschutz-Organisationsnorm ohne eine abschließende für die Öffentlichkeit bestimmte Erklärung.[1175]

Nach ISO 14001:1996 ist es ausreichend, wenn die Organisation die Normkonformität durch eine bloße Selbsterklärung bestätigt oder sein Umweltmanagementssystem durch privatwirtschaftlich tätige Zertifizierungsstellen zertifizieren läßt.[1176] Im Gegensatz zu der EMAS-VO besteht keine Zertifizierungsnotwendigkeit.[1177] Die Begutachtung und Zertifizierung durch eine externe Stelle ist fakultativ, während die Prüfung und Validierung durch den Umweltgutachter obligatorisch ist. Es fehlt daher an einer zwingend vorgeschriebenen externen

---

[1173] ISO 14001:1996, Art. 4.3.3. und Art. 4.4.3.
[1174] ISO 14001:1996, Art. 4.2. f.
[1175] Schottelius, Umweltmanagement-Systeme, NVwZ 1998, S. 805 (808).
[1176] ISO 14001:1996, Einführung Abs. 5, Art. 1 Abs. 2 d) und e).
[1177] Schottelius, Umweltmanagement-Systeme, NVwZ 1998, S. 805 (808).

Kontrolle, durch die die Glaubwürdigkeit der Selbstkontrolle regelmäßig gewährleistet wäre.

Durch die Verpflichtung zum Erstellen einer Umwelterklärung soll gerade die Öffentlichkeit informiert und beteiligt werden. Zwar ist die Öffentlichkeitswirksamkeit derzeit noch als gering einzustufen,[1178] doch einige der Änderungen der EMAS-VO zielen darauf ab, die Beteiligung der Öffentlichkeit zu verstärken. Es bleibt daher zu hoffen, daß die Öffentlichkeit als Kontrollinstanz nach der Revision ihre Kontrollfunktion in weitaus stärkerem Maße als bisher wahrnimmt. Nach ISO 14001:1996 ist die Öffentlichkeitsbeteiligung dagegen eher gering ausgeprägt, lediglich die Umweltpolitik ist der Öffentlichkeit zugänglich zu machen.[1179] Der Schwerpunkt nach ISO 14001 ff. liegt daher beim internen Audit.

Beim EMAS-System ist hingegen die Glaubwürdigkeit und der Beweiswert der validierten Umwelterklärung, die die Ergebnisse des internen Audits bestätigt, entscheidend von der Zulassung und Aufsicht über den Umweltgutachter abhängig.

Die außenwirksamen Elemente der EMAS-VO sorgen für die Durchsetzung der Anforderungen der EMAS-VO an den betrieblichen Umweltschutz, insbesondere dessen kontinuierliche Verbesserung. Damit die Unternehmen eine validierte Umwelterklärung erhalten, die Eintragung erreichen und die Befugnis zur Teilnahmeerklärung erlangen, müssen sie die in der EMAS-VO geregelten Anforderungen erfüllen.

ISO 14001 ist dagegen nicht auf die Durchsetzung bestimmter materieller Anforderungen des betrieblichen Umweltschutzes gerichtet, sondern stellt - vergleichbar der Normenreihe ISO 9000 über Qualitätsmanagementsysteme - lediglich ein Mittel (engl.: tool) dar, um anderweitig angeordnete Anforderungen an den betrieblichen Umweltschutz umzusetzen.[1180]

[1178] Schottelius, Umweltmanagement-Systeme, NVwZ 1998, S. 805 (810); Feldhaus, Wettbewerb, UPR 1998, S. 41 (43).

[1179] ISO 14001:1996, Art. 4.2 f.

[1180] Waskow in: Feldhaus, BImSchR, 1997, Bd. 7 M 1 Rn. 51; ders., Betriebliches Umweltmanagement, 2. Aufl. 1997, S. 15, 87.

D. Vergleich zwischen Umweltgutachter und Zertifizierungsstelle

Selbst wenn sich eine Organisation einer Zertifizierungsstelle bedient, bestehen erhebliche Unterschiede zwischen dem Umweltgutachter und der Zertifizierungsstelle.

I. Prüfungsumfang, -inhalt und -tiefe

Da sowohl der Umweltgutachter als auch die Zertifizierungsstelle die Übereinstimmung mit den Anforderungen der jeweiligen Systeme zu überprüfen haben, hängen unterschiedlicher Prüfungsumfang, -inhalt und tiefe von den Unterschieden der beiden Systeme ab. Die Prüfung der Zertifizierungsstelle Auditor beansprucht zwar weltweite Geltung, umfaßt jedwede Art von Organisation und nicht nur Standorte im gewerblichen Bereich und ist auch produktbezogen. Doch bis auf die weltweite Geltung werden diese Prüfungsunterschiede nach der Revision der EMAS-VO wegfallen, so daß spätestens dann wegen der strengeren inhaltlichen Anforderungen die Prüfung durch den Umweltgutachter wesentlich anspruchsvoller ist. Im übrigen ist der Umweltgutachter auch eines der vorgenannten außenwirksamen Elemente, in dem er zusätzlich auch die Umwelterklärung überprüft.

Die Zertifizierungsstelle ist hingegen nur eine vorgesehene Möglichkeit neben der Selbsterklärung der Organisation, die ISO-Konformität zu dokumentieren.

Ihre Tätigkeit ist allerdings nicht mit der eines Betriebsprüfers nach der EMAS-VO vergleichbar. Denn im Gegensatz zum Betriebsprüfer, der zwar auch eine externe Stelle sein kann, muß die Zertifizierungsstelle, die die Organisation begutachtet und zertifiziert, unparteiisch sein.[1181] Sie stellt im Gegensatz zum Umweltbetriebsprüfer ein Zertifikat aus, das außenwirksam bei Vertragspartnern oder Konkurrenten der Organisation die ISO-Konformität dokumentiert. Allerdings ist im Gegensatz zur Umwelterklärung die Beschreibung der Tätigkeit der Organisation, deren Umweltpolitik und Umweltmanagementsystem nicht Bestandteil des Zertifikats.

[1181] Nr. 2.1.2. a der IAF-UMS-Richtlinie.

II. Zertifizierungsverfahren

Die wesentlichen Schritte der Zertifizierungsstelle zur Überprüfung eines Umweltmanagementsystems mit einer Umweltmanagementnorm nach dem EAC-Dokument sind

- die Dokumentsichtung ("Pre-Audit")
- der Besuch des Betriebsgeländes ("Certification-Audit") und
- Überwachungsprüfungen nach Erteilung des Zertifikats ("Surveillance-Audit").[1182]

Diese Schritte decken sich weitgehend mit denen der Zertifizierung nach Art. 12 EMAS-VO, § 9 UAG. Die Zertifizierung eines Umweltmanagementsystems nach den IAF-UMS-Richtlinien beinhaltet dabei ausschließlich die Begutachtung des Umweltmanagementsystems der Organisation. Sie bedeutet jedoch nicht, daß bestimmte Umweltleistungen im Zusammenhang mit den Tätigkeiten, Produkten oder Dienstleistungen der Organisation erreicht wurden.[1183]

Es ist weder eine Überprüfung der technischen Eignung des internen Audits noch der Zuverlässigkeit der Umweltdaten in einem außenwirksamen Dokument wie der Umwelterklärung vorgesehen. Insofern ist das Zertifizierungsverfahren weniger anspruchsvoll und umfangreich als das Prüfungsverfahren des Umweltgutachters.

III. Zulassungskriterien

1. Anforderungen nach den EAC-Guidelines

Die Kriterien für die Akkreditierung der Zertifizierungsstellen richten sich nach dem von der EAC entwickelten Zertifizierungsverfahren für Umweltmanagementzertifizierer in Anlehnung an die europäische Qualitätssicherungsnorm EN 45012. Dieses Verfahren geht von einem organisationsbezogenen Ansatz aus und läßt nur juristische Personen zu.

Nach den "Guidelines for the Accreditation of Certification Bodies for Environmental Management Systems" (Dokument EAC G5) hat die Zertifizierungsstelle daher einen dreistufigen Aufbau. Die Managementebene (erste Ebene - "head office") hat die Aufgabe Prüfungsteams (zweite Ebene - "audit teams")

[1182] vgl. Waskow, Betriebliches Umweltmanagement, 2. Aufl. 1997, S. 163.

[1183] vgl. IAF-UMS-Richtlinien vom Juni 1997 S. 5.

zusammenzustellen, die die eigentliche Prüfung vornehmen. Das Zertifikat wird von einem "Governing Board" (dritte Ebene), das pluralistisch zusammengesetzt ist und alle am Zertifizierungsprozeß interessierten beteiligten Kreise umfaßt, ausgestellt.[1184]

2. Fachliche Anforderungen an den Umweltauditor nach ISO 14012

Die fachlichen Anforderungen an die Auditteams richten sich dabei nach ISO 14012, wobei zu beachten ist, daß es sich bei dieser Norm nur um einen Leitfaden handelt.[1185]

Die Auditoren sollten über eine höhere Schulbildung verfügen.[1186] Weiterhin werden von ihnen quantifizierte praktische Erfahrungen, eine für das Audit relevante theoretische und praktische Schulung und persönliche Eigenschaften gefordert.[1187] Zudem werden Anforderungen an leitende Auditoren und an die Fortbildung gestellt.[1188]

Diese Qualitätsanforderungen gehen zwar teilweise erheblich über die Anforderungen an die Umweltbetriebsprüfer nach Anhang II C EMAS-VO hinaus. Sie entsprechen jedoch weitgehend den Anforderungen an die Fachkunde der Umweltgutachter nach den Bestimmungen der EMAS-VO und des UAG. Insbesondere muß auch gewährleistet sein, daß die Zertifizierungsstellen unabhängig und unparteiisch sind.[1189]

Allerdings ist hervorzuheben, daß nicht die Zertifizierungsstelle selbst sondern nur die von ihr eingesetzten Auditteams die Fachkundeanforderungen erfüllen müssen.

IV. Zulassungsstelle

Die Akkreditierung des Auditors unterscheidet sich auch hinsichtlich der rechtlichen Einordnung und in Hinblick auf die Akkreditierungsstelle von der Zulassung des Umweltgutachters und der Zulassungsstelle erheblich.

[1184] Waskow, Betriebliches Umweltmanagement, 2. Aufl. 1997, S. 162 f.
[1185] IAF-UMS-Richtlinie S. 25.
[1186] ISO 14012:1996 Nr. 4, 3.4.
[1187] ISO 14012:1996 Nr. 5 und 7.
[1188] ISO 14012:1996 Nr. 8 und 9.
[1189] IAF-UMS-Richtlinie S. 9 f.

In Deutschland werden die Auditoren von der TGA akkreditiert. Zwar ist die TGA ebenso wie die DAU eine privatrechtliche Gesellschaft, doch im Gegensatz zu ihr ist die DAU durch die Beleihung hinsichtlich der Zulassung und der Aufsicht der Bundesverwaltung zuzuordnen, handelt im Rahmen dieser Aufgaben als Behörde und damit hoheitlich. Der TGA ist nicht durch Beleihung eine hoheitliche Aufgabe übertragen worden, da die Akkreditierung der Auditoren im Rahmen der ISO-Norm rein privatrechtlich ist und es ohnehin an einem Beleihungsakt fehlt. Die TGA ist eine Gesellschaft der Wirtschaft im "gesetzlich nicht geregelten Bereich" des deutschen Akkreditierungssystems, da sie nicht in nationalen oder EG-rechtlichen Vorschriften vorgesehen ist, sondern die Akkreditierung auf rein privatrechtlicher Grundlage vornimmt.[1190] Selbst wenn die TGA anstelle der DAU mit der Eignungsprüfung betraut worden wäre,[1191] wäre sie zwar in Hinblick auf die EMAS-VO bei der hoheitlichen Zulassung beteiligt gewesen, doch die Einordnung als rein privatwirtschaftliche Tätigkeit bei der Akkreditierung nach ISO wäre davon unberührt geblieben. Deswegen ist es auch unschädlich, wenn in einigen Mitgliedstaaten sowohl die Zulassung nach der EMAS-VO als auch nach ISO 14000 ff. ein und derselben Stelle übertragen wurde. Art. 6 EMAS-VO sieht diese Möglichkeit ausdrücklich vor, ohne deswegen die bisherige Tätigkeit einer solchen Stelle als hoheitlich einzustufen. Die EMAS-VO will nur die Möglichkeit eröffnen, auf die praktischen Erfahrungen im Akkreditierungswesen zurückgreifen zu können und den so vorhandenen Sachverstand zu nutzen und bei der Zulassung nach der EMAS-VO einzusetzen. Es ist dann nur strikt nach der Aufgabenerfüllung nach der EMAS-VO und ISO 14000 ff. zu trennen.

Während der Umweltgutachter der staatlichen Kontrolle, wenn auch durch eine beliehene GmbH, unterliegt, beurteilt sich die Akkreditierung der Zertifizierungsstellen rein nach Privatrecht.

In Deutschland hat die Regelung durch die UAG-ZertVerfR die Konsequenz, daß hinsichtlich der Akkreditierung von Zulassungsstellen zwei unterschiedliche Akkreditierungsverfahren bestehen. Zertifizierer, die nur nach ISO 14001:1996 zertifizieren möchten, müssen ihre Akkreditierung bei der TGA

[1190] Waskow in Feldhaus: BImSchR, 1997, Bd. 7, M 1 Rn. 119.

nach den IAF-UMS-Richtlinien bzw. EAC-Guidelines beantragen und die Zertifizierung nach diesen Bestimmungen vornehmen. Umweltgutachter, die eine nach Art. 12 EMAS-VO anerkannte Norm zertifizieren möchten, müssen bei der DAU gemäß der UAG-ZertVerfR akkreditiert und entsprechend dieser Richtlinie die Zertifizierung vornehmen.

V. Akkreditierungsverfahren

Die Begutachtung der Zertifizierungsstelle erfolgt in Deutschland aufgrund eines Fragebogens, der auf der Grundlage der Normen DIN EN 45012 und 45013 erstellt wurde.[1192] Es ist noch nicht einmal eine mündliche oder praktische Prüfung des Bewerbers vorgesehen. Das Akkreditierungsverfahren der TGA ist daher als weniger streng als das Zulassungsverfahren der DAU einzustufen.

VI. Aufsicht

Die Akkreditierungsregeln der TGA sehen auch die Überwachung[1193] und Sanktionen[1194] gegenüber der Zertifizierungsstelle vor, die bis zur Aussetzung oder dem Widerruf der Akkreditierung gehen können. Allerdings hat die TGA als private Stelle nicht dieselben Durchsetzungsmöglichkeiten wie die DAU als beliehene Stelle mit den Zwangsbefugnissen des öffentlichen Rechts.

E. Ergebnis

Zusammengefaßt bedeutet dies:

1. Die Aufgaben des Zertifizierers sind lediglich auf eine Überprüfung der Übereinstimmung mit den Anforderungen nach ISO 14001:1996 beschränkt. Unerheblich, inwieweit die Überprüfung mit den Anforderungen der EMAS-VO sich materiell davon unterscheidet, ist die Tätigkeit des Umweltgutachters mit der Verifzierung nicht beendet. Er überprüft darüber hinaus die für die Öffentlichkeit erstellte Umwelterklärung, validiert sie und schafft somit die we-

---

[1191] so verschiedene Vorschläge auf Seiten der Industrie, vgl. Waskow in: Feldhaus, BImSchR, 1997, Bd. 7, M 1 Rn. 117 ff.

[1192] Nr. 3.2.2. der TGA-Akkreditierungsregeln, Stand: 04.99.

[1193] Nr. 3.2.3. der TGA-Akkreditierungsregeln, Stand: 04.99.

[1194] Nr. 4. der TGA-Akkreditierungsregeln, Stand: 04.99.

sentliche Voraussetzung für die Eintragung in das öffentliche Register und für die Befugnis zur Verwendung des öffentlich-rechtlichen Zeichens, der Teilnahmeerklärung. Während das Zertifikat des Auditors rein privatrechtlichen Wettbewerbszwecken dient, kommt der Validierung eine darüber hinaus gehende öffentlich-rechtliche Beweisfunktion zu.

2. Der Zertifizierer wird rein privatwirtschaftlich tätig und wird von einer privaten Stelle akkreditiert. Der Umweltgutachter ist nicht rein privatwirtschaftlich tätig. Er muß sich einer staatlichen Zulassung und Aufsicht unterziehen, auch wenn diese von einer juristischen Person des Privatrechts durchgeführt wird. Diese wird allerdings hoheitlich tätig.

3. Da die validierte Umwelterklärung der Öffentlichkeit zur Kenntnis zu bringen ist, erhält die Öffentlichkeit ein geprüftes Dokument, anhand dessen sie die Umweltaktivitäten am Standort beurteilen kann. Dem Zertifikat des Auditors kommt eine solche öffentliche Bedeutung nicht zu.

4. Auch wenn beide Kontrolleure aufgrund einer privatrechtlichen Vereinbarung tätig werden und vom Unternehmen selbst ausgesucht werden, wird der Umweltgutachter nicht nur für das Unternehmen tätig wie der Auditor, der durch sein Zertifikat der Organisation ein Mittel für Wettbewerbsvorteile liefert. Der Umweltgutachter ist nämlich auch der Öffentlichkeit durch seine Validierung verpflichtet. Diese wiederum stellt wegen des Vollzugsdefizits des europäischen Umweltrechts ein Vollzugsorgan des Umweltrechts dar. Damit aber die Öffentlichkeit ihre Funktion als Vollzugsorgan zuverlässig wahrnehmen kann, muß die Glaubwürdigkeit der Tätigkeit des Umweltgutachters durch die staatlich veranlaßte Zulassung und Aufsicht gewährleistet sein. Wegen dieser Zwischenstellung des Umweltgutachters kann man ihn als (Hilfs-)Vollzugsorgan des europäischen Umweltrechts bezeichnen.

Es handelt sich daher bei dem EMAS-System um ein Instrument staatlich und öffentlich überwachter Selbstkontrolle der Unternehmen.[1195] Das ISO-System ist hingegen ein privatwirtschaftliches System der Selbstkontrolle der Unternehmen und ein reines Marktinstrument.

[1195] Scherer, Umwelt-Audits, NVwZ 1993, S. 11 (16); Dyllick, EU-Verordnung, ZfU 1995, S. 299 (302); Scherer/Bartsch in: Landmann/Rohmer, UmweltR, 1998, Bd. III, Vorb. UAG Rn. 8.

Den Unternehmen bleibt es aber nach dem ISO-System unbenommen, die öffentliche Kontrolle selbst herbeizuführen, indem sie einen Umweltbericht erstellen, der in Form und Aussagegehalt der Umwelterklärung gleicht, ohne daß er solche bezeichnet wird, und das ISO-Zertifikat beifügen. Für die Öffentlichkeit wird somit die Umweltleistung publik gemacht und dokumentiert, daß die Organisation auf ihr Umweltmanagementsystem hin überprüft worden ist. Die Glaubwürdigkeit der für die Öffentlichkeit zur Verfügung gestellten Informationen ergibt sich zwar nicht aus dem Prüfungsvermerk des Zertifizierers. Doch schon aus dem haftungs- und wettwerbsrechtlichen Grund, daß keine unzutreffenden Informationen bekanntgegeben werden dürfen, wird es im Interesse der Organisation liegen, keine falschen Angaben zu machen.

Vorteil dieser Vorgehensweise dürften die weltweite Geltung und vor allem die niedrigeren Kosten sein, da die Kosten für das Eintragungsverfahren entfallen. Außerdem dürfte die Beauftragung eines ISO-Zertifizierers in der Regel kostengünstiger sein, da schon allein deren Akkreditierung weniger kostet als die EMAS-Zulassung des Gutachters und der Zertifizierer diesen Kostenvorteil in seiner Preisgestaltung berücksichtigen kann.

5. Obwohl der Aussagegehalt der Validierung höher ist als der des ISO-Zertifikats und der Umweltgutachter staatlicher und damit strengerer Kontrolle unterliegt, ist es daher nicht verwunderlich, daß die ISO-Zertifizierungen die Teilnahmen am EMAS-System in allen Mitgliedstaaten außer Deutschland überholt haben.[1196] Es steht daher zu befürchten, daß das ISO-System nicht nur weltweit, sondern auch europaweit höhere Akzeptanz und Bekanntheit erreichen und die Bedeutung des Umweltgutachters als (Hilfs-)Vollzugsorgan des europäischen Umweltrechts abnehmen wird. Es ist daher vordringlichste Aufgabe die Akzeptanz und Bekanntheit des EMAS-Systems in der Öffentlichkeit erheblich zu verstärken und die Unternehmen davon zu überzeugen, daß ihnen die Beteiligung am EMAS-System mit der Kontrolle durch den Umweltgutachter und die Eintragung in das öffentliche Standortregister Vorteile gegenüber einer ISO-Zertifizierung bringt. Wenn dies nicht gelingt, reicht aus Sicht der Unternehmen eine Beteiligung am ISO-System für viele Unternehmen aus. Die Einführung eines neuen Logos und die Verpflichtung zur Externen Kommunikation in der

---

[1196] Umwelt (VDI) 1999, Nr. 4 S. 48.

Revision der EMAS-VO sind nur halbherzige Versuche, das Informationsdefizit auszugleichen. Entscheidender dürfte die Stärkung des öffentlichen Bewußtseins durch gezielte Werbung und Aufklärung sein. Dies ist allerdings nicht nur Aufgabe der schon am EMAS-System Beteiligten sondern vor allem der Mitgliedstaaten selbst. Denn im Interesse ihrer Umweltverwaltung ist das EMAS-System geschaffen worden. Darüber hinaus ist die Schaffung von Vorteilen bei der Überwachung durch die Umweltverwaltung eine der wesentlichen Aufgaben der Mitgliedstaaten. Denn die Substitution der ordnungsbehördlichen Überwachung durch die Validierung des Umweltgutachters kann nur durch das EMAS-System geleistet werden.

Zusammenfassung und Ausblick

Der Umweltgutachter bildet die Schnittstelle zwischen unternehmensinterner Selbstkontrolle und behördlicher Überwachung. Er ist nicht mit den Befugnissen der Umweltverwaltung ausgestattet, sondern bekommt ein eigenes Instrument zur Verfügung gestellt: die Validierung. Wichtigste Bedeutung der Validierung ist zweifelsohne die Beweisfunktion im Registrierungsverfahren. Seine Prüfung, deren Ergebnis die Validierung ist, geht über diejenige der staatlichen Umweltverwaltung hinaus: Er überprüft, ob die Unternehmen die von der EMAS-VO vorgesehenen Instrumentarien, insbesondere Umweltmanagementsystem und Umweltbetriebsprüfung, eingerichtet haben und ob diese funktionieren, d.h. die Einhaltung des Rechts und vor allem die in ihrem Umfang von den Unternehmen selbst festgelegte Verbesserung des Umweltschutzes gewährleisten. Da seine Prüfung aber auf eine ex-post-Kontrolle und nur hinsichtlich der Zielfestlegungen auf eine Systemprüfung beschränkt ist und er keine hoheitlichen Maßnahmen ergreifen kann, bleibt seine Kontrolle bei der Einhaltung des Rechts hinter derjenigen der Umweltbehörden zurück. Er kann durch seine Prüfung nur im beschränkten Maße die Ermittlungspflichten der Behörden substituieren.

Die Qualifizierung seiner Tätigkeit gegenüber dem Unternehmen ist privatrechtlich und nicht hoheitlich ausgestaltet, so daß ihm die instrumental gleichwertigen Befugnisse fehlen.

Durch die Darstellung der Zulassung und Aufsicht wird deutlich, daß er ein außerhalb der Umweltverwaltung stehendes Privatrechtssubjekt und kein Beliehener ist, der daher auch nicht instrumental gleichwertig die Kontrolle des Umweltordnungsrechts gewährleisten soll. Er ist nur mittelbar an die Umweltverwaltung angebunden.

Seine Tätigkeit beansprucht allerdings größere Glaubwürdigkeit als diejenige des ISO-Zertifizierers und ist umfassender ausgestaltet. Durch den gegenüber dem ISO-Zertifkat gesteigerten Aussagegehalt der Validierung ist die Berechtigung, in ein öffentliches Verzeichnis eingetragen zu werden und ein öffentlich-rechtliches Zeichen zu führen erst möglich geworden. Die Tätigkeit des Gutachters ermöglicht daher die Verbindung zwischen rein privater Initiative und öffentlich-rechtlicher Anerkennung der Bemühungen um einen verbesserten Umweltschutz, verbunden mit der nicht zu unterschätzenden Information der Öffentlichkeit.

Zusammengefaßt läßt sich daher festhalten: Durch die Einführung des Umweltgutachters ist nicht nur ein "ISO-Plus-Zertifizierer" geschaffen worden, sondern eine neue Institution, durch die bei der Vergabe eines öffentlich-rechtlichen Zeichens externer Sachverstand umfassend und glaubwürdig genutzt werden kann und die ein wirksames Mittel darstellt, langfristig die Verbesserung des Umweltschutzes ergänzend zur behördlichen Überwachung sicherzustellen.

Die Konkurrenz zum Zertifizierer der ISO-Normen, der ebenfalls im Bereich der Umweltmanagement- und Umweltbetriebsprüfungskontrolle tätig ist, läßt zudem befürchten, daß - zumindest international - sich die Unternehmen für das ISO-Zertifikat entscheiden.

Gelingt es nicht, die Akzeptanz in der Öffentlichkeit erheblich zu erhöhen und damit ein wirksames Kontrollsystem zu schaffen und den Unternehmen Vorteile in der ordnungsbehördlichen Überwachung einzuräumen, wird die ISO-Normenreihe den Wettlauf mit EMAS langfristig gewinnen. Die Aufgaben des Umweltgutachters würden dann durch den ISO-Zertifizierer übernommen werden. Der neu geschaffene Beruf des Umweltgutachters wäre schon bald antiquiert.

Vorzuschlagen ist daher konkretere Anforderungen an die Umwelterklärung zu stellen, durch die die Umweltleistung der Unternehmen für die Öffentlichkeit nachvollziehbarer wäre und sich nicht in reinen Tätigkeitsbeschreibungen erschöpfte, wie dies in der Praxis bislang häufig der Fall der ist.

Weiterhin sollte der deutsche Gesetzgeber sich nicht scheuen, die Angaben der Unternehmen in der validierten Umwelterklärung als ausreichend für bestimmte Berichts- und Meldepflichten, auch in Genehmigungsverfahren, anzuerkennen, und nicht bei den bisher gewagten halbherzigen Versuchen stehen bleiben. Denkbar wäre es, nicht nur in Spezialgesetzen sondern auch im Verwaltungsverfahrensgesetz die vom Umweltgutachter validierten Angaben einem Sachverständigengutachten explizit gleichzusetzen oder sogar festzuschreiben, daß, soweit der Umweltgutachter einen Standort bzw. eine Organisation überprüft hat, dessen Prüfungsergebnis die Amtsermittlung ersetzt.

Ansonsten wird die Tätigkeit des Umweltgutachters schon bald mit der Tätigkeit des ISO-Zertifizierers verschmelzen und keinen wie anfangs gewollten eigenständigen Einfluß auf den Vollzug des europäischen Umweltrechts haben.

Wenn keine funktionale Äquivalenz zur ordnungsrechtlichen Kontrolle und eine damit mögliche Deregulierung durch das EMAS-System erreicht wird, und nicht nur eine teilweise Annäherung wie durch die Revision der EMAS-VO, könnte das neu geschaffene Berufsbild schon bald zu einem veralteten Berufsmodell werden.

Literaturverzeichnis

Bartsch, Torsten: Erfahrungen mit Umwelt-/Öko-Audits in den USA, in: ZUR 1995, S. 14.

Böhm-Amtmann, Edeltraud: EMAS - ISO - Substitution von Ordnungsrecht, in: GewArch 1997, S. 353.

Bohne, Eberhard (Hrsg.): Erfahrungen mit dem Umweltauditgesetz - Vorträge und Diskussionsbeiträge auf dem Forum der Deutschen Hochschule für Verwaltungswissenschaften Speyer am 29. und 30. April 1997, Baden-Baden 1998.

Bohnen, Hilger: Das Umweltauditgesetz im Streit zwischen Bundesrat und Bundestag, in: BB 1995, S. 1757.

Breuer, Rüdiger: Zunehmende Vielgestaltigkeit der Instrumente im deutschen und europäischen Umweltrecht - Probleme der Stimmigkeit und des Zusammenwirkens, in: NVwZ 1997, S. 833.

Degenhardt, Christoph: Staatsrecht I, Staatsorganisationsrecht, 15. Auflage, Heidelberg 1999.

Doktoranden-Netzwerk Öko-Audit e.V. (Hrsg.): Umweltmanagementsysteme zwischen Anspruch und Wirklichkeit - Eine interdisziplinäre Auseinandersetzung mit der EG-Öko-Audit-Verordnung und der DIN EN ISO 14001, Berlin Heidelberg 1998.

Dyllick, Thomas: Die EU-Verordnung zum Umweltmanagement und zur Umweltbetriebsprüfung (EMAS-Verordnung) im Vergleich mit der geplanten ISO-Norm 14001. Eine Beurteilung aus Sicht der Managementlehre, in: ZfU 1995, S. 299.

Ekardt, Felix : Leitlinien einer Reform der EG-Öko-Audit-Verordnung 1998, in: NJ 1998, S. 187.

Ewer, Wolfgang: Öko-Audit: Der Referentenentwurf für ein Umweltgutachter- und Standortregistrierungsgesetz und die Übergangslösung zur Anwendung der EG-Öko-Audit-Verordnung, in: NVwZ 1995, S. 457.

Ewer, Wolfgang / *Lechelt*, Rainer / Theuer, Andreas: Handbuch Umweltaudit, München 1998.

Falk, Heiko: Die EG-Umwelt-Audit-Verordnung und das deutsche Umwelthaftungsrecht, Heidelberg 1998.

ders.: Vergleich des Umweltauditgesetzes mit Zulassungssystemen anderer Mitgliedstaaten, in: NVwZ 1997, S. 144.

ders.: Die EG-Umwelt-Audit-Verordnung und das Umwelthaftungsrecht, in: EuZW 1997, S. 593.

Falk, Heiko / *Frey*, Stefan: Die Prüftätigkeit des Umweltgutachters im Rahmen des EG-Öko-Audit-Systems, in: UPR 1996, S. 58.

Falk, Heiko / *Nissen*, Ulrich: Der Inhalt der Umwelterklärung nach der EG-Umwelt-Audit-Verordnung, in: DB 1995, S. 2101.

Falke, Joseph: „Umwelt-Audit"-Verordnung, in: ZUR 1995, S. 4.

Feldhaus, Gerhard: Umwelt-Audit und Betriebsorganisation im Umweltrecht, in: Kormann, Joachim (Hrsg.), UPR Special Band 5, Umwelthaftung und Umweltmanagement, München 1994, S. 9.

ders.: Bundesimmissionsschutzrecht, Band 7, M: Umweltaudit, 2. Auflage, Heidelberg 1997, Loseblatt, 88. Ergänzungslieferung, Stand: September 1999.

ders.: Umwelt-Audit und Entlastungschancen im Vollzug des Immissionsschutzrechts, in: UPR 1997, S. 341.

ders.: Wettbewerb zwischen EMAS und ISO 14001, in: UPR 1998, S. 41.

Förschle, Gerhart / *Hermann*, Silke / *Mandler*, Udo: Umwelt-Audits, in: DB 1994, S. 1093.

Franzius, Claudio: Die Prüfpflicht und -tiefe des Umweltgutachters nach der EG-Umweltauditverordnung, in: NuR 1999, S. 601.

Friebel, Matthias: Editorial, in IdU-News 4/1999, herausgegeben vom Institut der Umweltgutachter und -berater (IdU) e.V., Godesberger Allee 78, 53175 Bonn und vom Institut diplomierter Umweltgutachter, -auditoren und -berater (IdU Österreich), Ferdinandstraße 5/7, A-1020 Wien.

Heimlich, Jörn: Der Begriff „Stand der Technik" im deutschen und europäischen Umweltrecht, in: NuR 1998, S. 582.

Isensee, Josef/ *Kirchhof*, Paul: Handbuch des Staatsrechts der Bundesrepublik Deutschland, Band VII, Heidelberg 1992.

Hüwels, Herman : Öko-Audit in Europa - Erfahrungen und Perspektiven, Internationale Konferenz der Gesellschaft für Umweltrecht am 30.10.1997 in Berlin, Erfahrungen in Europa mit dem Umwelt-Audit, Länderbericht Deutschland, in: NuR 1998, S. 476.

Jasch, Christine: Erster EMAS Umweltgutachter Workshop in Brüssel, in: IdU News 6/96, S. 2.

Jarass, Hans D.: Bundes-Immissionsschutzgesetz (BImSchG), Kommentar, 4. Auflage, München 1999.

Kloepfer, Michael: Umweltrecht, 2. Auflage, München 1998

Knack, Hans Joachim (begr.): Verwaltungsverfahrensgesetz (VwVfG), Kommentar, 6. Auflage, Köln Berlin Bonn München 1998.

Kniep, Klaus: Umwelt-Audit - Ein betriebliches Führungsinstrument?, in: GewArch 1993, S. 193.

ders.: Zur Zulassung von „Umweltgutachtern", in: GewArch 1995, S. 317.

Köck, Wolfgang: Die Entdeckung der Organisation durch das Umweltrecht, in: ZUR 1995, S. 1.

ders.: Umweltschutzsichernde Betriebsorganisation als Gegenstand des Umweltrechts: Die EG-"Öko-Audit"- Verordnung, in: JZ 1995, S. 643.

ders.: Das Pflichten- und Kontrollsystem des Öko-Audit-Konzepts nach der Öko-Audit-Verordnung und dem Umweltauditgesetz, in: VerwArch 1996, S. 644.

Kopp, Ferdinand W.: Verwaltungsverfahrensgesetz, Kommentar, 6. Auflage, München 1997.

Kopp, Ferdinand O./ *Schenke*, Wolf-Rüdiger: Verwaltungsgerichtsordnung, 11. Auflage, München 1998.

Kothe, Peter: Das neue Umweltauditrecht, München 1997.

Kromarek, Pascale : Öko-Audit in Europa - Erfahrungen und Perspektiven, Internationale Konferenz der Gesellschaft für Umweltrecht am 30.10.1997 in Berlin, Erfahrungen in Europa mit dem Umwelt-Audit, Länderbericht Frankreich, in: NuR 1998, S. 475.

Landmann/Rohmer: Umweltrecht, Band III, Sonstiges Umweltrecht, Kommentar, Loseblatt, 31. Ergänzungslieferung, Stand: 15. März 1999, München.

Lange, Klaus: Die Abgrenzung des öffentlichrechtlichen Vertrages vom privatrechtlichen Vertrag, in: NVwZ 1983, S. 313.

Langerfeldt, Michael: Öko-Audit und Umweltordnungsrecht - Substitution oder Ergänzung? Bericht über das Lüneburger Umweltsymposium am 31.5./1.6.1996, in: NVwZ 1997, S. 771.

Lenz, Carl Otto: Entwicklung und unmittelbare Geltung des Gemeinschaftsrechts, in: DVBl. 1990, S. 903.

ders.: EG-Vertrag, Kommentar, 2. Auflage 1999, Rechtsstand: 1.03.1999, Köln Basel Genf München Wien.

Linden, Werner: 277. Kolloquium des Instituts für das Recht der Wasser- und Entsorgungswirtschaft an der Universität Bonn am 17. Oktober 1997, Praktische Erfahrungen mit der Durchführung des Umweltaudits an Standorten der Gas-, Elektrizitäts- und Wasserwerke Köln AG, in: ZfWassR 1998, S. 412.

Lübbe-Wolff, Gertrude: Die EG-Verordnung zum Umwelt-Audit, in: DVBl. 1994, S. 361.

dies.: Das Umweltauditgesetz, in: NuR 1996, S. 217.

dies.: Öko-Audit und Deregulierung, in: ZUR 1996, S. 173.

Lübbe-Wolff, Gertrude (Hrsg.): Der Vollzug des europäischen Umweltrechts, Berlin 1996.

Lütkes, Stefan: Das Umweltauditgesetz - UAG, in: NVwZ 1996, S. 230.

Lütkes, Stefan / *Ewer*, Wolfgang: Schwerpunkte der bevorstehenden Revision der Umweltauditverordnung (EWG) Nr. 1836/93, in: NVwZ 1999, S. 19.

Martens, Claus-Peter / *Moufang*, Oliver: Kritische Aspekte bei der praktischen Durchführung der Öko-Audit-Verordnung, in: NVwZ 1996, S. 246.

Maunz, Theodor / *Dürig*, Günter: Grundgesetz, Kommentar, Band IV, Art. 70 - 91 b, München, Loseblatt, 35. Ergänzungslieferung, Stand: Februar 1999.

Maurer, Hartmut: Allgemeines Verwaltungsrecht, 12. Auflage, München 1999.

Mayen, Thomas: Der Umweltgutachterausschuß - ein strukturelles Novum ohne hinreichende demokratische Legitimation?, in: NVwZ 1997, S. 215.

Metzler, Arno / *Alt*, Volker: Der Umweltgutachter: Anforderungsprofil und Zulassungskriterien für ein neues Berufsbild, Neuwied Kriftel Berlin 1996.

Müggenborg, Hans-Jürgen: Der Prüfungsumfang des Umweltgutachters nach der Umwelt-Audit-Verordnung, in: DB 1996, S. 125.

Palandt, Otto: Bürgerliches Gesetzbuch, Kommentar, 59. Auflage, München 2000.

Peter, Brigitte / *Both*, Gudrun / *Gebers*, Betty - Öko-Institut (Hrsg.): Öko-Audit: Leitfaden und Arbeitsmaterialien zur Zertifizierung, Bonn 1996.

Pohl, Andreas: Umweltaudits in der betrieblichen Praxis, in: BB 1998, S. 381.

Rest, Alfred: Die rechtliche Umsetzung der Rio-Vorgaben in der Staatenpraxis, in: AöR 1996 (Bd. 34), S. 145.

Rengeling, Hans-Werner (Hrsg.): Handbuch zum europäischen und deutschen Umweltrecht, Band I: Allgemeines Umweltrecht, Köln Berlin Bonn München 1998.

Roßnagel, Alexander: Lernfähiges Europarecht - am Beispiel des europäischen Umweltrechts, in: NVwZ 1997, S. 122.

Scherer, Joachim: Umwelt-Audits: Instrument zur Durchsetzung des Umweltrechts im europäischen Binnenmarkt?, in: NVwZ 1993, S. 11.
Scherzberg, Arno: Grundfragen des verwaltungsrechtlichen Vertrages, in: JuS 1992, S. 205.

Schmid, Viola: „UMWELTAUDIT" - Ein Schritt zu mehr Umweltschutz?, in: Jura 1997, S. 11.

Schmidt-Preuß, Matthias: Umweltschutz ohne Zwang - das Beispiel des Öko-Audit, in: Staatsphilosophie und Rechtspolitik, Festschrift für Martin Kriele zum 65. Geburtstag, München 1997, S. 1157.

Schneider, Jens-Peter: Öko-Audit als Scharnier in einer ganzheitlichen Regulierungsstrategie, in: Die Verwaltung 1995 (Bd. 28), S. 361.

Schnutenhaus, Jörn: Die Umsetzung der Öko-Audit-Verordnung in Deutschland, in: ZUR 1995, S. 9.

Schottelius, Dieter: Das EG-Umwelt-Audit als Gesamtsystem, in: BB 1995, S. 1549.

ders.: Der zugelassene Umweltgutachter - ein neuer Beruf, in: BB 1996, S. 1235.

ders.: Umweltmanagement-Systeme, in: NVwZ 1998, S. 805.

Schweitzer, Michael / *Hummer*, Waldemar: Europarecht, 5. Auflage, Neuwied Kriftel Berlin, 1996.

Sellner, Dieter / *Schnutenhaus*, Jörn: Umweltmanagement und Umweltbetriebsprüfung („Umwelt-Audit") - ein wirksames, nicht ordnungsrechtliches System des betrieblichen Umweltschutzes?, in: NVwZ 1993, S. 928.

Steiner, Udo: Der beliehene Unternehmer - VG Münster, NJW 1967, 171, in: JuS 1969, S. 69.

Streinz, Rudolf: Europarecht, 4. Auflage, Heidelberg 1999.

Stober, Rolf: Die Zulassung von Umweltgutachtern nach der Öko-Audit-VO, in: Ipsen u.a. (Hrsg.), Verfassungsrecht im Wandel, FS zum 180jährigen Bestehen der Carl Heymanns Verlag KG, Köln Berlin Bonn München 1995, S. 639.

Storm, Peter-Christoph: Novellierungsbedarf der EG-Umweltaudit-Verordnung? - Erkenntnisse der Rechtstatsachenforschung - , in: NVwZ 1998, S. 341.

Tröndle, Herbert/ *Fischer*, Thomas: Strafgesetzbuch (StGB) Kommentar, 49. Auflage, München 1999.

Vetter, Andrea: Das Umweltauditgesetz, in: DVBl. 1996, S. 1223.

Waskow, Siegfried: Betriebliches Umweltmanagement, Anforderungen nach der Audit-Verordnung der EG, Heidelberg 1994.

ders.: Betriebliches Umweltmanagement, Anforderungen nach der Audit-Verordnung der EG und dem Umweltauditgesetz, 2. Auflage, Heidelberg 1997.

Weber, Horst Peter / *Seitz*, Friedrich: Der Sachverständige bei der Prüfung überwachungsbedürftiger Anlagen - ein Beliehener ? in: GewA 1980, S. 151.

Wiebe, Andreas: Umweltschutz durch Wettbewerb, das betriebliche Umweltschutzsystem der EG, in: NJW 1994, S. 289.

Wolff, Hans J./ *Bachof*, Otto / *Stober*, Rolf: Verwaltungsrecht, Band 1, 11. Auflage, München 1999.

Wolff, Hans J./ *Bachof*, Otto / *Stober*, Rolf: Verwaltungsrecht II, 5. Auflage, München 1987.

Zimmermann, Peter: Öko-Audit - Umweltauditgesetz des Bundes, in: Agrarrecht 1996, S. 137.

Unveröffentlichte Quellen, auf die im Rahmen der Arbeit Bezug genommen wird:

Ewer, Wolfgang: Stellungnahme vom 26.05.1995 zum Entwurf des USG, S. 5-7.
Waskow, Siegfried: bei der Diskussion am 07.12.1993 in Bonn vom VdTÜV.

Kolibri 360 GmbH
Ferdinand-Jühlke-Straße 7
99095 Erfurt, Deutschland
produktsicherheit@kolibri360.de

Druck:
CPI Druckdienstleistungen GmbH
im Auftrag der
Kolibri 360 GmbH
Ferdinand-Jühlke-Str. 7
99095 Erfurt